Software-Ergonomie

Michael Herczeg

Software-Ergonomie

Grundlagen der Mensch-Computer-Kommunikation

ADDISON-WESLEY PUBLISHING COMPANY

Bonn · Paris · Reading, Massachusetts · Menlo Park, California · New York
Don Mills, Ontario · Wokingham, England · Amsterdam · Milan · Sydney
Tokyo · Singapore · Madrid · San Juan · Seoul · Mexico City · Taipei, Taiwan

Die Deutsche Bibliothek - CIP-Einheitsaufnahme

Herczeg, Michael:
Software-Ergonomie: Grundlagen der Mensch-Computer-Kommunikation / Michael Herczeg.–
Bonn; Paris; Reading, Mass. [u.a.]: Addison-Wesley, 1994
ISBN 3-89319-615-3

1. Auflage 1994

Satz: Michael Herczeg, Backnang. Gesetzt mit LaTeX aus der Adobe Palatino 10pt
Belichtung: Richarz Publikations-Service, St. Augustin
Druck und Bindung: Paderborner Druck Centrum
Produktion: Claudia Lucht, Bonn
Umschlaggestaltung: Justo Garcia Pulido AGD, Bonn

Das verwendete Papier ist aus chlorfrei gebleichten Rohstoffen hergestellt und alterungsbeständig. Die Produktion erfolgt mit Hilfe umweltschonender Technologien und unter strengsten Auflagen in einem geschlossenen Wasserkreislauf unter Wiederverwendung unbedruckter, zurückgeführter Papiere.

Meiner Ehefrau Christine

Vorwort

Der Mensch bedient sich seit Tausenden von Jahren Werkzeugen, um seine körperlichen Fähigkeiten zu verstärken. Wie der Mensch selbst durchliefen auch diese ***Werkzeuge*** eine langsame evolutionäre Entwicklung, in deren Verlauf sie der Mensch immer besser an sich und seine Umwelt anpaßte. Im Zuge der industriellen Revolution und der Erfindung vieler mächtiger Werkzeuge geriet der Mensch kurzerhand zum Lückenfüller der neuen Maschinerie. Erst um 1940 begann man zögerlich, Werkzeuge unter Berücksichtigung von körperlichen und geistigen Fähigkeiten, Forderungen und Grenzen der arbeitenden Menschen zu analysieren und zu gestalten. In dieser Zeit wurden die Fundamente einer neuen interdisziplinären Wissenschaft gelegt. Man hat dieses Teilgebiet der Arbeitswissenschaft später ***Ergonomie*** oder im englischen Sprachraum ***Human Factors*** getauft.

Erst seit wenigen Jahrzehnten, historisch gesehen also vor einem Augenblick, gesellt sich zu den bisherigen Werkzeugen ein völlig neuer Helfer, der ***Computer***. Während traditionelle Werkzeuge vor allem die körperlichen Kräfte der Menschen verstärken, besitzt man mit dem Computer ein Hilfsmittel zur Verstärkung der geistigen Kräfte. Die Durchdringung unseres Alltags mit diesem neuen, kommunikationsfähigen Werkzeug findet mit dramatischer Geschwindigkeit und weitreichender Wirkung statt. Wenn in der Vergangenheit Jahrzehnte, Jahrhunderte, oft gar Jahrtausende vergangen sind, bis ein Werkzeug sich durchgesetzt hatte und von speziell herangebildeten Handwerkern sorgfältig an den Menschen angepaßt werden konnte, so bleiben heute für computerbasierte Werkzeuge oft nur wenige Monate oder Jahre Zeit.

Es ist daher sehr wichtig, daß zuverlässige ***Gestaltungsregeln*** und ***Bewertungskriterien*** erarbeitet werden, um möglichst jede für den Menschen und den Arbeitsprozeß schädliche Entwicklung bei der Gestaltung von Computersystemen und Computerarbeitsplätzen zu vermeiden. Dieses Ziel verfolgt eine neue Teildisziplin der Ergonomie, die ***Software-Ergonomie***. Eng verbunden mit der Software-Ergonomie ist die ***Hardware-Ergonomie***, die sich mit den körperlichen Aspekten des Computereinsatzes auseinandersetzt und somit eng an die traditionelle Ergonomie anknüpft.

Dieses Buch soll einen Überblick über die wichtigsten Themen vermitteln, die mit der ***benutzer- und anwendungsgerechten Gestaltung von Computersystemen und Computerarbeitsplätzen*** zusammenhängen. Dabei sollen und können keine einfachen „Kochrezepte" zur ergonomischen Gestaltung gegeben werden. Vielmehr sollen wichtige physiologische, psychologische, arbeitswissenschaftliche und technische Grundlagen vermittelt werden, die bei der Gestaltung interaktiver Computersysteme zu berücksichtigen sind. Es werden allgemeine Gestaltungsgrundsätze und Vorgehensweisen beschrieben, die je nach vorgesehenen Benutzern und Anwendungsbereichen ausgeprägt und oftmals gegeneinander abgewogen werden müssen. Für die ergonomische Softwaregestaltung gibt es keine einfachen Checklisten, auch wenn wirtschaftliche Randbedingungen der Systementwicklung dies oft zu fordern scheinen. Software-Ergonomie ist in gleichem Maße Kunst, wie sie Ingenieurwissenschaft ist. Der ideale Systementwickler sollte nicht nur ein guter Informatiker, sondern auch ein guter Designer, Arbeitswissenschaftler, Psychologe und Physiologe sein. Dieses Buch versucht eine Verbindung zwischen diesen Disziplinen herzustellen.

Die ***Zielgruppen dieses Buches*** sind vor allem Studenten der Informatik, professionelle Software-Entwickler sowie alle, die wesentlichen Einfluß auf den Einsatz interaktiver Computersysteme haben. Es sollen aber auch die Benutzer angesprochen werden, die systematisch hinterfragen möchten, warum sie nach einem anstrengenden Arbeitstag am Bildschirm mit dem Gefühl nach Hause gehen, ihr Computersystem arbeitet gegen sie anstatt mit ihnen. Wenn der Kreis derer vergrößert werden kann, die bei der Entwicklung, beim Kauf oder bei der Benutzung von Computersystemen in der Lage sind, deren ergonomische Qualität fundiert abzusichern, zu hinterfragen oder zu beurteilen, dann haben wir die Chance, das wichtigste Werkzeug für unsere Zukunft ***uns*** und ***unseren Aufgaben*** anzupassen und nicht umgekehrt.

Das Buch gliedert sich in folgender Weise:

In den Kapiteln 1 und 2 werden ***Zielsetzung und grundlegende Begriffe*** der Software-Ergonomie behandelt.

Die Vorbereitungen zur Entwicklung interaktiver Anwendungssysteme mittels Verfahren für ***Analyse, Modellierung und Entwurf*** werden im Kapitel 3 beschrieben. Beispiele für spezielle Verfahren finden sich im Anhang A.

Physiologische und psychologische Erkenntnisse, die bei der Gestaltung von Computersystemen besondere Bedeutung haben, werden in Kapitel 4 zusammengefaßt.

Als Fundus von Methoden, Regeln und Kriterien zur Gestaltung interaktiver Systeme dienen die Kapitel 5 bis 7. Die wichtigsten Möglichkeiten zur ***Informationsdarstellung*** finden sich dabei in Kapitel 5. Die daraus aufgebauten ***Interaktionstechniken*** werden in Kapitel 6 dargestellt. Grundsätze und Bewertungskriterien für die gesamte ***Dialoggestaltung*** werden anhand der ***DIN-Norm 66 234*** in Kapitel 7 diskutiert.

Die inzwischen vielfach eingesetzen Dialogparadigmen der ***Direkten Manipulation*** und der ***Hypermediasysteme*** werden in den Kapiteln 8 und 9 behandelt. Sie stellen gewissermaßen den ***State of the Art*** bei interaktiven Computersystemen dar, an dem Systeme heute oft gemessen werden.

Die wichtigsten Unterstützungskomponenten in interaktiven Computersystemen werden in den Kapiteln 10 bis 13 näher betrachtet. Dies sind ***Fenstersysteme, Hilfesysteme*** sowie Systeme zur ***Individualisierung*** der Benutzungsschnittstelle und zum Umgang mit der ***Dialoghistorie***.

Im Kapitel 14 werden verschiedene ***zeitliche Aspekte*** beleuchtet. Sie spielen eine wichtige Rolle für die Akzeptanz interaktiver Systeme.

Das Kapitel 15 enthält Empfehlungen und Richtlinien zur Gestaltung von ***Computerarbeitsplätzen*** und ***Computerperipherie***.

Eine Übersicht der wichtigsten ***nationalen und internationalen Normen*** findet sich in Anhang B.

Beiträge zu diesem Buch haben vor allem meine ehemaligen Kollegen und Diplomanden geleistet, mit denen ich in den Jahren 1982–1988 im Rahmen von BMFT-Projekten Methoden und Techniken für benutzergerechte Systeme untersuchen und erarbeiten konnte. Einige der Systematiken und Beispiele stammen aus diesen gemeinsamen Arbeiten.

Einen Beitrag zur Präsentation der Sachverhalte haben die vielen Studenten geleistet, denen ich im Rahmen von Vorlesungen, Seminaren und Praktika das Thema Software-Ergonomie an der Universität Stuttgart seit 1984 vermitteln kann. Sie hinterfragen und bezweifeln immer wieder unklare Aussagen und Darstellungen und treiben damit einen Klärungsprozeß voran, den dieses schwierige Thema dringend benötigt. An dieser Stelle darf auch Prof.Dr. Rul Gunzenhäuser nicht vergessen werden, der mit seinem Lehrstuhl Dialogsysteme an der Universität Stuttgart vor 20 Jahren als einer der ersten an einer deutschen Hochschule einen Grundstein zur Erforschung und Lehre der Thematik gelegt hat. Einige Tausend Studenten haben inzwischen dank dieses Lehrstuhls einen Zugang zu diesem Thema gefunden, und viele davon haben in ihren Diplomarbeiten und Dissertationen zur Vertiefung und Verbreitung des Themas Gelegenheit erhalten (siehe dazu auch [Böcker et al. 93]).

Außerdem bedanke ich mich bei allen, die mich durch vielfältige Beiträge und Lesen des Manuskripts unterstützt haben. Hervorheben möchte ich dabei die Hilfe von Heinz-Dieter Böcker, Wolfgang Dzida, Wolfgang Gruber, Harald von der Herberg, Jürgen Herczeg, Hansjürgen Paul, Mario Querner, Evi Rietzschel, Monika Schuler, Kaisa Väänänen und Jürgen Ziegler. Besonders wichtig und dankenswert war für mich auch die vielfältige Unterstützung durch die Mitarbeiter von Addison-Wesley, vor allem Friederike Daenecke, Ekkehard Hundt und Claudia Lucht.

Ganz besonders möchte ich meiner Ehefrau Christine danken, die im vergangenen Jahr viel Verständnis und Nachsicht dafür aufgebracht hat, daß ich für dieses Buch Tage und Nächte vor einem dieser hilfreichen, aber dennoch unzulänglichen Computersysteme verbracht habe. Ohne ihre Unterstützung wäre es nicht zustande gekommen.

Im Februar 1994 Michael Herczeg

Inhaltsverzeichnis

Kapitel 1

Einleitung

Seit etwa 20 Jahren dringen Computer massiv in unser Berufs- und Privatleben ein. Man denke dabei beispielsweise an:

- Bildschirmarbeitsplätze
- Heimcomputer, Laptops und Notebooks
- Taschenrechner und elektronische Terminkalender
- Uhren mit Rechner und Speicher
- Bildschirmtext und andere DATEX-J-Anwendungen
- Bank- und Fahrkartenautomaten
- öffentliche Informationssysteme
- Auto-Bordcomputer
- Computer in Haushaltsgeräten
- Computer in Unterhaltungselektronik
- Überwachungssysteme in Technik und Medizin

Aus dieser tiefen Durchdringung des Alltags durch den Computer resultiert eine neue gesellschaftliche Randbedingung:

Menschen werden zunehmend davon abhängig, mit Computern effizient kommunizieren zu können.

Diese Abhängigkeit wird sich in den kommenden Jahren sicherlich noch dramatisch verstärken. Es wird in Zukunft nicht ausreichen, nur eine verhältnismäßig kleine Schicht von ausgebildeten Fachleuten zu haben, die mit dem Werkzeug Computer effizient und nutzbringend umzugehen verstehen. Die gesellschaftliche Funktion eines Menschen sowie sein persönliches Wohlbefinden wird zu einem hohen Grad vom problemlosen Umgang mit all diesen mehr oder weniger kommunikationsfähigen Computersystemen verbunden sein.

Bei dieser Betrachtung drängt sich die Frage auf, inwieweit sich computerbasierte Werkzeuge von herkömmlichen, traditionellen Werkzeugen und Hilfsmitteln, wie wir sie seit Hunderten von Jahren zu nutzen pflegen, unterscheiden. Eine Antwort deutet sich schon an, wenn wir einige charakteristische Eigenschaften beider Werkzeugklassen gegenüberstellen:

traditionelles Werkzeug	**computerbasiertes Werkzeug**
vorgegeben, starr	gestaltbar, flexibel
passiv	aktiv
nicht kommunikationsfähig	kommunikationsfähig
Gebrauchsanweisung	selbsterklärungsfähig
optimiert in der Bedienung	eingeschränkt in der Bedienung
eingeschränkt in der Verwendung	universell in der Verwendung

Diese Gegenüberstellung nennt im wesentlichen Vorteile computerbasierter Werkzeuge gegenüber traditionellen Werkzeugen. Trotzdem zeigt sich ein gravierender Nachteil:

Computerbasierte Werkzeuge sind ein Fortschritt bezüglich der Vielseitigkeit, aber ein Rückschritt bezüglich der Bedienbarkeit[1] [Abb. 1.1].

Traditionelle Werkzeuge sind mit oft hohem Aufwand über lange Zeiträume für eine gute Bedienbarkeit entwickelt und dabei über unzählige Iterationen an menschliche Anatomie und Fertigkeiten optimal angepaßt worden. Es haben sich auf diese Weise vielfältige ergonomische Erfahrungen, Designregeln, Vorschriften und Standards entwickeln können. Bei computerbasierten Werkzeugen fehlen diese langjährigen, evolutionären Entwicklungsprozesse und viele der daraus abgeleiteten Erfahrungen wegen der vergleichsweise kurzen Geschichte interaktiver Computersysteme. Des weiteren waren der Anpassung der hard- und softwaretechnischen Benutzungsoberfläche durch die Verwendung der typischen Peripheriegeräte, wie einfache Tastaturen und zeichenorientierte Bildschirme, starke Grenzen gesetzt. Erst durch die Entwicklung und Verbreitung neuer Ein- und Ausgabegeräte, wie große farbige Rasterbildschirme, diverse Zeigeinstrumente und akustische Komponenten, wurden diese Einschränkungen teilweise aufgehoben.

[1] Bedienbarkeit steht hier vereinfachend für Gebrauchstauglichkeit nach DIN 66050 (siehe Glossar)

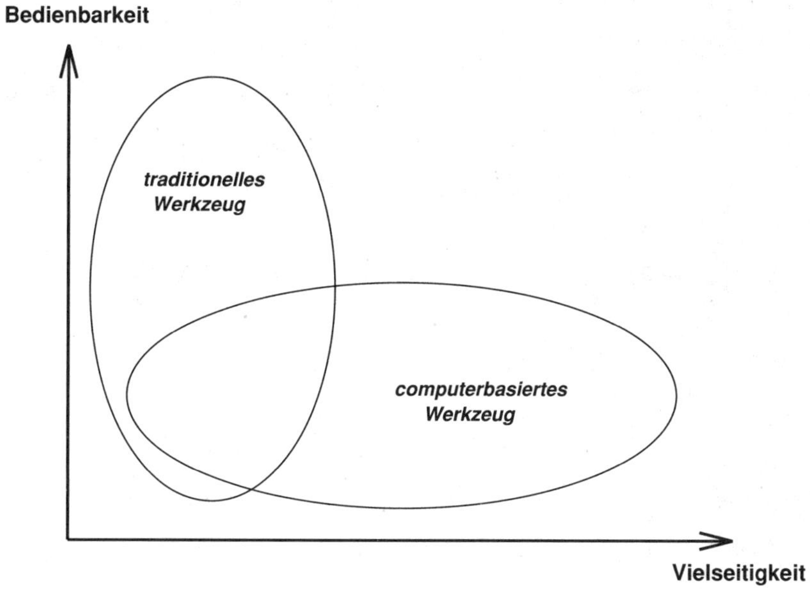

Abbildung 1.1: Bedienbarkeit versus Vielseitigkeit von Werkzeugen

Mit der benutzer- und anwendungsgerechten Gestaltung interaktiver Computersysteme beschäftigen sich zwei relativ junge Wissenschaften, die Hardware-Ergonomie und die Software-Ergonomie, die das bisherige Verhältnis von Mensch und Arbeitswelt im Hinblick auf den Einsatz von Computern weiter differenzieren [Abb. 1.2].

Die ***Hardware-Ergonomie*** soll Richtlinien zur Gestaltung von Computerperipherie und Bildschirmarbeitsplätzen liefern. Sie ist im Grunde genommen nur eine Spezialisierung oder zeitgemäße Weiterentwicklung der klassischen Ergonomie, die sich mit der Gestaltung von Werkzeugen und Arbeitsplätzen auseinandersetzt. Vor allem die Nutzung von Bildschirmen führte zu wesentlich neuen Aspekten der Arbeitsplatzgestaltung.

Die ***Software-Ergonomie*** soll Leitlinien und Rahmenbedingungen zur Gestaltung benutzergerechter, computerbasierter Werkzeuge[2] bereitstellen. Hierbei ergeben sich viele grundlegend neue Problemstellungen. Man kann sich dabei auf Erkenntnisse stützen, die aus der Medizin, Psychologie und den Arbeitswissenschaften stammen und sich mit der menschlichen Informationsaufnahme und Informationsverarbeitung auseinandersetzen. Weitergehende und letztlich maßgebende Gestaltungsgrundsätze waren oder sind jedoch neu zu entwickeln.

[2]auch Anwendungssysteme (kurz: Anwendungen) oder Applikationen genannt

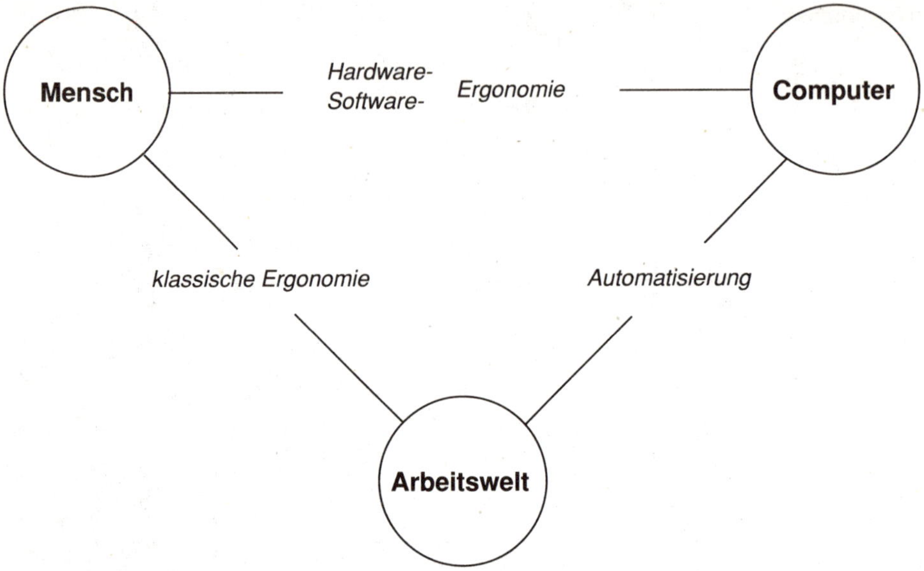

Abbildung 1.2: Hardware- und Software-Ergonomie im neuen Problemkreis (nach [Zimmermann 83])

In Form einer notwendigen Voraussetzung der Software-Ergonomie kann die Hardware-Ergonomie als eine eng verflochtene Teildisziplin der Software-Ergonomie angesehen werden. Bei den Betrachtungen in diesem Buch sollen beide Fachgebiete untersucht werden. Zur begrifflichen Klärung sollte man die beiden Themen in Zukunft zum Gesamtthema ***Computer-Ergonomie*** untrennbar zusammenfassen. Wenn im folgenden von Software-Ergonomie die Rede ist, sind grundsätzlich beide Disziplinen angesprochen. Nur in Kapitel 15 wird noch einmal speziell auf die Belange der Hardware-Ergonomie eingegangen.

Was sind nun die nutzbaren Ergebnisse der Software-Ergonomie? Aus der Software-Ergonomie entstehen Hilfsmittel unterschiedlichster Art:

1. ***Normen*** (nationale und internationale Standards)
2. ***Empfehlungen*** (Vorschläge)
3. ***Designregeln*** (Richtlinien)
4. ***Tools*** (Software-Bausteine und Entwicklungswerkzeuge)

Diese Resultate haben unterschiedlichen Nutzen und unterliegen diversen Einschränkungen, wie in der folgenden Tabelle zu ersehen ist [Smith 88]:

	Normen	Empfehlungen	Designregeln	Tools
Quelle	offizielle Dokumente	Bücher, Berichte	interne Dokumente	Software
Verfügbarkeit	öffentlich	meist öffentlich	meist proprietär	öffentlich bis proprietär
Spezifität	allgemein	allgemein	anwendungs-spezifisch	soft- und hard-warespezifisch
Anpassung	oft notwendig, selten möglich	oft notwendig und möglich	oft notwendig und möglich	oft notwendig, aufwendig oder nicht möglich
Anpassungs-hilfen	keine	Beispiele, Ausnahmen, Kommentare	Hinweise auf andere Regeln	durch Program-mierung oder Parameter
Durchsetzung	Vertrag, Gesetz	Absprache	Management	Computer
Abweichung	formale Ausnahme-regelungen	Absprache	mit Review	keine
Vorteile	Standardisie-rung	flexibel, aktuell	Klarheit, verbesserte Qualität	Zeitgewinn, Korrektheit
Nachteile	allgemein, unflexibel, veraltet	erfordern hohes Maß an Inter-pretation	oft nicht angemessen	behindert Aus-nahmen und In-novationen
Designersicht	Behinderung, Formalität	hilfreich, instruktiv	hilfreich, ökonomisch	ökonomisch, zuverlässig

Grundsätze der Software-Ergonomie werden oft ignoriert oder verletzt. Dies geschieht meist aus Gründen wie unzureichender Kenntnis, Verfügbarkeit, Verständlichkeit oder Akzeptanz solcher Grundsätze. Typische negative Auswirkungen auf die betroffenen Benutzer von Computersystemen sind:

- unnötige körperliche oder geistige Belastungen
- hoher Einarbeitungsaufwand
- Herausbildung „unentbehrlicher" Experten
- Systeme arbeiten gegen die gewohnte oder natürliche Arbeitsweise
- Verschiebungen in der Relevanz von Arbeitsvorgängen
- Aufteilen von Tätigkeiten in für die Bearbeiter sinnlose Teile
- Herausbildung geistiger Fließbandarbeit
- Verschwendung menschlicher Denkfähigkeit durch Routinearbeiten

Betrachtungen und Empfehlungen zur Software-Ergonomie müssen eine Vielzahl wissenschaftlicher Disziplinen einbeziehen. Insbesondere Physiologie, Psychologie, Arbeitswissenschaften und Informatik spielen dabei tragende Rollen. Zu Beginn war die Software-Ergonomie durch isolierte Anstrengungen gekennzeichnet, die heute jedoch immer mehr zusammengeführt und interdisziplinär vorangetrieben werden.

Die Auseinandersetzung mit Problemstellungen der Software-Ergonomie erfordert häufig das Verlassen des eigenen Fachgebietes zur Einbeziehung von Erkenntnissen aus anderen Fachgebieten. Dies wird schon durch eine oberflächliche, hierarchische Strukturierung von Teilgebieten der Software-Ergonomie sichtbar [Abb. 1.3].

Trotz des inzwischen hohen Stellenwerts computerbasierter Werkzeuge verfügen ihre Entwickler nur selten über das notwendige ergonomische Grundwissen.

Es wird eine wichtige Aufgabe in den kommenden Jahren sein, den Designern und Entwicklern von Computersystemen neben software-technischem auch software-ergonomisches Grundwissen zu vermitteln. Nur so werden wir in Zukunft zu wirklich menschengerechten und nützlichen computerbasierten Werkzeugen gelangen, die allen gesellschaftlichen Gruppen dienen können, ohne unnötige körperliche oder geistige Belastungen hervorzurufen. Von diesem Ziel sind wir heute noch ein beträchtliches Stück entfernt. Die ergonomischen und technologischen Fortschritte der letzten zehn Jahre sind jedoch so vielversprechend, daß wir bei einer weiterhin ernsthaften Verfolgung des Ziels gute Chancen haben, schwerwiegende Fehlentwicklungen zu vermeiden oder zu beseitigen. Dies bekommen wir nicht umsonst. Ergonomie ist ein Qualitätsfaktor, der seinen Preis hat. Die Gegenleistung ist unsere körperliche und geistige Gesundheit sowie in vielen Fällen die willkommene Begleiterscheinung einer gesteigerten Leistungsfähigkeit, Motivation und Akzeptanz, die als wirtschaftliche Triebfedern den Prozeß am ehesten anzutreiben vermögen.

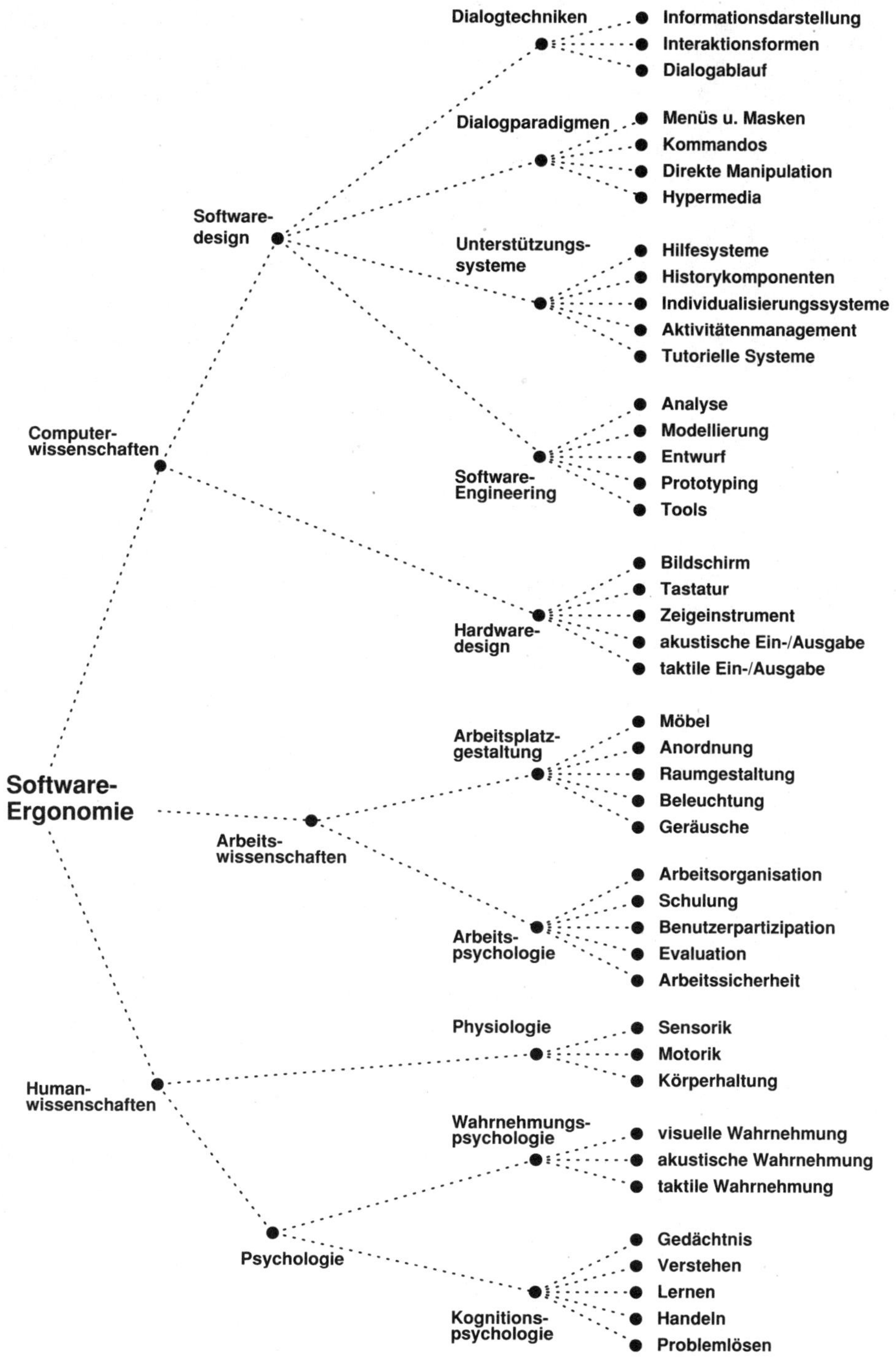

Abbildung 1.3: Themen der Software-Ergonomie

Kapitel 2

Mensch-Computer-Kommunikation

Die Kommunikation[1] zwischen Mensch und Computer ist eine facettenreiche Thematik. Bevor Aussagen zur Gestaltung von Benutzungsschnittstellen getroffen werden können, müssen die wesentlichen Charakteristiken dieser besonderen Form der Kommunikation untersucht werden. Dazu sind abstrakte Modelle der Mensch-Computer-Kommunikation hilfreich, die die wichtigsten Kommunikationsaspekte widerspiegeln.

Neben solchen abstrakten Kommunikationsmodellen gibt es konkrete Modelle über den Aufgabenbereich und das Computersystem, die sich ein Benutzer bewußt oder unbewußt bildet. Diese Modelle nennt man ***mentale Modelle*** oder ***Benutzermodelle***. Auch seitens eines Computersystems liegen Modelle über den Anwendungsbereich und eventuell über die Benutzer vor. Die Modelle über den Anwendungsbereich werden als ***Systemmodelle*** oder ***Anwendungsmodelle*** bezeichnet. Die Modelle eines Systems über seine Benutzer werden gelegentlich auch als ***Benutzermodelle*** bezeichnet. Hierbei gibt es leicht begriffliche Verwechslungen mit oben genannten Benutzermodellen.

Kompatible Benutzer- und Systemmodelle sind die Voraussetzung für eine funktionsfähige und wirkungsvolle Kommunikation zwischen Mensch und Computer. Basierend auf den genannten Modellen läßt sich diese Kommunikation zwischen Mensch und Computer auf vielfältige Art und Weise beschreiben, gestalten und optimieren. Die Qualität der Kommunikation entscheidet maßgeblich über die ***Nutzbarkeit*** und ***Nützlichkeit*** eines Computersystems. Diese Modelle sind daher eine wichtige Grundlage der Software-Ergonomie. Die grundlegenden Eigenschaften der Mensch-Computer-Kommunikation werden im folgenden unter Zuhilfenahme der genannten Modelle beschrieben.

---

[1]auch häufig als Interaktion bezeichnet

2.1 Modell der Mensch-Computer-Kommunikation

Es existieren eine Vielzahl von abstrakten Modellen zur Mensch-Computer-Kommunikation. Einige Modelle unterscheiden sich hauptsächlich in der Wahl der Begriffe, andere unterscheiden sich weitergehend, da sie aufgrund unterschiedlicher Zielsetzungen entstanden sind.

Das ***IFIP-Modell*** [Dzida 83, Dzida 88] diente in der Vergangenheit vielfach als Grundlage für die Standardisierung (Normung) von Benutzungsschnittstellen [Kap. 7.1]. Ziel war vor allem die Definition und Gruppierung von Gestaltungsgrundsätzen für Benutzungsschnittstellen. Diese Kriterien werden für eine differenzierte und objektivierte ***Modellierung*** und ***Bewertung*** von Benutzungsschnittstellen dringend benötigt.

Mit ähnlicher Struktur wie das IFIP-Modell wurde das ***Seeheim-Modell*** definiert [Pfaff 85]. Hier war jedoch die Zielsetzung, ein Modell für die ***Realisierung*** von Benutzungsschnittstellen zu erhalten. Das Seeheim-Modell ist bis heute Grundlage vieler Implementierungsmodelle.

Ein auf die spezielle Problemstellung bei ***Überwachungs-*** und ***Steuerungsaufgaben*** (***Supervisory Control***) zugeschnittenes Kommunikationsmodell wird von Rasmussen beschrieben [Rasmussen 85a]. Es verbindet motorische, informationsverarbeitende und sensorische Tätigkeiten und Situationen auf mehreren Ebenen.

Ein weiteres wichtiges Modell stammt aus der ***Arbeitspsychologie*** [Ulich 92] und gliedert die Durchführung von Arbeitsaufgaben ausgehend von Tätigkeiten über Handlungen bis hin zu elementaren Operationen. Dieses Modell basiert auf dem ***Tätigkeitsmodell von Leontjew*** [Leontjew 77].

All diese Modelle unterscheiden mehrere Phasen, Ebenen und Aspekte der Kommunikation. Was genau betrachtet wird, hängt vor allem von den Fragestellungen ab, die mit einem solchen Modell beantwortet werden sollen. Im folgenden wird ein detailiertes Modell der Mensch-Computer-Kommunikation diskutiert, das als Grundlage vieler Themen dienen soll, die im weiteren Verlauf dieses Buches behandelt werden. Das Modell wird dabei gelegentlich vereinfacht oder auch bezüglich bestimmter Aspekte verfeinert. Mit diesem Modell wird der Versuch unternommen, Modelle der Arbeitspsychologie mit Modellen der Informatik zu verbinden. Dies kann ein wichtiger Schritt im Hinblick auf die Verschmelzung von Begriffsbildungen und Methoden aus den beiden Wissenschaften sein. Es ist zumindest eine Voraussetzung für die ganzheitliche Entwicklung von Computersystemen im Sinne der menschengerechten Gestaltung von Arbeit.

Der Kontext des im folgenden definierten Modells [Abb. 2.1 u. 2.2] ist der Dialog eines Benutzers mit einem Computersystem. Der Benutzer bearbeitet eine Aufgabe durch sukzessive hierarchische Zergliederung in Aktivitäten unterschiedlicher Abstraktion. Während am Beginn die Aufgabe in eine Sequenz beabsichtigter, grob strukturierter Tätigkeiten zerlegt wird, stehen am Ende einzelne motorische oder sprachliche Aktivitäten[2], mit denen der Benutzer über die Computerperipherie auf das Computersystem einwirkt. Auf diese Weise gibt der Benutzer einen Auftrag oder eine Antwort in das Computersystem ein. Das Computersystem seinerseits analysiert die Eingaben des Benutzers und führt daraufhin Zustandsänderungen in oder außerhalb des Computersystems durch und teilt dies dem Benutzer über die Computerperipherie[3] mit. Der Benutzer nimmt diese Systemausgaben wahr, vergleicht sie mit seinen Erwartungen auf der jeweiligen Ebene und bewertet sie in bezug auf die durchzuführende Aufgabe. Dies führt im allgemeinen wiederum zu Aktivitäten seitens des Benutzers. Damit endet ein ***Dialogschritt***, und ein neuer wird eingeleitet.

Die Bearbeitung einer Aufgabe mittels eines Computersystems läßt sich aus ***Benutzersicht*** modellhaft auf den folgenden logischen Ebenen verfolgen [Abb. 2.1]:

Intentionale Ebene: Zur Lösung einer Aufgabe entwickelt ein Benutzer ***Intentionen***[4]. Sie sind Ausgangspunkt für die Planung mehrerer ***Tätigkeiten***. Sind die Tätigkeiten durchgeführt worden, werden die Resultate mit den ursprünglichen Intentionen verglichen und bewertet. Die Tätigkeiten werden bei positiven ***Bewertungen*** als erfolgreich eingestuft. Bei negativen Bewertungen werden die Intentionen oder die Tätigkeiten so modifiziert, daß sie in einem neuen Dialogschritt wahrscheinlich zum Erfolg führen. Möglicherweise erkennt der Benutzer auch, daß das benutzte System der Aufgabe nicht angemessen ist und beendet die Nutzung.

Pragmatische Ebene: Die Intentionen werden in konkretere ***Ziele*** (erwartete Arbeitsergebnisse) umgesetzt. Bei den Tätigkeiten werden konkrete ***Verfahren*** (***Prozeduren***) angewandt. Inwieweit die Ziele später als erreicht eingestuft werden, hängt von den ***Interpretationen*** der Arbeitsergebnisse ab. Scheinen die Ziele erreicht, werden die geplanten Folgeaktivitäten durchgeführt. Fallen die Interpretationen negativ aus, werden die Ziele oder die Verfahren modifiziert und andere Aktivitäten durchgeführt.

Semantische Ebene: Die Verfahren müssen in die mit dem Computersystem möglichen ***Operationen*** umgesetzt werden. Dabei plant der Benutzer, ***Objekte*** zu erzeugen, zu löschen oder deren ***Zustände*** zu ändern. Inwieweit diese Objekte vom Benutzer anschließend als erfolgreich bearbeitet eingestuft werden, hängt von den erkannten Zuständen ab, die das Computersystem durch seine Ausgaben widerspiegelt. Scheinen die Objekte mit dem gewünschten Zustand vorhanden zu sein, werden Folgeoperationen durchgeführt. Ist dies nicht der Fall, werden geänderte Operationen ausgeführt.

---

[2] z.B. Tastendrücke, Mausbewegungen, akustische Eingaben

[3] meist Informationsdarstellungen auf dem Bildschirm

[4] In der Arbeitspsychologie wird hierbei auch von Motiven gesprochen.

Syntaktische Ebene: Um Operationen mit einem Computersystem durchführen zu können, müssen bestimmte ***Eingaberegeln*** beachtet werden. Diese Regeln beschreiben die ***Eingabesyntax*** und dienen als Vorschriften für die Artikulation der geplanten Operationen. Aus den resultierenden Computerausgaben muß hervorgehen, ob eine Eingabe erfolgreich war, d.h. ob das Computersystem die Form der Eingabe akzeptiert und die Inhalte ausgewertet hat. Die vom Computersystem erzeugten Ausgaben können dazu vom Benutzer erkennbare ***Strukturen*** bilden, die mit der syntaktischen Eingabe verglichen werden können. Die syntaktische Ebene läßt sich auch durch die vom Benutzer wahrgenommenen Interaktionsformen beschreiben [Kap. 6].

Lexikalische Ebene: Die Benutzereingaben müssen aus definierten ***Eingabezeichen*** eines ***Eingabealphabets*** zusammengesetzt werden. Die Auswahl der Zeichen kann auch durch eine ***Zeigehandlung*** des Benutzers geschehen, falls die vorgesehenen Eingaben als vorhandene Ausgaben auf dem Computerbildschirm sichtbar sind. Bei den resultierenden Computerausgaben muß der Benutzer mittels seiner ***Wahrnehmung*** erkennen, ob die Zeichen vom Computersystem akzeptiert wurden.

Sensomotorische Ebene: Die artikulierten Eingaben werden über die ***Motorik*** des Benutzers in das Computersystem eingegeben. Solche Eingaben oder ***Signale*** werden meist mittels Tasten einer Tastatur oder mittels Bewegung und Tasten eines Zeigeinstruments (z.B. Maus) übermittelt. Die Eingaben können aber auch über gesprochene Kommandos erfolgen. Inwieweit die Signale vom Computersystem erkannt wurden, wird durch die ***Sensorik*** des Benutzers überprüft [Kap. 4].

Wenn im folgenden von ***Aktionen*** die Rede ist, sind damit einzelne Benutzeraktivitäten (Arbeitsschritte) auf allen genannten Ebenen der Mensch-Computer-Kommunikation gemeint. So ist eine Aktion auf der semantischen Ebene eine Operation, d.h. die Anwendung eines Operators auf ein Objekt. Auf der sensomotorischen Ebene ist eine Aktion beispielsweise das Drücken einer Taste oder eine abgeschlossene Zeigehandlung mit dem Zeigeinstrument.

Die durch die Benutzeraktivitäten im Computersystem initiierten Prozesse lassen sich auf Seiten des Computers [Abb. 2.2] modellhaft auf denselben logischen Ebenen wie aus Benutzersicht [Abb. 2.1] verfolgen. Dabei gibt es eine Eingabeseite (Verarbeitung von Benutzereingaben) und eine Ausgabeseite (Erzeugung von Computerausgaben):

Intentionale Ebene: Zur Abwicklung der ***Benutzeraufträge*** besitzt das Computersystem ein Modell der Anwendungswelt. Basierend auf den ***Bewertungen*** der Benutzeraufträge werden entsprechende ***Strategien*** ausgewählt. Das Computersystem kann auch ohne Benutzereinwirkung in definierten Situationen unter Interpretation des Systemzustandes selbständig aktiv werden, d.h. die Initiative übernehmen [Kap. 7.1.3]. Der Interaktionszyklus startet dann beim Computersystem.

Pragmatische Ebene: Die Aufträge werden durch konkretere ***Ziele*** ersetzt. Die Ziele bestehen üblicherweie darin, bestimmte Anwendungssituationen zu erzeugen. Aus den Strategien werden dazu bestimmte ***Prozeduren*** abgeleitet, mit denen die Ziele erreicht werden sollen. Ob Ziele erreicht wurden wird durch die ***Interpretation*** von Objektzuständen festgestellt.

Semantische Ebene: Benutzeraufträge werden durch ***semantische Analyse*** auf im Anwendungssystem repräsentierte ***Objekte (Datenstrukturen)*** bezogen. Die Benutzeraufträge zielen auf die Veränderung bestimmter Arbeitsobjekte hin. Bei der Abarbeitung von Prozeduren zur Erreichung anwendungsbezogener Ziele werden diese Objekte und damit der Systemzustand mittels ***Operationen*** verändert.

Syntaktische Ebene: Die vom Benutzer eingegebenen Zeichen und Selektionen von Bildschirmobjekten werden auf ihre syntaktische Zulässigkeit untersucht, bevor sie der semantischen Analyse zugeführt werden. Die ***Syntaxanalyse*** und die semantische Analyse arbeiten dabei oft eng verzahnt, um vor allem syntaktische Mehrdeutigkeiten auszuräumen. Bei der Erzeugung von Ausgaben werden die in der semantischen Ebene durchgeführten Zustandsänderungen für die Visualisierung oder andere Ausgabeformen gemäß den ***Regeln*** der ***Ausgabesyntax*** vorbereitet. Die syntaktische Ebene läßt sich auch durch die vom System angebotenen Interaktionsformen beschreiben [Kap. 6].

Lexikalische Ebene: Benutzereingaben werden zu erkannten ***Zeichen*** (Symbolen) umgesetzt. In ähnlicher Art und Weise werden Zeigehandlungen analysiert und meist als ***Selektionen*** von Bildschirmobjekten interpretiert. Die auf der syntaktischen Ebene zur Ausgabe vorbereiteten Zustände und Zustandsänderungen werden durch die Möglichkeiten der Informationscodierung umgesetzt [Kap. 5]. Die möglichen Ausgabeelemente bilden das ***Ausgabealphabet***, das nicht nur aus visuellen sondern auch aus akustischen oder taktilen Elementen bestehen kann.

Sensomotorische Ebene: Die ***Eingaben*** des Benutzers werden vom Computersystem als ***Signale*** erfaßt, bevor sie auf der lexikalischen Ebene zu Zeichen und Selektionen verarbeitet werden. Zur ***Ausgabe*** werden die Ausgabeelemente mit Hilfe der Computerperipherie, vor allem Bildschirm und Lautsprecher, umgesetzt [Kap. 15].

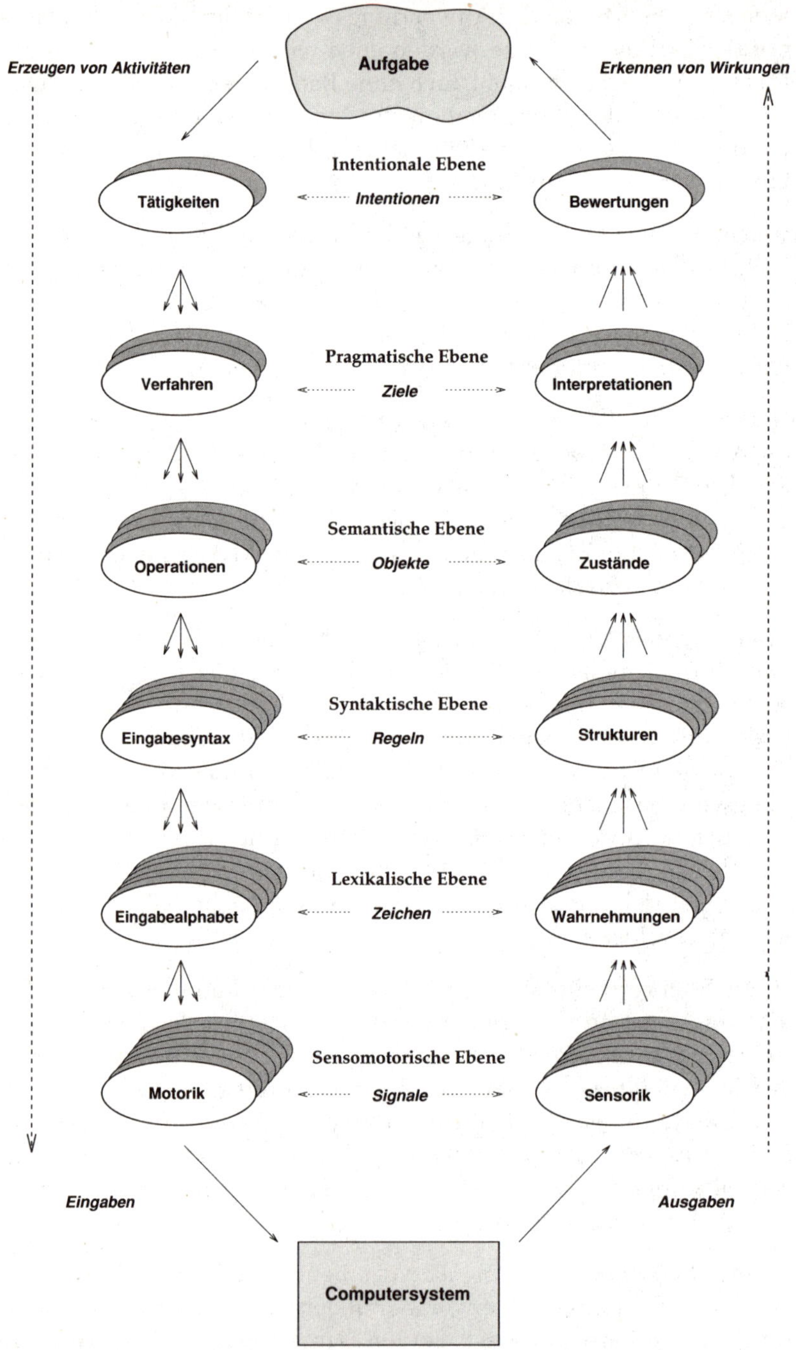

Abbildung 2.1: Modell der Mensch-Computer-Kommunikation (***Benutzer***)

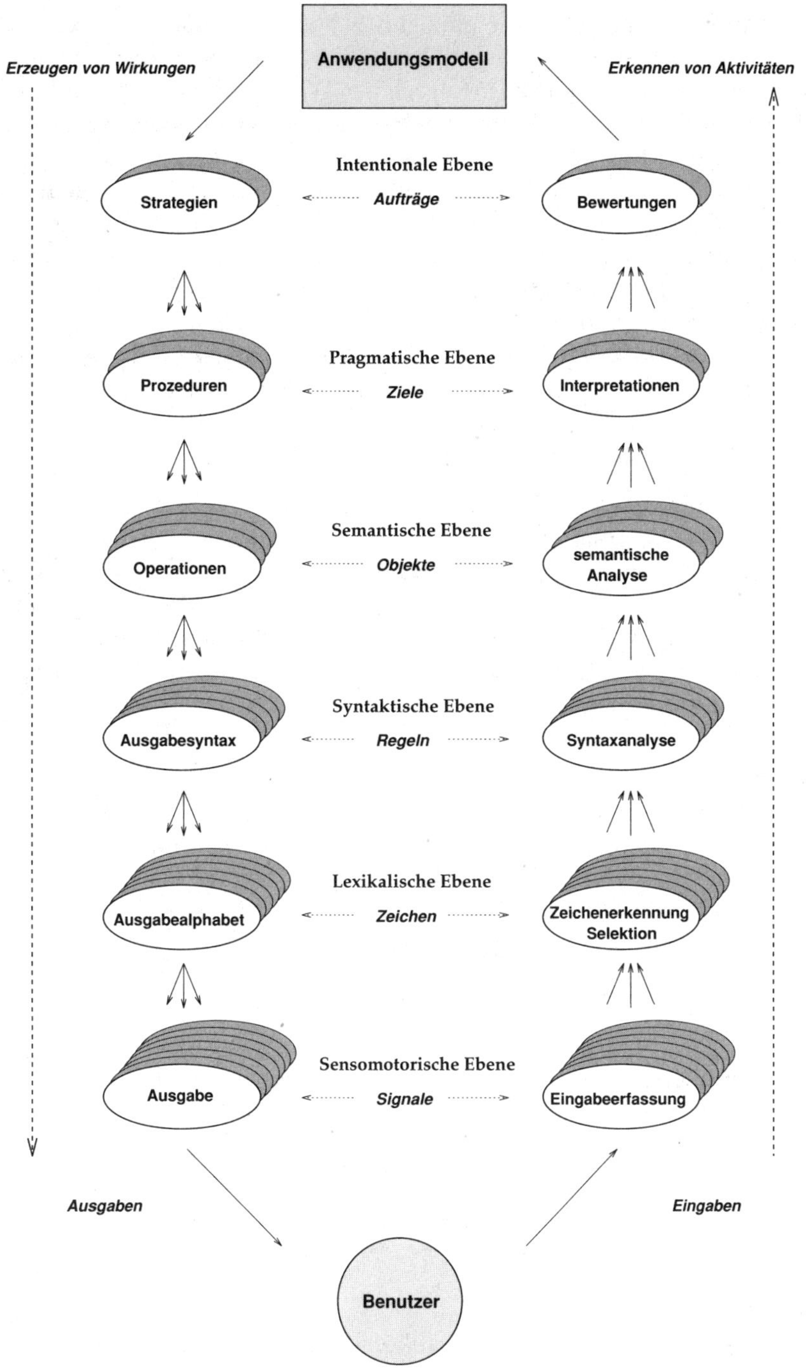

Abbildung 2.2: Modell der Mensch-Computer-Kommunikation (***Computer***)

Der Zyklus aus Aktivitäten und ihren Wirkungen wird bei Benutzer und Computersystem selten in nur einer einzigen Schleife durchlaufen. Meist werden zunächst Teilzyklen auf den unteren Ebenen durchlaufen, bis die jeweiligen Korrekturen der Tätigkeiten dort zu erfolgreichen Wirkungen geführt haben und die nächsthöheren Ebenen erreicht werden. So werden beispielsweise zunächst syntaktische Eingabefehler behoben, bevor Objektbezüge erkennbar und beurteilbar sind. Genauso werden vom Benutzer zunächst die Operationen solange korrigiert, bis neue Objektzustände erreicht werden, die dann interpretiert und mit den Zielen verglichen werden können. Die benutzerseitigen zyklischen Planungs- und Korrekturmaßnahmen auf den verschiedenen Ebenen nennt man in der Arbeitspsychologie ***Regulation*** [Ulich 92]. In der Arbeitspsychologie werden vor allem die ***Sensomotorische Regulation***, die ***Handlungsregulation*** sowie die ***intellektuelle Regulation*** unterschieden. Ähnliche Regulationsschleifen laufen beim Computersystem ab, falls Eingaben nicht verarbeitet werden können oder computerinitiierte Aktivitäten das vorgesehene Ziel nicht erfüllen.

Die ***Effizienz*** und ***Wirksamkeit*** der Kommunikation hängt ganz wesentlich von der Effizienz der Regulationsvorgänge auf allen betrachteten Ebenen ab. Eine Optimierung der Kommunikation kann somit durch Verbesserung der Feedback-Mechanismen [Bsp. 2.1], durch bessere Visualisierungen der Wirkungen sowie durch vereinfachte Korrekturvorgänge [Bsp. 2.2] erfolgen. Wir werden auf eine derartige Optimierung der Mensch-Computer-Kommunikation in verschiedenen Kapiteln zurückkommen.

Beispiel 2.1:
Ein Beispiel für bessere Feedback-Mechanismen ist das Ausgeben deutlich erkennbarer und verständlicher Fehlermeldungen bei syntaktischen Eingabefehlern. So sollte bei syntaktischen Eingabefehlern, wie dem Vertauschen der Parameter eines Suchkommandos, nicht einfach der Hinweis

```
Eingabefehler
```

erfolgen, sondern zumindest eine Information zur richtigen Anwendung des Kommandos, wie z.B.

```
SUCHE <Suchbegriff> <Datei>
```

ausgegeben werden. ◇

Beispiel 2.2:
Ein Beispiel für vereinfachte Korrekturvorgänge ist das Anbieten einer fehlerhaften Eingabezeile zur Änderung durch den Benutzer anstatt des Anforderns einer neuen Eingabezeile. Bei komplexen Eingaben verkürzt dies die Korrekturzeit erheblich. ◇

2.2 Mentale Modelle

Eine Voraussetzung für Kommunikation ist ***gemeinsames Wissen*** bei beiden Kommunikationspartnern. Ein Benutzer verwendet bei der Kommunikation mit Computersystemen Wissen unterschiedlicher Art (vgl. [Carroll/Reitman-Olson 88]):

genererische Methoden: allgemeine Lösungsverfahren, die eine breite Klasse von Situationen abdecken

Regeln: Aktionen oder Aktionssequenzen, die in bestimmten Situationen anwendbar sind

mentale Modelle: Wissen über Komponenten, Funktion und Struktur eines Anwendungssystems, d.h. über Arbeitsobjekte, logische Zusammenhänge sowie bestimmte Methoden, um Arbeitsobjekte zu verändern

Grundwissen, um Sequenzen von Aktionen aufbauen zu können

Begründungen, warum Sequenzen von Aktionen in bestimmten Situationen angemessen erscheinen

Um Arbeits- und Lernvorgänge einfach und effizient zu gestalten, ist zu berücksichtigen, wann die jeweiligen Wissensarten relevant werden und wie sie zusammenwirken.

Das Erzeugen einer Sequenz von Aktionen aus einer Aufgabenstellung ist ein ***Problemlösungsvorgang***. Dabei benötigt der Benutzer ein Modell des Problembereichs (Anwendungsbereich) und ein Modell von den zur Lösung verfügbaren Werkzeugen. Dies sind die Werkzeuge auf dem Computersystem[5] sowie diverse Werkzeuge aus dem organisatorischen Umfeld[6].

Zur effizienten und problemgerechten Vorgehensweise ist ein möglichst klares und korrektes mentales ***Modell des Benutzers vom System*** notwendig. Ein solches Modell kann jedoch nur dann entstehen, wenn das System selbst mittels einer klaren Problemstellung und eines praktikablen Problemlösungsmodells konzipiert wurde und es eine problemangemessene Struktur und Funktionalität besitzt. Dies hängt vor allem vom ***konzeptuellen Modell des Systemdesigners*** ab. Bei der Entwicklung dieses konzeptuellen Modells ist es wichtig, folgende Aspekte zu berücksichtigen:

---

[5] z.B. Tabellenkalkulationssystem, Textsystem

[6] z.B. Telefon, Notizbuch, Kalender

- Anwendungsbereich
- Arbeitsaufgabe
- Arbeitskontext
- Kenntnisse, Erfahrungen und Fertigkeiten des Benutzers
- kognitive Ressourcen[7] des Benutzers

Für die erfolgreiche Nutzung des Computerwerkzeugs ist neben der Konsistenz, Klarheit und Problemangemessenheit des realisierten Systems vor allem die ***Kompatibilität des mentalen Modells des Benutzers und des konzeptuellen Modells des Systemdesigners*** entscheidend. Jede Unstimmigkeit führt im geringsten Fall zu erhöhten Beanspruchungen des Benutzers, im schlimmsten Fall zur Unbenutzbarkeit des Systems und damit zur Handlungsunfähigkeit des Benutzers. Es ist daher unbedingt sicherzustellen, daß kompatible Modelle entstehen können.

In der Literatur werden inzwischen eine Vielzahl konzeptueller und mentaler Modelle unterschieden. Eine Übersicht über diverse Modelle findet sich in [Streitz 85]. Die dort erarbeitete Klassifikation ist Grundlage der folgenden Ausführungen. Zur Bildung der Modelle werden die Sichten der am System Beteiligten als Operatoren verwendet:

S... System, **B**... Benutzer, **D**... Designer, **P**... Psychologe

A: Anwendungsbereich

S(A): Anwendungssystem (Implementierung des Anwendungsbereiches)

B(A): mentales Modell des Benutzers vom Anwendungsbereich

D(A): konzeptuelles Modell des Systemdesigners vom Anwendungsbereich

P(A): konzeptuelles Modell des Arbeitspsychologen vom Anwendungsbereich

Aus diesen Modellen 1. Ordnung und den beschriebenen Operatoren lassen sich auch Modelle höherer Ordnung entwickeln [Abb. 2.3]. Die wichtigsten Modelle 2. Ordnung sind:

B(S(A)): ***Mentales Modell des Benutzers von der Implementierung des Systems,*** d.h. von den internen Strukturen und Funktionen sowie der Benutzungsschnittstelle des Systems (der Benutzer macht sich ein Modell, wie das System realisiert wurde; der Benutzer versetzt sich dabei in die Situation des Systemdesigners oder des Systems); ein solches Modell ist wichtig, um zum Beispiel Problemfälle oder Systemgrenzen vorherzusehen und zu untersuchen (vgl. auch exploratives Arbeiten [Kap. 13.4])

[7] vor allem Gedächtnis, Problemlösefähigkeit und Konzentrationsfähigkeit

D(B(A)): ***Modell des Systemdesigners vom mentalen Modell des Benutzers*** (der Systemdesigner versetzt sich in die Situation des Benutzers); dies ist ein ***präskriptives Modell*** („Was sollte der Benutzer vom Anwendungsbereich wissen?")

P(B(A)): ***Modell des Arbeitspsychologen vom mentalen Modell des Benutzers*** (Ergebnis psychologischer Untersuchungen des Benutzerverhaltens); dies ist ein ***deskriptives Modell*** („Was weiß der Benutzer vom Anwendungsbereich?")

S(B(A)): ***Modell des Systems vom mentalen Modell des Benutzers*** (das System baut ein Benutzermodell auf, um den Benutzer vor Fehlern zu bewahren oder effizientes Arbeiten zu ermöglichen); ein solches Modell ist Voraussetzung für adaptive Systeme [Kap. 12.2.6]

S(S(A)): ***Modell des Systems von der Implementierung des Systems*** (das System baut ein explizites Modell seiner eigenen Realisierung auf, um den Benutzer vor Fehlern zu bewahren oder effizientes Arbeiten zu ermöglichen); eine solche Selbstreflexion ist Voraussetzung für aktive Hilfesysteme [Kap. 11.2.2] und adaptive Systeme [Kap. 12.2.6]

Mit Hilfe dieses Klassifizierungs- und Bezeichnungssystems läßt sich nun ein Hauptproblem bei der Realisierung von Computerwerkzeugen als die ***Inkompatibilität von B(A) und S(A)*** identifizieren, d.h. der Benutzer hat eine andere Vorstellung vom Anwendungsbereich, als es das System widerspiegelt. Diese Inkompatibilität entsteht im allgemeinen durch ein unzulängliches D(B(A)), d.h. durch eine falsche Vorstellung des Systemdesigners von den Annahmen und Erwartungen des Benutzers. Durch psychologische Untersuchungen des mentalen Modells des Benutzers P(B(A)) läßt sich dieses D(B(A)) abgleichen und auf diesem Weg ein verbessertes S(A) entwickeln oder durch Schulung das Modell des Benutzers B(A) an die Realität S(A) anpassen.

Ein anderes Problem ist die ***Inkompatibilität von B(A) und A***, d.h. der Benutzer hat den Anwendungsbereich nicht verstanden und erwartet daher anderes Verhalten vom Anwendungssystem. Hier hilft nur eine Schulung des Benutzers im Anwendungsbereich. Eine Angleichung des Anwendungssystems wäre auf Dauer nicht sinnvoll.

Während sich die Problematik theoretisch recht gut erfassen läßt, ist es in der Praxis schwierig, diese Abstimmungen zu optimieren. Oft lassen sich die Modelle nur mit viel Aufwand erschließen.

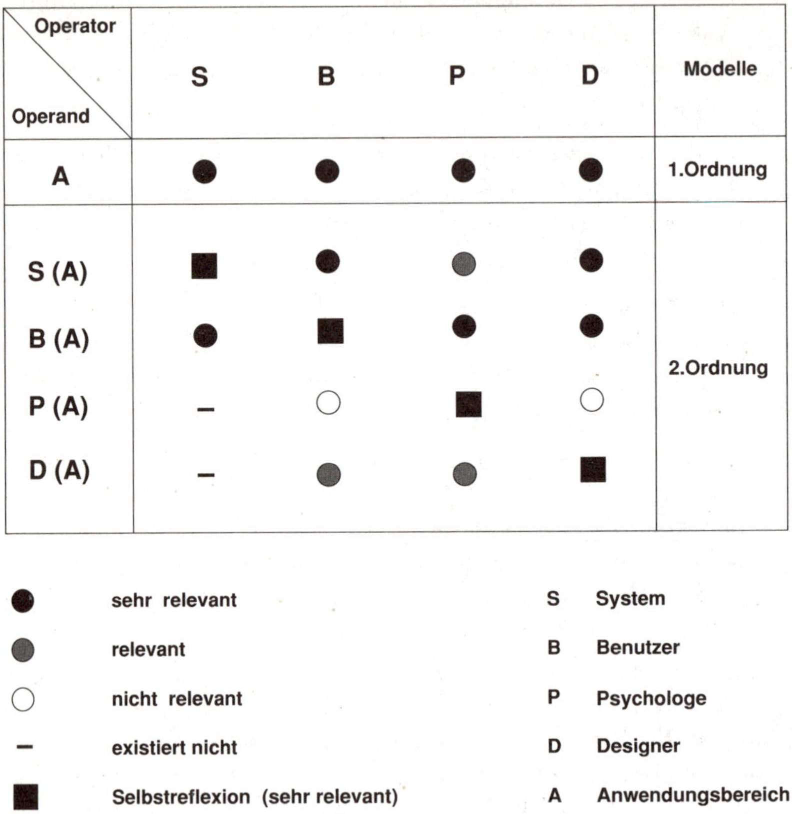

Abbildung 2.3: Klassifikation mentaler Modelle (nach [Streitz 85])

2.3 Optimierung der Arbeitsgestaltung

Die Gestaltung interaktiven Anwendungssysteme hat neben der Zielsetzung, eine bestimmte Funktionalität bereitzustellen, auch dafür Sorge zu tragen, daß die Kommunikation zwischen Mensch und Computer möglichst reibungslos und effizient abläuft.

Eine Optimierung der Mensch-Computer Kommunikation muß auf die folgenden Fragestellungen eingehen:

Beanspruchungen: Der Benutzer sollte während der Arbeit mit einem Computersystem möglichst geringen körperlichen und mentalen Beanspruchungen ausgesetzt sein.

Arbeitsteilung: Es muß eine günstige Aufteilung der Arbeit zwischen Mensch und Computer gefunden werden, um sowohl dem

Menschen als auch dem Computer die Arbeiten zuzuteilen, die jeweils am besten bewältigt werden können.

Komplexität: Die in der Aufgabenstellung und dem Anwendungsfeld vorhandene Komplexität muß mit geeigneten Mitteln bewältigt werden.

Effizienz: Die Kommunikation mit dem Computer muß einen möglichst hohen Wirkungsgrad besitzen, d.h. die Ein- und Ausgaben müssen einen hohen, vom Benutzer verarbeitbaren Informationsgehalt besitzen, die Eingaben müssen einfach und die Ausgaben müssen schnell verständlich sein.

Sicherheit: In sicherheitsrelevanten Anwendungsbereichen muß der Benutzer bei seinen Aktivitäten überwacht, unterstützt und, wenn möglich, von Routinetätigkeiten befreit werden.

2.3.1 Entlastung der Benutzer

Benutzer werden durch die Arbeit mit Computersystemen auf unterschiedlichste Art und Weise belastet. Dabei sind körperliche und mentale Belastungen zu unterscheiden.

a) Körperliche Belastungen:

- Belastung von Nacken und Rücken durch ungünstige Sitzhaltung
- Belastung der Hände und Arme durch Bedienen der Eingabegeräte, wie Tastatur und Maus
- Belastung des Sehvermögens durch ungeeignete Bildschirmdarstellungen
- Belastung des Hörvermögens durch akustische Ausgaben und Störgeräusche
- Belastung mit zum Teil unbekannter Wirkung durch elektrostatische Felder und elektromagnetische Strahlung

b) Mentale Belastungen:

- Belastung des Gedächtnisses
- Belastung der Konzentrationsfähigkeit
- Demotivation durch Mißerfolge oder negative Kommentare

- unverständliche oder sich ständig ändernde Informations- und Aktionsstrukturen[8]
- Angst vor nicht reversiblen Aktionen mit hoher Tragweite
- Angst vor Beobachtung und Leistungsbeurteilung

Dieses breite Spektrum von belastenden Umständen findet sich in mehr oder weniger starker Ausprägung bei nahezu jeder Computeranwendung. Durch entsprechende Sensibilität bei der Systementwicklung, Qualifizierung der Benutzer sowie durch sorgfältige Evaluation und inkrementelle Verbesserung von Systemen oder Arbeitsumgebungen lassen sich die Belastungen auf ein vertretbares Maß einschränken. Die daraus resultierenden, vom Benutzer subjektiv empfundenen ***Beanspruchungen*** sollen auf einem motivationsfördernden Niveau stabilisiert werden. Dies ist eine der Hauptaufgaben der Software-Ergonomie.

Im folgenden werden wir wiederholt auf beanspruchungsmindernde, gestalterische Lösungen eingehen.

2.3.2 Arbeitsteilung zwischen Mensch und Computer

Aus den Problemstellungen heraus resultiert häufig die Notwendigkeit zur verteilten Problemlösung zwischen Mensch und Computer. Dies setzt eine möglichst enge Integration von Computersystem und menschlichem Problemlöser voraus. Man spricht in diesem Zusammenhang oft vom Computer als ***„Intelligentem Assistenten“*** oder von ***„Kooperativen Systemen“*** (vgl. [Dunckel et al. 93, Rettig 93, Fischer 93]).

Kooperative Systeme orientieren sich an der Ergänzung menschlicher Fähigkeiten durch den Computer mit dem Ziel, gemeinsam eine Aufgabe auf effiziente Art und Weise auszuführen. In vielen Bereichen haben die Probleme eine Komplexität erreicht, daß weder der Mensch, noch der Computer alleine zur Bewältigung der Aufgaben in der Lage ist.

Die Leistungsfähigkeit des Menschen kann erheblich beeinträchtigt sein, wenn er in eine passive Rolle gedrängt wird. Konstante Unterforderung verhindert, daß er seine Tätigkeit in jeder Phase geistig verfolgt und gegebenenfalls handelnd eingreift. Kooperative Systeme stehen im Gegensatz zu Systemen, in denen der Mensch zum Lückenbüßer in einem automatischen, sich selbst steuernden und kontrollierenden System gemacht wird oder sich mit geistiger Fließbandarbeit begnügen muß.

Bei kooperativen Systemen ist die Kommunikation der beiden Partner von zentraler Bedeutung, weil diese ***gemeinsam*** eine Aufgabe erledigen. Für eine Arbeitsteilung zwischen Mensch und Computer sind die folgenden Schwerpunkte zu sehen:

[8] Es kann in diesem Fall kein einfaches mentales Modell gebildet werden.

a) Der Mensch:

- setzt die Ziele
- benutzt umfangreiches Allgemeinwissen
- benutzt ein leistungsfähiges sensorisches System
- definiert die Teilprobleme und ihre Beziehungen zueinander
- integriert Wissen aus verschiedenen Bereichen
- baut auf vorhergehenden Erfahrungen auf
- löst Probleme durch Analogieschlüsse
- kontrolliert Teillösungen
- führt komplexe Entscheidungen durch
- übernimmt die Kontrolle in Situationen, in denen Kreativität und Flexibilität erforderlich ist

b) Der Computer:

- übernimmt die Funktion einer externen Gedächtnishilfe, um umfangreiche Informationsmengen zu speichern und Zwischenergebnisse festzuhalten
- kontrolliert die Auswirkungen von Veränderungen und versucht, Inkonsistenzen zu vermeiden oder aufzudecken
- erzeugt dynamisches Verhalten aus statischen Beschreibungen und veranschaulicht damit die Konsequenzen der Annahmen und Formalisierungen des Benutzers
- bietet verschiedene Perspektiven von komplexen Informationsstrukturen
- verbirgt durch kontextabhängige und benutzergesteuerte Filter irrelevante Einzelheiten
- lenkt unsere Aufmerksamkeit, z.B. durch visuelle Reize, wie verschiedene Farben, Inversdarstellung oder Blinken, auf wichtige Ereignisse
- ermöglicht, daß die Konsequenzen von Aktionen rückgängig gemacht werden können (Undo-Funktion), und fördert damit exploratives und kreatives Verhalten [Kap. 13.4].
- ist ermüdungsfrei wachsam
- führt komplexe und umfangreiche Aktivitäten fehlerfrei durch
- übernimmt die Kontrolle in Situationen, in denen schnelle und sichere Reaktionen erforderlich sind

2.3.3 Umgang mit Komplexität

Unabhängig von der Qualität einer Benutzungsschnittstelle ist eine hohe Komplexität eines Anwendungsbereiches ein Merkmal, das die Benutzung eines Systems erschwert. Um Mißverständnisse mit dem Begriff „Komplexität" zu vermeiden, folgende Definition:

Komplexität: inhärente Eigenschaft eines Anwendungsbereichs, bedingt durch Umfang, Struktur und Funktionalität der Arbeitsobjekte und Arbeitsaufgaben [Bsp. 2.3]

Kompliziertheit: über die probleminhärente Komplexität hinausgehende Überfrachtung eines Systems mit zusätzlichen, aber unnötigen Eigenschaften [Bsp. 2.4]

Aus diesen Definitionen geht hervor, daß wir abhängig vom Anwendungsbereich ggf. mit hoher Komplexität umgehen müssen. Was in jedem Fall zu vermeiden ist, ist das Hinzubringen zusätzlicher Schwierigkeiten (Kompliziertheit) durch eine ungeschickte Gestaltung der Benutzungsschnittstelle oder der Systemfunktionalität.

Beispiel 2.3:
3D-CAD-Systeme sind komplexe Systeme zur dreidimensionalen Konstruktion mechanischer Produkte mit einer Vielzahl von Strukturen und Attributen für darzustellende Objekte und einer hohen Zahl von Operatoren zur Manipulation der Objekte. Die Komplexität solcher Systeme spiegelt die Komplexität des Anwendungsbereiches wider. ◇

Beispiel 2.4:
Komplizierte Systeme sind die mit unwichtigen Funktionen überfrachteten Textsysteme, deren komplette Funktionalität der Benutzer ständig präsentiert und zur Auswahl gestellt bekommt (konkrete Beispiele sind hinlänglich bekannt). ◇

Zur Handhabung von Komplexität gibt es eine Reihe von Möglichkeiten, wie das Bereitstellen von ***Filtern***, das Erzeugen von ***Kontexten*** und ***Modi*** sowie günstige ***Voreinstellungen*** für definierbare Systemparameter.

a) Filter

Auch in einem komplexen System wird nicht ständig die vollständige Information benötigt. Stattdessen kann man einem Benutzer durch die Bereitstellung von Filtermechanismen die Möglichkeit geben, sich die spezifische Sicht auf die Gesamtinformation zu verschaffen, die momentan benötigt wird. Wie derartige Filter aussehen können, hängt wesentlich von der Struktur und dem Umfang des Anwendungsbereiches ab. Typische Filtermechanismen sind:

Hierarchien: Ist der Anwendungsbereich hierarchisch geordnet, läßt sich durch hierarchisches Filtern die Informationsmenge zu jedem Zeitpunkt klein halten [Bsp. 2.5]. Hierarchien sind für Benutzer natürliche Strukturierungsmittel, die ohne aufwendige Einarbeitung oder Schulung nutzbar sind.

Muster: Durch die Angabe von Informationsmustern läßt sich der sichtbare Informationsraum flexibel einschränken [Bsp. 2.6][Kap. 9.3.5].

Anfragesprachen: Mit Hilfe formaler Anfragesprachen (Query Languages) lassen sich ebenfalls Ausschnitte aus einem Informationsraum bilden [Kap. 9.3.6]. Derartige Sprachen erfordern, ähnlich wie Programmiersprachen, die Fähigkeit, mit Kontrollstrukturen und komplexen Filteroperatoren umgehen zu können. Dieses Verfahren kommt somit nur für einen sehr eingeschränkten Anwenderkreis in Frage. Anfragesprachen werden vor allem im Bereich der Datenbanksysteme eingesetzt [Bsp. 2.7].

vordefinierte Filter: Für spezielle Anwendungsbereiche können Filter vordefiniert werden [Bsp. 2.8]. Dies kann völlig starr erfolgen, so daß der Benutzer aus einer Menge vorgefertigter Filter auswählt, oder die Filter sind noch parametrisierbar und können durch das Auswählen oder Formulieren einfacher Selektionskriterien spezialisiert werden.

Beispiel 2.5:
Durch ein hierarchisches Dateisystem läßt sich jeweils diejenige Ebene im Dateibaum sichtbar machen, die gerade relevant ist. Der Benutzer sieht auf diese Weise nur einen winzigen Ausschnitt aus dem gesamten Informationsraum. Hierarchien lassen sich wie im Beispiel des Dateisystems vom Benutzer einrichten und reorganisieren, um neue Information aufzunehmen oder gewachsene Information wieder überschaubar zu machen. ◇

Beispiel 2.6:
Ein Beispiel ist die Verwendung von Mustern beim Auslisten oder Selektieren von Dateien in Dateisystemen. Die Mustersymbole sind

beispielsweise ein `*` *(Wildcard) als Repräsentant einer Sequenz beliebiger Zeichen, ein* `?` *als Repräsentant eines einzigen beliebigen Zeichens oder der Zeichenbereich* `[x-z]` *als ein Zeichen aus dem alphanumerischen Intervall beginnend mit dem Zeichen* `x` *und endend mit dem Zeichen* `z`*. So bedeutet das Muster* `*-199[0-9]` *die Selektion beliebiger Dateien, die am Ende einen Bindestrich und eine Jahreszahl von* `1990-1999` *tragen.* ◇

Beispiel 2.7:
Die Sprache SQL ist eine Anfragesprache für relationale Datenbanksysteme.

Eine Beispiel-Anfrage in SQL ist die folgende:

```
SELECT NAME
FROM MITARBEITER
WHERE GEBURTSJAHR > 1963 AND
      GESCHLECHT = 'M' AND
      WOHNORT = 'STUTTGART'
```

Die Anfrage sucht aus einer Mitarbeiter-Datenbank alle Mitarbeiter aus, die nach 1963 geboren, männlich und in Stuttgart wohnhaft sind. Weitere Operatoren erlauben komplexere Anfragen, vor allem auch Verknüpfungen zwischen unterschiedlichen Datenbankobjekten (Entities). ◇

Beispiel 2.8:
Für eine Bibliotheksdatenbank könnten einfache Standard-Filter vorgegeben werden, um nach Büchern einer bestimmten Kategorie oder eines bestimmten Autors suchen zu können. ◇

b) Kontexte und Modi

Neben der Bereitstellung von Filtern läßt sich Komplexität mittels Kontexten [Maskery/Meads 92, Maskery et al. 92] und Modi behandeln. Wir wollen im folgenden unter einem ***Kontext*** folgendes verstehen:

Kontext: Bereitstellen und gegebenenfalls Einfrieren eines gemeinsamen Informationsraumes zwischen kommunizierenden Partnern durch die definierte Einschränkung der betrachteten Informationsmenge

Kontexte erlauben, Teilaufgaben zu bearbeiten, indem die entsprechenden Informationsausschnitte in bestimmten Zuständen festgehalten werden [Bsp. 2.9]. Die

Kommunikation läßt sich durch die reduzierte Information fokussieren und damit stark vereinfachen. Normalerweise auftretende ***Mehrdeutigkeiten*** werden durch die Einschränkung des Informationsraumes meist mühelos ausgeräumt oder gar nicht mehr wahrgenommen.

> **Beispiel 2.9:**
> *Ein Beispiel für die Verwendung von Kontexten sind Fenstersysteme, die Ausschnitte von beliebig großen Informationsmengen sichtbar machen. Diese Ausschnitte werden sinnvollerweise jeweils so gewählt, daß Teilaufgaben bearbeitet werden können, ohne den Rest der potentiell vorhandenen Informationen sehen zu müssen. Durch Gruppen von Fenstern, die sichtbar und unsichtbar gemacht werden können, lassen sich Zustände von Teilaufgaben visualisieren, einfrieren und bei Bedarf weiter bearbeiten.* ◊

Der Begriff des Kontextes ist stark mit dem Begriff ***Modus*** verwandt. Mit modaler Kommunikation bezeichnet man oft Kommunikationsformen, bei denen bestimmte Randbedingungen bezüglich der Wirkung von Werkzeugen im voraus definiert werden, so daß sie nicht bei jeder Operation wieder erwähnt werden müssen [Bsp. 2.10]. „Modus" steht im Unterschied zu „Kontext" im Zusammenhang mit Funktionalität. Wir wollen unter einem Modus deshalb folgendes verstehen:

Modus: Arbeitssituation mit definierter Einschränkung der Wirkung bzw. der Funktionalität von Werkzeugen, die vor dem Durchführen von Aktivitäten eingerichtet wird.

> **Beispiel 2.10:**
> *Ein Beispiel für einen Modus ist der Einfüge- oder Überschreibemodus bei Texteditoren. Im Einfügemodus werden an der Schreibmarke alle eingegebenen Zeichen eingefügt, während im Überschreibemodus die vorhandenen Zeichen überschrieben werden. Der jeweilige Modus wird vor Eingabe einer Sequenz von Zeichen ausgewählt.* ◊

c) Voreinstellungen

Eine weiteres wichtiges Hilfsmittel zur Bewältigung hoher Komplexität ist die Verwendung von Voreinstellungen (***Defaults***) [Kap. 12.2.3]. Voreinstellungen belegen beispielsweise Parameter von Funktionen mit wahrscheinlichen, d.h. mit statistisch häufigen Werten oder mit sinnvollen, d.h. mit situationsgerechten Werten. Der Benutzer muß sich dann im Normalfall nur um wenige oder überhaupt keine Parameter kümmern.

Diese Art von Komplexitätsverringerung wird häufig bei hochfunktionalen Systemen verwendet, wie z.B. bei Betriebssystemen oder Graphikeditoren. Funktionen haben hier oft Dutzende von Parametern oder Optionen, von denen viele auf gängige Voreinstellungen gesetzt werden [Bsp. 2.11].

Beispiel 2.11:
Das `ls`-Kommando von UNIX *besitzt zum Auflisten von Dateiverzeichnissen ca. 20 Optionen, wovon typischerweise 2 bis 5 von Benutzern wirklich verwendet werden. Der Rest ist mit sinnvollen Voreinstellungen belegt.* ◇

Voreinstellungen können benutzerabhängig sein. Durch Definitionen in sogenannten ***Benutzerprofilen*** können Benutzer eigene Voreinstellungen definieren. Dies ist eine Art von Benutzermodell, das das Computersystem vom Benutzer erhält und auf das der Benutzer direkten Einfluß nehmen kann. Benutzerprofile zum Verändern von Voreinstellungen dürfen nicht als Freibrief zur Realisierung undurchdachter Benutzungsschnittstellen betrachtet werden [Kap. 12.2.2].

Auch wenn der Benutzer die Möglichkeit hat, Voreinstellungen zu ändern, sollten diese so gewählt werden, daß ein benutzer- und aufgabengerechtes Arbeiten auch ohne benutzerspezifische Anpassung möglich ist. Des weiteren sollten nur solche Systemeigenschaften verändert werden können, bei denen vorausgesetzt oder vom System abgesichert werden kann, daß die Benutzer adäquate Einstellungen wählen.

2.3.4 Effizienz der Kommunikation

Wichtigste Voraussetzung für eine reibungslose und effiziente Kommunikation zwischen Benutzer und System ist die Kompatibilität des Modells des Benutzers vom System B(S(A)) und der Systemimplementierung S(A) [Kap. 2.2]. Jede Unstimmigkeit zwischen den Modellen führt zu Kommunikationsfehlern und damit zu einer Verminderung des Wirkungsgrades der Kommunikation.

a) Benutzereingaben

Zu einer optimalen Kommunikation gehört auch eine hohe Effizienz der Eingaben des Benutzers. Dazu müssen Eingaben einfach in der Form und klar im Inhalt sein. Komplizierte Eingaben erzeugen einen hohen Denkaufwand beim Benutzer und bremsen die Kommunikation. Wir müssen hierbei die verschiedenen Ebenen eines Eingabevorgangs betrachten [Kap. 2.1]:

Auf der ***lexikalischen Ebene***, d.h. bei der Eingabe einzelner Zeichen aus dem Eingabealphabet, ist darauf zu achten, daß möglichst wenige und möglichst einfache Zeichen eingegeben werden müssen [Bsp. 2.12].

Beispiel 2.12:
*Kommandos und ihre Parameter sollten so kurz wie möglich sein. Bei der Eingabe längerer Kommandos wird durch Eingabehilfen, wie automatisches Vervollständigen (**Completion**) oder Eingabe eindeutiger Abkürzungen unterstützt. Die Kommandonamen sollten jedoch noch Rückschlüsse auf ihre Wirkung zulassen.* ◇

Auf der ***syntaktischen Ebene*** ist darauf zu achten, daß die Syntax der Eingaben so einfach und konsistent wie möglich ist. Eine komplexe Syntax, z.B. bei der Formulierung von Suchvorgängen [Bsp. 2.6], muß häufig erst wieder nachgeschlagen werden, da sich Benutzer die Vielfalt der möglichen Konstrukte zum Aufbau von Mustern meist nicht merken können. Die Kommunikation wird durch das Nachschlagen und den damit erneuten Lernvorgang verlangsamt oder die Suchfunktion wird nicht genutzt.

Auf der ***semantischen Ebene*** wirkt sich vor allem die oben genannte Kompatibilität des Modells des Benutzers vom System und der Systemimplementierung aus. Eingaben werden nur dann mühelos zum Erfolg führen, wenn die Intentionen des Benutzers direkt auf die Systemfunktionalität abzubilden sind.

Eine sehr effiziente Eingabemöglichkeit ist die Nutzung von auf dem Bildschirm sichtbaren Systemausgaben [Bsp. 2.13]. Man nennt die Wiederverwendung von Ausgaben als Eingaben ***interreferentielle Ein-/Ausgabe*** [Bsp. 2.14] [Draper 86]. Das Interaktionsprinzip ***Direkte Manipulation*** [Shneiderman 83, Hutchins et al. 86] baut ebenfalls auf dieser effizienten Eingabetechnik auf [Kap. 8].

Beispiel 2.13:
Die Selektion von Ausgaben zur Verwendung als Eingaben kann beispielsweise dadurch geschehen, daß der Benutzer mit der Maus auf Ausgabeelemente zeigt und durch diese durch eine Maustaste auswählt. ◇

Beispiel 2.14:
Es sollten alle Dateinamen auf dem Bildschirm selektierbar werden, sobald der Benutzer wieder einen Dateinamen eingeben muß. Andere Ausgaben sollten dann nicht selektierbar sein. Dies ist eine Form der Verwendung von Kontexten. ◇

b) Systemausgaben

Wie die Benutzereingaben sollten auch die Systemausgaben effizient gestaltet werden. Auch hier müssen wir die verschiedenen Ebenen der Ausgaben bzw. ihre Verarbeitung durch den Benutzer betrachten [Abb. 2.1]:

Auf der ***lexikalischen Ebene***, d.h. auf der Ebene der primitiven Ausgabesymbole ist auf die Wahrnehmbarkeit der Zeichen zu achten. Die Zeichen müssen dazu die richtige Informationscodierung besitzen, d.h. sie sollten vor allem eine geeignete Größe, Form und Farbe besitzen und müssen sicher unterscheidbar sein.

Die ausgegebenen Zeichen stehen nicht zusammenhanglos auf dem Bildschirm. Sie bilden Strukturen, z.B. Gruppen oder Sequenzen, die die Bedeutung der gesamten Ausgabe beeinflussen (***syntaktische Ebene***). Die Erkennbarkeit solch höherwertiger Gruppierungen kann unterschiedlich gut ausgeprägt sein. Hierzu gibt die Wahrnehmungspsychologie [Wertheimer 23] seit langer Zeit wichtige praktische Anhaltspunkte [Kap. 4.2].

Die Verständlichkeit der Systemausgaben (***semantische Ebene***) hängt wiederum erheblich von der Verträglichkeit der oben genannten Modelle ab. Hier wirken sich vor allem die üblichen Konventionen zur Gestaltung von Ausgaben aus. Dies ist bezüglich alphabetischer Darstellungen natürlich selbstverständlich (sprachspezifische Alphabete), gilt jedoch auch für die Gestaltung graphischer Symbole. In den letzten Jahren hat man bei der Gestaltung von Benutzungsschnittstellen starken Gebrauch von graphischen Darstellungen gemacht (z.B. bei Desktop-Systemen). Dies hat zunächst zu einer bedeutenden Effizienzsteigerung von Mensch-Computer-Systemen geführt. Durch die aber inzwischen oft übertriebene und unmotivierte Verwendung graphischer Symbole finden wir heute häufig unverständliche und kaum mehr effizient nutzbare Systeme.

Wie oben im Zusammenhang mit der Wiederverwertbarkeit von Systemausgaben als Benutzereingaben bereits angesprochen, haben wir bei der Gestaltung von Ausgaben eine wichtige und teilweise schwierige Aufgabe zu lösen. Wir müssen dem Benutzer ermöglichen, Systemausgaben zu selektieren und als Eingaben zu verwenden (***interreferentielle Ein-/Ausgabe*** [Bsp. 2.14]). Der gesamte Bildschirminhalt wird damit zum potentiellen Eingabemenü. So ist es bei textuellen Ausgaben noch einigermaßen einfach, diese als lexikalische Eingabesequenzen wiederzuverwenden. Möchten wir aber auch die Semantik der textuellen Ausgaben erhalten, wird es schon deutlich aufwendiger. Bei der Selektierbarkeit von beliebigen graphischen Elementen erhöht sich der Aufwand noch deutlich.

2.3.5 Bediensicherheit

Auch die Bediensicherheit eines Mensch-Computer-Systems ist ein Optimierungskriterium. Als hierzu wichtiger Schritt kann hierbei die Arbeitsteilung zwischen Mensch und Computer gesehen werden. Immer wenn sicherheitsrelevante Aktivitäten durchzuführen sind, kann es günstig sein, diese vom Computer ausführen zu lassen. Der Benutzer zieht sich dann auf eine Überwachungsfunktion zurück. Nur wenn das System keine Entscheidung treffen kann oder darf, tritt der Benutzer wieder in den Dialog ein. Man spricht hierbei von ***systemgesteuertem Dialog***. Im Zusammenhang mit risikoreichen Überwachungsaufgaben[9], wie

[9] Man nennt diese Situationen auch ***mission critical***.

der Steuerung von komplexen Geräten, Anlagen oder Prozessen spricht man von ***Supervisory Control*** [Rasmussen 84, Rasmussen/Goodstein 85, Sheridan 87, Sheridan 88].

In weniger sicherheitsrelevanten Systemen kann es ausreichen, daß Benutzereingaben, die größere Effekte im System haben können, durch zusätzliche Eingabeprüfungen und Bestätigungen abgesichert werden [Bsp. 2.15].

> **Beispiel 2.15:**
> *Nicht reversible Löschungen von Arbeitsobjekten sollten durch Rückfrage des Systems und Bestätigung des Benutzers vor Bedienfehlern geschützt werden. So sollte das Löschen von Dateien in einem Betriebssystem durch Rückfragen abgesichert werden. Möchte der Benutzer auf diese Rückversicherung seitens des Systems verzichten, so muß er dies durch Angabe einer expliziten Option erwirken.*
>
> *Leider ist in vielen Betriebssystemen (z.B.* UNIX*) das Gegenteil der Fall. Hier muß der Benutzer durch eine explizite Option die Absicherung hervorrufen. Gibt er diese Option nicht an, wird ohne Rückfrage gelöscht.* ◊

Besitzt ein System die Möglichkeit, durchgeführte Aktivitäten wieder rückgängig zu machen, so kann das ständige, die Kommunikation verlangsamende Rückfragen und Bestätigen ganz oder teilweise entfallen. Man spricht hierbei von ***Undo-Funktionen***. Eine solche Technik führt zu einem flüssigen, entspannten und daher meist effizienten Dialog mit dem System [Kap. 13.4].

2.4 Gelegenheitsbenutzung

In den vorausgegangen Abschnitten haben wir die Nutzung von Computersystemen in erster Linie unter dem Aspekt der Arbeit und ihrer effizienten und sicheren Gestaltung betrachtet. In steigendem Maße werden jedoch Computer auch für ***kurze, abgegrenzte Tätigkeiten*** benutzt. Typische Beispiele derartiger Anwendungen sind:

- öffentliche Informationssysteme (z.B. Fahrplanauskunft, Hotelinformationen)
- Computerspiele, falls sie nur selten benutzt werden
- selten gebrauchte Anwendungssysteme (z.B. Taschenrechner am Bildschirm, Hilfesysteme)
- Automaten mit wichtigen Nutzungsmöglichkeiten (z.B. Bankautomaten, Fahrkartenautomaten)

Die Benutzung solcher Systeme ist von folgenden Charakteristiken gekennzeichnet:

- Das Anwendungsgebiet ist von geringer Komplexität.
- Die Benutzer haben oft keine Erfahrung in der Bedienung von Computersystemen (naive Benutzer).
- Die Benutzung muß attraktiv und motivierend sein.
- Die Bedienung muß weitgehend selbsterklärend sein.
- Die Systeme sind oft öffentlich zugänglich und werden rücksichtslos bedient.
- Die Wirkungsweise der Systeme ist nicht genau bekannt.
- Es kann sich kein umfangreiches und stabiles Benutzermodell B(S(A)) bilden.
- Es entwickeln sich keine Automatismen bei der Benutzung.

Bei Systemen dieser Art müssen eine Reihe von Vorkehrungen getroffen werden, damit auch hier eine ***entspannte und wirkungsvolle Mensch-Computer-Kommunikation*** möglich wird. Dies betrifft vor allem die Computerperipherie sowie die Dialoggestaltung.

2.4.1 Ein- und Ausgabegeräte

Bei Gelegenheitsbenutzern ist davon auszugehen, daß sie keine Routine in der Benutzung von Eingabegeräten entwickeln. Die Verwendung von Tastatur, Maus und ähnlichen Eingabegeräten scheidet dadurch oft aus.

Die wichtigsten Eingabegeräte sind einzelne Tasten. Das Drücken einer Taste ist eine verbreitete und inzwischen als natürlich empfundene Eingabeform. Die Tasten müssen groß sein (Kantenlänge oder Durchmesser mindestens 2 cm), einen gut spürbaren Druckpunkt besitzen und groß beschriftet sein.

Für komplexere Anwendungen mit dynamischen Darstellungen werden häufig ***drucksensitive Bildschirme*** zur Selektion von visualisierten Objekten und Operatoren verwendet. Die Visualisierungen müssen groß genug sein und einen entsprechenden Abstand voneinander aufweisen, um Fehlselektionen zu vermeiden. Als Ersatz für den bei Tasten vorhandenen Druckpunkt ist für ein gutes Feedback zu sorgen (z.B. akustisch).

Als weitere Eingabegeräte kommen fest montierte ***Drehräder*** in Frage, um beispielsweise aus größeren Menüs auszuwählen. Man findet diese Technik bei Fahrplanauskunftsystemen der Deutschen Bahn AG. Es kann beobachtet werden, daß die meisten Benutzer gut damit zurecht kommen.

Spracheingabe sollte nur dann verwendet werden, wenn davon ausgegangen werden kann, daß die Benutzer davon Gebrauch machen wollen. Dies kann beispielsweise für Körperbehinderte gelten. Ansonsten ist davon auszugehen, daß die Benutzer, insbesondere in der Öffentlichkeit, eine Scheu davor haben, laut zu einer Maschine zu sprechen. Dies zeigt sich beispielsweise schon bei Telefon-Anrufbeantwortern.

Alle genannten Eingabetechniken sichern auch einigermaßen die notwendige ***Robustheit*** der Systeme ab, die durch eine intensive und rücksichtslose Benutzung notwendig werden kann.

Als Ausgabegeräte kommen vor allem ***Farbbildschirme*** in Frage. Sie erhöhen die Akzeptanz der Systeme durch ihre Attraktivität erheblich. Dies gilt auch, wenn die Anwendung problemlos ohne Farbe auskäme.

Sprachausgabe ist eine gut geeignete Technik, wenn nicht davon ausgegangen werden kann, daß Bildschirminhalte gelesen und verstanden werden können. Ein nicht unerheblicher Prozentsatz der Bevölkerung kann weder Lesen noch Schreiben. Sprachausgabe kommt vor allem in Verbindung mit Spracheingabe in Frage.

2.4.2 Dialoggestaltung

Grundsatz bei der Gestaltung von Dialogen bei nur gelegentlich benutzten Computersystemen ist die Verwendung einfachster Benutzungsoberflächen mit unmittelbar verständlichen Darstellungen und einfachen Eingabemöglichkeiten.

Eine wichtige Dialogstrategie ist die Gestaltung der Systeme als direkt manipulative Systeme [Kap. 8]. Die Visualisierungen sollten sich an die reale Welt anlehnen, wenn dies vom Anwendungsbereich her möglich ist. Die wichtigste Eingabehandlung ist dann die Selektion. Auf diese Weise vermeidet man weitgehend syntaktische Eingabefehler.

Die im Dialog verwendeten Begriffe sollten grundsätzlich aus dem bekannten Anwendungsgebiet stammen oder anderweitig allgemein vorausgesetzt werden können. Computerjargon ist zu vermeiden.

Die Systeme sollten, wenn vom Anwendungsbereich her möglich, die einfache Rücknehmbarkeit von Aktionen erlauben (***Undo-Funktion***), falls der Benutzer unerwünschte Resultate erzeugt hat [Kap. 13.4]. Die Rücksetzbarkeit kann sich in vielen Fällen auf einen schnellen Neustart des Systems beschränken. Dies gilt zum Beispiel für einfache Informationssysteme.

Der Einsatz multimedialer Ausgabetechniken wie animierte Graphik und Video kann ebenfalls die ***Attraktivität*** erhöhen und bestimmte Anwendungen (z.B. Reiseauskunftsysteme) gut unterstützen. Insbesondere bei Computerspielen [Kap. 8.5.5] ist nur durch eine hohe Dynamik farbiger Darstellungen verbunden mit einer leichten, intuitiven Steuerbarkeit der Bewegungen eine ausreichende Attraktivität zu erreichen. Schnelle komplette Bildwechsel sind wegen der Reizüberflutung des Sehvermögens und der nachgeschalteten Wahrnehmungsbereiche möglichst zu vermeiden. Da beim Spielen bei manchen Benutzern mit langen Nutzungszeiten zu rechnen ist, sind körperliche und geistige Schäden (z.B. epileptische Anfälle) bei hochdynamischen Spielen nicht auszuschließen. Auch ein Suchteffekt ist in vielen Fällen zu beobachten. Hier stehen typischerweise wirtschaftliche und medizinische Aspekte einander konträr gegenüber. Als entschärfende Zielsetzung sollten Spielehersteller einen gewissen ***intellektuellen Wert*** für die Benutzer ihrer Produkte anvisieren.

Kapitel 3

Analyse, Modellierung und Entwurf

Zur ***Realisierung*** von benutzer- und anwendungsgerechten Mensch-Computer-Systemen bedarf es folgender Schritte, die die ersten Phasen des Systementwicklungsprozesses darstellen:

1. Analyse: Zu Beginn müssen Randbedingungen und Anforderungen an das zu realisierende System untersucht werden. Diese Analysen müssen alle drei Komponenten des Arbeitssystems, nämlich ***Benutzer***, ***Computer*** und ***Arbeitsumfeld*** betrachten (vgl. [Abb. 1.2]).

2. Modellierung: Basierend auf den Ergebnissen der Analysen kann das Mensch-Computer-System modelliert werden. Dies sollte auf den unterschiedlichen Ebenen der Kommunikation vor allem aus Sicht des Benutzers erfolgen [Kap. 2.1]. Man spricht hierbei auch von ***kognitiver Modellierung***.

3. Entwurf: Mit Hilfe der erstellten und hinsichtlich verschiedener Kriterien optimierten Modellierung kann das Mensch-Computer-System im Hinblick auf die Realisierung seiner ***Benutzungsschnittstelle*** sowie seiner ***Systemfunktionalität*** entworfen werden.

Von zentraler Bedeutung für die Realisierung sind die ***Arbeitsaufgaben***. Sie sind der Grund der Aktivitäten des Benutzers sowie Bezugspunkt für die vom Benutzer bewerteten Arbeitsergebnisse, die durch die Arbeit mit dem Computersystem entstanden sind [Kap. 2.1]. Die Arbeitsaufgaben ziehen sich deshalb wie ein roter Faden durch die drei oben genannten Phasen des Systementwicklungsprozesses.

3.1 Analyse

Verschiedene Analyseverfahren dienen zur Untersuchung der Anforderungen für zu realisierende Mensch-Computer-Systeme. Bei existierenden Systemen können sie zur Identifikation von Schwachpunkten verwendet werden. Die Analysen dienen als Wegweiser und objektive Begründungen für Organisations- und Systementwicklungen und bewahren vor Überraschungen nach Fertigstellung von Systemen. Der Aufwand, den man in die Analysen investiert, zahlt sich meist in kürzester Zeit wieder aus.

3.1.1 Organisationsanalyse

Die Organisationsanalyse untersucht Arbeitsumfeld, Organisationsstruktur, Arbeitsabläufe und Arbeitsinhalte organisatorischer Einheiten, vor allem einzelner ***Arbeitsplätze***. Zu diesem Zweck müssen folgende Fragen beantwortet werden:

Organisationsstruktur: Wie ist die Organisation aufgebaut? Welche organisatorischen Einheiten existieren?

Rollen: Welche Rollen (Funktionen) nehmen die einzelnen organisatorischen Einheiten ein? Welche Rollen sind mit Bildschirmarbeitsplätzen ausgestattet?

Aufgaben: Welche Aufgaben bzw. Teilaufgaben müssen an einem Arbeitsplatz erledigt werden? Wie sind die Zusammenhänge mit Aufgaben an anderen Arbeitsplätzen?

Informationsbedarf: Welcher Informationsbedarf existiert an einem Arbeitsplatz?

Informationsarten: Welche Informationsarten müssen verarbeitet werden? (z.B. Text, Graphik, Daten, Termine)

Grundfunktionen: Welche Grundfunktionen werden zur Verarbeitung der Informationen benötigt?
(z.B. Erzeugen, Verändern, Versenden, Löschen)

Unterstützungsfunktionen: Welche Unterstützungsfunktionen werden benötigt? (z.B. Notizbuch, Kalender, Rechner)

Kommunikationsformen: Welche Kommunikationsformen zur Weitergabe von Information sind nötig?
(z.B. Datenbank, Elektronische Post, Dokumente in Papierform)

Die aus der Organisationsanalyse gewonnenen Informationen sind wichtig für die Einbettung des Mensch-Computer-Systems in den ***betrieblichen Kontext***. Eine Optimierung der Arbeitsgestaltung ist meist nur in diesem Kontext sinnvoll und möglich. Insbesondere die Kommunikation zum Zweck des Informationsaustausches zwischen den Arbeitsplätzen sowie das arbeitsteilige Zusammenwirken spielt hierbei eine tragende Rolle.

Aus der Organisationsanalyse ergeben sich durch Zuordnung von Personen zu den analysiserten Rollen und Arbeitsplätzen auch die ***Benutzer*** eines Computersystems.

3.1.2 Benutzeranalyse

Bei jeder Entwicklung eines Mensch-Computer-Systems muß eine Analyse der potentiellen Benutzer durchgeführt werden. Eine derartige Analyse spielt eine fundamentale Rolle für die spätere ***Bedienbarkeit*** und ***Akzeptanz*** eines Systems. Die Bedienbarkeit eines Systems kann letztendlich nur in Bezug auf die Benutzer beurteilt werden, die mit dem System arbeiten sollen. Bei der Analyse müssen zumindest die folgenden ***Benutzereigenschaften*** untersucht werden:

Aufgabenbereiche: Welche Aufgabenbereiche haben die Benutzer?

Sichten: Welche Sichten und Zugriffsrechte auf die zu verarbeitende oder entstehende Information sollen die Benutzer erhalten?

Wissen: Welchen allgemeinen Wissenshintergrund besitzen die Benutzer?

Kenntnisse: Welchen anwendungsbezogenen Wissenshintergrund besitzen die Benutzer? Mit welchen Verfahren lösen sie bislang ihre Aufgaben? Besitzen die Benutzer Programmierkenntnisse?

Erfahrungen: Welche Erfahrungen in der Nutzung einer bestimmten Arbeitsweise oder eines Anwendungssystems besitzen die Benutzer?

Fertigkeiten: Welche Routine und Automatismen im Umgang mit Arbeitsmitteln besitzen die Benutzer? Können die Benutzer eine Tastatur und ein Zeigeinstrument effizient bedienen?

Erwartungen: Welche Funktionalität, welche Eigenschaften und welches Verhalten erwarten die Benutzer vom System?

Wenn möglich, sollten die Benutzer in eine kleine Anzahl von ***Benutzerklassen*** eingeordnet werden. In einer Benutzerklasse befinden sich Benutzer, die ähnliche Anforderungen und Eigenschaften besitzen und daher zu einem gewissen Grad gleich behandelt werden können. Zwei extreme, aber häufig auftretende Benutzerklassen sind ***naive Benutzer*** und ***Experten***. Dazwischen gibt eine Vielzahl von Abstufungen, die je nach Anwendungssituation differenziert werden müssen.

3.1.3 Aufgabenanalyse

Nach der Benutzer- und Organisationsanalyse ist eine detaillierte Aufgabenanalyse die wichtigste Voraussetzung für die Realisierung ergonomischer Computersysteme. Im Rahmen dieser Analyse wollen wir den Begriff „Aufgabe" folgendermaßen verstehen:

Aufgabe: Eine Aufgabe ist eine Problemstellung, bei der durch zielorientiertes Verhalten eines Akteurs ein vorhandener Zustand (Arbeitsobjekte, andere Akteure) in einen bestimmten, neuen Zustand übergeführt werden soll.

Es gibt eine Vielzahl von Merkmalen, mit denen eine Aufgabe charakterisiert werden kann. Sie sollten bei der Aufgabenanalyse klar herausgearbeitet werden:

Ziel: mit der Aufgabe verfolgtes Ziel

Grund: Begründung für die Aufgabe

Inhalt: Beschreibung der Aufgabe

Aufgabenabhängigkeiten: Abhängigkeiten der Aufgabe zu anderen Aufgaben

Zustandsabhängigkeiten: Abhängigkeiten der Aufgabe zu Zuständen des Arbeitsumfeldes oder der Arbeitsgegenstände (z.B. Vorbedingungen, Nachbedingungen, Reihenfolge der Zustandsübergänge)

Offenheit: Grad der Variabilität einer Aufgabe, bezüglich sich ändernder Voraussetzungen und Randbedigungen

Frequenz: Häufigkeit einer Aufgabe in einem Aufgabenspektrum

Repetitivität: Auftreten direkter Wiederholungen einer Aufgabe

Wichtigkeit: statische Priorität einer Aufgabe in einem Aufgabenspektrum

Dringlichkeit: dynamische Priorität einer Aufgabe im Verhältnis zu anderen, momentan anliegenden Aufgaben

Sicherheit: Anforderungen bezüglich der korrekten Durchführung einer Aufgabe

Durchführungszeit: zeitliche Randbedingungen bei der Durchführung einer Aufgabe

Handlungsspielraum: Freiheit der Benutzer bei Auswahl der Operationen zur Bearbeitung einer Aufgabe

Man muß bei der Aufgabenanalyse zwei Klassen von Aufgaben unterscheiden (siehe auch [Moran 83]):

Externe Aufgaben: Aufgaben, die im Rahmen der Arbeitsorganisation anfallen. Diese Aufgaben umfassen die eigentliche Problemstellung. Sie sind unabhängig von den Werkzeugen, mit denen die Aufgaben bearbeitet werden.

Interne Aufgaben: Aufgaben, die durch die Bearbeitung externer Aufgaben mittels Werkzeugen (z.B. Computersystemen) anfallen. Die internen Aufgaben ergeben sich aus den mit dem Werkzeug auszuführenden Aktivitäten zur Bearbeitung der externen Aufgaben.

Beispiel 3.1:
*Eine **externe Aufgabe** ist beispielsweise das Schreiben eines Geschäftsbriefes. Die Aufgabe besteht in erster Linie aus dem Versehen des Briefes mit Anschrift, Absender und Datum sowie aus dem Verfassen und Schreiben des eigentlichen Brieftextes.* ◇

Beispiel 3.2:
Nehmen wir an, daß als externe Aufgabe ein Brief erstellt werden soll [Bsp. 3.1]. Der Brief wird mit einem computerbasierten Textsystem erzeugt.

*Die **internen Aufgaben**, die sich aus der externen Aufgabe ergeben, sind alle Aufgaben, die in Zusammenhang mit der Nutzung des Computers und des Textsystems entstehen, um diesen Brief zu schreiben.*

Diese internen Aufgaben sind hierbei vor allem das Inbetriebnehmen des Computersystems, der Start des Textsystems, die Auswahl des Briefmusters, die Festlegung der zu verwendenden Schriftform (Font), die Formatierung des Textes durch Festlegung der Textbreite und der Trennstellen sowie die Benutzung der Funktionen zum Aufbereiten und Ausdrucken des Briefes.

Die internen Aufgaben variieren mit den Eigenschaften des Computersystems bzw. in diesem Beispiel mit dem verwendeten Textsystem. So fällt in einem Textsystem mit automatischem Trennmechanismus die Festlegung der Trennstellen weg. In einem Textsystem, das nur eine Schriftform unterstützt, entfällt auch die Aufgabe, die Schriftform festzulegen. In einem Textsystem, das beim Schreiben des Briefes bereits auf dem Bildschirm das Textlayout zeigt (WYSIWYG-Textsystem), gibt es auch den sonst explizit nötigen Schritt des Textformatierens nicht. ◇

3.1.4 ETIT-Analyse

Die ETIT-Analyse geht davon aus, daß durch die Benutzer eines Computersystems ***externe Aufgaben*** in ***interne Aufgaben*** abgebildet und damit reformuliert werden müssen [Moran 83]. Die ETIT-Analyse untersucht die Komplexität dieser Abbildung von externen nach internen Aufgaben. Sie reicht dabei typischerweise von der ***intentionalen*** über die ***pragmatische*** bis zur ***semantischen Ebene*** [Kap. 2.1]. Aufgaben auf der semantischen Ebene werden durch die einzelnen Operationen bearbeitet, d.h. durch die Anwendung von Operatoren auf Objekte.

Durch die Analyse kann der kognitive Aufwand beim Übertragen externer in interne Aufgaben (***Taskmapping***) abgeschätzt werden. Dazu wird ein externer Aufgabenraum in einen internen Aufgabenraum durch eine Matrixdarstellung (***ETIT-Map***) übersetzt [Bsp. A.1 im Anhang]. Jeder gefüllte Knoten in der Matrix stellt eine externe Aufgabe dar, die durch eine oder mehrere interne Aufgaben realisiert wird. Neben der ETIT-Map lassen sich Abbildungsregeln (***Mapping Rules***) definieren. Diese beschreiben mittels einer Ableitungsstruktur die begriffliche Abbildung externer Objekte und Operatoren in interne Objekte und Operatoren. Prinzipiell repräsentieren ETIT-Map und Mapping Rules dieselbe Abbildung externer in interne Aufgaben. Sie stellen allerdings eine unterschiedliche Sicht auf die Abbildung her.

Durch Analyse der Korrespondenz von Abbildungsregeln zweier Systeme läßt sich der mögliche ***Wissenstransfer*** zwischen verschiedenen Anwendungssystemen feststellen. Bei hoher Korrespondenz kann von einem problemlosen Übergang von einem auf das andere System ausgegangen werden. Im umgekehrten Fall sind Umstellungsprobleme zu erwarten, die entweder gegen die Einführung des neuen Systems sprechen oder eine Schulung nahelegen.

3.2 Modellierung

Nach den durchgeführten Analysen zielen die folgenden Modellierungsverfahren darauf ab, die genauen Arbeitsabläufe sowie die nicht direkt beobachtbaren ***mentalen Strukturierungs- und Handlungsmodelle*** B(A) und B(S(A)) [Kap. 2.2] der Benutzer zu analysieren, zu beschreiben und zu validieren. Man spricht in diesem Zusammenhang auch von ***kognitiven Modellen*** bzw. kognitiver Modellierung. Von den erstellten Modellen läßt sich zu einer Abschätzung und Optimierung von ***Leistungsmerkmalen***, der ***Erlernbarkeit*** und dem ***Wissenstransfer*** zwischen verschiedenen Tätigkeiten gelangen. Mit den auf diese Weise gewonnenen qualitativen und teilweise quantitativen Größen lassen sich Systemalternativen vergleichen, bewerten und verbessern.

3.2.1 GOMS-Modellierung

Problemlösen kann als zielgerichtete Tätigkeit betrachtet werden, bei der eine Sequenz von Operatoren gefunden werden muß, die von einem Startzustand in einen Zielzustand führt [Newell/Simon 72]. Das Bearbeiten von Aufgaben hingegen, ist im allgemeinen mit individuellen, aber festen Problemlösungsstrategien verbunden. Somit ist die Unterscheidung zwischen Problemlösen und dem Bearbeiten von Aufgaben nur benutzerabhängig vorzunehmen, da die Verfügbarkeit von Lösungsstrategien von den Kenntnissen und Erfahrungen des jeweiligen Benutzers abhängt.

Aus der allgemeinen Theorie des Problemlösens wurden für die ***GOMS-Modellierung (Goals, Operators, Methods, Selection Rules)*** die Begriffe ***Ziel, Unterziel, Operator, Methode*** und ***Auswahlregeln*** übernommen. Der GOMS-Ansatz wurde unter anderem in [Card et al. 83] beschrieben. Aus dem ursprünglichen Ansatz wurden in den letzten Jahren diverse Varianten entwickelt.

Die Aufgabenzerlegung definiert zunächst ein ***Ziel*** auf oberster Ebene, das in ***Unterziele*** zerlegt wird. Aktivitäten entstehen durch die Anwendung von ***Operatoren***[1], d.h. primitiven Aktionen wie das Drücken von Tasten oder die Bewegung eines Zeigeinstruments. Dies sind somit die elementaren sensorischen, motorischen oder kognitiven Aktivitäten des Benutzers. Kontrollstrukturen erlauben in einer GOMS-Beschreibung die Sequenzierung, die bedingte Anwendung sowie die Widerholung von Operatoren. Auf diese Weise entstehen komplexe und damit höherwertige Operatoren, die bei der GOMS-Modellierung ***Methoden*** genannt werden. Methoden können wieder in beliebiger Schachtelungstiefe auf andere Methoden verweisen. Sie können jederzeit auch textuelle Beschreibungen von Aktivitäten enthalten, wenn diese nicht formal durchleuchtet werden sollen.

[1] In Kapitel 2.1 wurden Operatoren auf der semantischen Ebene definiert. Bei der GOMS-Modellierung wird dieser Begriff verallgemeinert.

Durch ***Auswahlregeln (Selection Rules)*** wird beschrieben, welche Methoden für welches Ziel verwendet werden.

Ziel der GOMS-Modellierung ist vor allem, das ***mentale Modell*** eines Benutzers dahingehend anzunähern, daß Aussagen über diverse ***Leistungsmerkmale*** getroffen werden können. Solche Leistungsmerkmale sind:

- Abschätzungen von ***Ausführungszeiten*** für Aufgaben durch Summierung der Zeitaufwände für die einzelnen Operatoren über die Methoden der GOMS-Beschreibung
- Abschätzungen für den ***Lernaufwand*** und ***Wissenstransfer*** durch Identifikation von generischen, d.h. problemunabhängigen Methoden sowie von Methoden, die ein Benutzer bereits von anderen Systemen kennt

GOMS-Modelle sind hierarchisch gegliederte, prozedurale Beschreibungen von Aktivitäten. Sie sind stark an den Formalismus von Programmiersprachen angelehnt [Bsp. A.2 im Anhang]. Ihre Stärke liegt im leicht anwendbaren Formalismus und in der relativ einfachen Ableitung von Leistungsmerkmalen. Die prozedurale Modellierung des mentalen Modells eines Benutzers weist jedoch auch auf eine Schwäche hin. Eine GOMS-Modellierung stellt keine konzeptuelle Benutzermodellierung dar. Was modelliert wird, ist im wesentlichen ein Verhaltens- und Problemlösungsmodell, das die Dynamik des Problemlösungsvorgangs widerspiegelt. Konzepte eines Problembereichs, deren Strukturen und Abhängigkeiten werden in der Modellierung nicht deutlich sichtbar.

3.2.2 CLG-Modellierung

Command-Language-Grammars (CLGs) wurden zur Modellierung interaktiver, kommandobasierter Systeme auf mehreren Aktivitätsebenen entwickelt [Moran 81]. Es werden vier Ebenen unterschieden (vgl. Abschnitt 2.1):

Aufgabenebene: Ebene der externen Aufgaben

Semantische Ebene: Ebene der internen Aufgaben, beschrieben durch konzeptuelle Objekte, Operationen und semantische Methoden

Syntaktische Ebene: Ebene der syntaktischen Konzepte (Kontexte, Zustandsvariablen, Darstellungsbereiche), Kommandos und syntaktische Methoden

Interaktionsebene: Ebene der physikalischen Methoden, Aktionen und Darstellungen

Auf jeder Ebene erlaubt die CLG-Methodik die formale Beschreibung von Aktivitäten in Form strukturierter Beschreibungen [Bsp. A.3 im Anhang]. Die formalen Beschreibungen können bei Bedarf durch informelle, freie Texte zusätzlich erläutert werden.

Mit CLGs wurden drei prinzipielle Zielsetzungen verfolgt:

Linguistische Sicht: Bereitstellen eines mehrdimensionalen Designraumes zum Entwurf von Kommandosprachen

Designsicht: Beschreibung konkreter Kommandosprachen auf verschiedenen Ebenen als Spezifikation einer Benutzungsschnittstelle

Psychologische Sicht: Beschreibung mentaler Modelle zur Beantwortung der Fragen: Was weiß der Benutzer über das System? Wie benutzt der Benutzer dieses Wissen? Woher erhält der Benutzer das Wissen?

CLGs sind kein vollständiger, abgeschlossener Formalismus. Sie stellen einen Ansatz dar, der in vielfältiger Weise an konkrete Anwendungssituationen oder Entwicklungsprinzipien angepaßt werden kann und muß. Dort, wo der Formalismus endet, kann eine Vervollständigung durch informelle Texte erfolgen. Der Formalismus selbst kann leicht durch weitere Beschreibungselemente ergänzt werden.

Gegenüber den auf Syntaxbeschreibungen beschränkten Formalismen zur Beschreibung von Kommandosprachen (z.B. Backus-Naur-Form) auf der einen Seite und ausschließlich informellen, textuellen Sprachbeschreibungen auf der anderen Seite, stellen CLGs einen ***durchgängigen, feingestuften Formalismus*** dar. Dieser Formalismus reicht von der Beschreibung der Aufgaben bis hin zu physischen Aktivitäten oder Systemausgaben. Auf diese Weise lassen sich Kommandosprachen benutzer- und anwendungsorientiert entwickeln und in ihrer Eignung durch mentale Modellierung analysieren.

CLGs erlauben neben der prozeduralen Beschreibung von Benutzermodellen auch die konzeptuelle Modellierung. Dies geschieht durch die detaillierte Beschreibung der semantischen Ebene. Sie beseitigen damit eine Schwäche der ***GOMS-Modellierung*** (siehe Abschnitt 3.2.1). Eine Schwäche der CLGs gegenüber GOMS-Modellen ist das Fehlen von ***Auswahlregeln (Selection Rules)***, d.h. der Bezüge zwischen Zielen und Methoden. Obwohl CLGs, wie auch ihr Name ausdrückt, zur Modellierung von Kommandosprachen entwickelt wurden, können sie ohne weiteres auf andere Interaktionsformen ausgedehnt werden. Dies kann vor allem durch Erweiterungen der CLG-Interaktionsebene geschehen.

3.2.3 TAG-Modellierung

Task-Action-Grammars (TAGs) dienen ebenfalls zur Modellierung mentaler Repräsentationen von Aktivitäten [Payne/Green 83, Payne 84]. TAGs waren im Gegensatz zu Modellierungstechniken wie ***CLGs*** [Kap. 3.2.2] von vornherein für alle Arten von Benutzungsschnittstellen vorgesehen. Man kann damit Systeme mit Kommandoschnittstellen genauso beschreiben, wie Systeme mit graphischer Benutzungsoberfläche.

Die TAG-Modellierung erfolgt mittels Aufgabenbeschreibungssprachen (***Tasklanguages***). Diese Sprachen dienen zur Beschreibung der mentalen Modelle, die sich Benutzer von den Objekten und Operatoren der Anwendungssysteme bilden. Der TAG-Formalismus stellt eine Metasprache zur Verfügung, mit deren Hilfe die Tasklanguages beschrieben werden können [Bsp. A.4 im Anhang].

Ein TAG-Modell besteht aus folgenden Komponenten:

1. Benennung der ***Aufgabenelemente (Features)*** und ihrer Wertemengen; dies sind vor allem die Objekte des Anwendungssystems
2. Liste der ***Aufgaben*** mit den jeweiligen Aufgabenelementen
3. Menge von ***Ersetzungsregeln (Grammatik)***, aus denen die Aktivitäten erzeugt werden

TAGs dienen Arbeitspsychologen und Systemdesignern unter anderem als Hilfsmittel zur Ableitung der folgenden Merkmale:

- ***Ausführungszeit*** für eine Aufgabe aus der Anzahl der Regeln pro Aufgabe
- ***Belastung des Kurzzeitgedächtnisses*** aus der Tiefe des Goalstacks[2] bei der Zerlegung komplexer in einfache Aufgaben
- ***Einlernzeit*** aus der Anzahl und Vertrautheit der semantischen Aufgabenelemente
- ***Fehlerrate*** aus der Überlappung von Aktionssequenzen

Ein weiteres Ziel der TAG-Modelle ist die Erarbeitung eines möglichst ***kompakten Modells*** für vorgegebene Aufgaben. Dabei wird versucht, das notwendige Benutzerwissen zu minimieren. Dies sollte letzten Endes zu möglichst verständlichen und konsistenten Benutzungsschnittstellen führen. Neben diesen entwurfsorientierten Zielsetzungen lassen sich TAGs auch als Analysemodelle zum Systemvergleich heranziehen.

[2]Verschachtelungstiefe bei Anwendung der Ersetzungsregeln

3.2.4 CCT-Modellierung

Mit Hilfe der ***Cognitive Complexity Theory (CCT)*** soll die Analyse und Vorhersage von Lern- und Ausführungszeiten sowie des Wissenstransfers ermöglicht werden [Kieras/Polson 85]. Die ***kognitive Komplexität*** eines Systems wird dabei bestimmt durch Umfang, Inhalt und Struktur des zur Nutzung des Systems benötigten Wissens.

CCT wurde ausgehend vom ***GOMS-Modell*** [Kap. 3.2.1] entwickelt, wobei die prozeduralen GOMS-Beschreibungen in die Bedingungs-/Aktionsregeln eines Produktionssystems [Newell 73, Barr et al. 81] abgebildet wurden [Bsp. A.5 im Anhang].

Zur Abschätzung der ***Ausführungszeit*** einer Aktion wird die Gesamtzahl der Recognize-Act-Zyklen des Produktionssystems herangezogen. Der ***Lernaufwand*** wird als lineare Funktion der Zahl der zu erlernenden Produktionsregeln abgeschätzt. Somit kann auch der ***Wissenstransfer*** als Verhältnis der sich überdeckenden Regeln zweier Tätigkeiten zur Anzahl der Gesamtregeln für die neue Tätigkeit abgeschätzt werden.

Besser als die anderen beschriebenen Verfahren erlaubt die CCT ***quantitative Aussagen*** über Leistungsmerkmale. Dazu ist der CCT-Beschreibungsformalismus in einigen Anwendungsfällen so vervollständigt worden, daß CCT-Modelle programmiert werden und über einen entsprechenden Regelinterpreter abgearbeitet und gemessen werden können. Durch die dadurch höhere Komplexität der formalen Beschreibungen entsteht gleichzeitig ein Nachteil.

3.3 Entwurf

Nachdem die Modellierung des Mensch-Computer-Systems vorliegt, kann der ***Systementwurf*** durchgeführt werden. Dieser besteht vor allem aus dem Entwurf der Systemfunktionalität. Im Rahmen der Software-Ergonomie verstehen wir darunter die für einen Benutzer sichtbare Systemfunktionalität. Diese ist nicht notwendigerweise in Eigenschaften und Struktur identisch mit den Softwarekomponenten, die das Anwendungssystem realisieren. Der software-technische Entwurf des Anwendungssystems soll hier nicht Gegenstand der Betrachtung sein. Hierfür gibt es ausführlich beschriebene Verfahren im Rahmen des Software-Engineering.

Die im folgenden kurz beschriebenen Verfahren dienen vor allem zum Entwurf der ***semantischen*** und ***pragmatischen Ebene*** des Mensch-Computer-Systems. Hierbei gibt es starke Ähnlichkeiten zur Modellierung der semantischen Ebene der CLGs [Kap. 3.2.2]. Randbedingungen und Gestaltungsmöglichkeiten beim Entwurf der ***sensomotorischen, lexikalischen*** und ***syntaktischen Ebene*** finden sich in den restlichen Kapiteln dieses Buches, vor allem in den Kapiteln 4 bis 7. Sie stellen die Hauptthemen der Software-Ergonomie dar.

3.3.1 Hierarchischer Entwurf

Das bekannteste dieser hierarchischen Verfahren ist ***SADT (Structured Analysis and Design Technique)***. Hierbei werden Aktivitäten und Daten schrittweise hierarchisch zu Unteraktivitäten bzw. Einzeldaten verfeinert. Graphische Hilfsmittel unterstützen diesen Verfeinerungsprozeß und liefern gleichzeitig eine Spezifikation des Zielsystems auf verschiedenen Ebenen.

Derart hierarchisch untergliedernde Verfahren wurden bislang häufig auf ebenso hierarchisch orientierte Interaktionstechniken wie herkömmliche Menü- und Maskensysteme abgebildet. Dort, wo diese Interaktionstechniken ungünstig sind, sind auch die entsprechenden Entwurfsverfahren von geringem Nutzen für den Entwurf von Mensch-Computer-Dialogen.

3.3.2 Konzeptueller Entwurf

Viele Anwendungsbereiche erfordern flexible Operationen auf Arbeitsobjekten (Anwendungskonzepten). Die Modellierung der Anwendungswelt als ***Objekte***, die erzeugt, modifiziert, kopiert, verteilt und gelöscht werden können, ist ein für die Benutzer sehr transparentes Abbild der Arbeitswelt. Die Objekte besitzen vielfältige ***Attribute*** und stehen in diversen ***Relationen*** zueinander.

Die Beschreibung einer Anwendungswelt auf der Basis von Anwendungskonzepten besteht vor allem aus der Beschreibung der folgenden Charakteristiken:

Objekte: Konzepte und Gegenstände der Anwendung

Deskriptoren: Eigenschaften der Objekte

Relationen: Beziehungen zwischen Objekten

Operatoren: objektbezogene Funktionen

Methoden: Aktionssequenzen (Verfahren, Prozeduren) zur Bearbeitung von Aufgaben[3]; die Methoden werden durch Benutzer bei der Arbeit gebildet oder vom System vorgegeben

Für die erfolgreiche konzeptuelle Modellierung ist es wichtig, das richtige ***Beschreibungsniveau*** zu finden, d.h. die richtige Auswahl an Objekten, Operatoren und Methoden zu treffen. Ist das Niveau zu niedrig angesetzt, gibt es eine unübersichtliche Fülle elementarer Objekte und Operatoren, die zwar prinzipiell

[3] Der hier verwendete Begriff Methode deckt sich leider nicht mit dem wichtigen Begriff „Methode" bei objektorientierter Modellierung und Programmierung (siehe Abschnitt 3.3.3); dort sind „Methoden" objektbezogene Funktionen, also das, was hier als Operatoren bezeichnet wird. Da in der Kognitionspsychologie der Begriff der „Methode" eigentlich immer im Zusammenhang mit Aktionen zur Bearbeitung von Aufgaben steht, lehnen wir uns hier an die dort eingeführte Bedeutung an.

alles ermöglichen, aber zu viel mentalen Aufwand beim Bilden der Methoden erfordern [Bsp. 3.3]. Ist das Niveau zu hoch, dann ist das System zwar leicht bedienbar, aber das Spektrum der lösbaren Aufgaben ist zu eng.

Beispiel 3.3:
Angenommen, wir wollen ein Graphiksystem bereitstellen, um logische Zusammenhänge (Relationen) zwischen Funktionsblöcken eines komplexen Systems darzustellen. Die Relationen und Funktionsblöcke tragen jeweils eine Bezeichnung [Bsp. A.1 im Anhang].

Verwenden wir dazu ein Graphiksystem mit den Basiselementen Rechteck, Text und Linie, so können damit die gewünschten Darstellungen gestaltet werden. Beim Verschieben der dargestellten Funktionsblöcke müssen jedoch immer die Texte und Linien separat nachgezogen und justiert werden. Dies ist aufwendig. Das Verschieben eines Rechteckes mit 2 Linien führt zu 4–6 Operationen (Verschieben von Rechteck und Text sowie Verschieben oder Löschen und Neuerzeugen von 2 Linien).

Stattdessen verwenden wir nun ein Graphiksystem mit den Basiselementen beschriftetes Rechteck und Linie. Durch einen Operator können die Linien an Rechtecke gebunden werden. Ändert der Benutzer in diesem Fall die Position von Rechtecken, so bewegen sich stets die anwendungsgerechten Einheiten zusammen (beschriftetes Rechteck mit seinen angebundenen Linien). Der Aufwand ist bei Änderungen der Graphik somit gering. Das Verschieben eines Rechteckes mit 2 Linien führt zu nur 1 Operation.

Schon an diesem einfachen Beispiel erkennt man, wie wichtig eine Aufgabenanalyse ist. Diese kann in vielen Fällen mit einem Aufwand durchgeführt werden, der im Verhältnis zur restlichen Systementwicklung gering ist. ◊

3.3.3 Objektorientierter Entwurf

Der im Abschnitt 3.3.2 beschriebene konzeptuelle Entwurf stützt sich stark auf die Modellierung von Konzepten des Anwendungsbereiches. Diese Konzepte werden oft, wie auch hier beschrieben, als Objekte bezeichnet. Dies findet in Anlehnung an den ***mentalen Objektbegriff*** eines Benutzers statt. Wird dieser Gedanke am ***software-technischen Objektbegriff*** ausgerichtet, so findet man sich beim objektorientierten Entwurf wieder. Die Zielsetzung besteht hierbei in der Modellierung und Realisierung des Anwendungssystems durch ***objektorientierte Sprachen und Systeme*** [Booch 91].

Die wichtigsten Strukturelemente objektorientierten Entwurfs sind:

Klassen: Konzepte der Anwendung

Objekte: Gegenstände der Anwendung

Vererbung: Strukturierung von Klassen durch Spezialisierungshierarchien

Attribute: Eigenschaften und Zustände der Objekte

Restriktionen: Restriktionen (Typen) der Attribute

Referenzen: Beziehungen zwischen Objekten

Constraints: Integritätsbedingungen zwischen Attributen innerhalb von Objekten oder zwischen verschiedenen Objekten

Methoden: objektbezogene Funktionen mit externer Schnittstelle zur Veränderung der Objektattribute und zur Aktivierung anderer Objekte durch Versenden von Botschaften

Botschaften: Aktivierungen von Methoden in Objekten

Die Entwurfsaufgabe besteht im objektorientierten Entwurf vor allem darin, die richtigen Objekte zu definieren und ihnen Methoden zuzuordnen. „Richtig" heißt hier, Objekte zu identifizieren, die sich in den Arbeitsaufgaben widerspiegeln und die auch mit vertretbarem Aufwand software-technisch realisiert werden können. Decken sich die ***software-technischen Objekte*** mit den ***mentalen Objekten*** des Benutzers, so entspricht der Entwurf weitgehend dem konzeptuellen Entwurf, wie in Abschnitt 3.3.2 beschrieben. Decken sich Objekte und Konzepte nicht, so ist der Entwurf nicht als grundsätzlich unergonomisch zu beurteilen. Es kann dabei durchaus ein sinnvolles neues Konzeptmodell für den Benutzer entstehen. Dies muß allerdings erst dem Benutzer vermittelt und transparent gemacht werden. Eventuell hat es sogar Vorteile gegenüber seinem vorhandenen mentalen Modell.

Kapitel 4

Physiologie und Psychologie

Zur Ableitung, zum Verständnis und zur Umsetzung software-ergonomischer Grundsätze ist es notwendig, die ***physischen und psychischen Fähigkeiten und Grenzen des Menschen*** zu kennen. Zu berücksichtigen sind vor allem:

- die ***Sensorik***, d.h. die Aufnahme von Information (hier hauptsächlich das Sehvermögen)
- die ***Wahrnehmung***, d.h. die Weiterverarbeitung der sensoriellen Informationen im Gehirn und die Erkennung symbolischer Elemente und struktureller Muster (hier hauptsächlich das Erkennen visueller Information)
- die ***Kognition***, d.h. das zielgerichtete Verfolgen von Zielen durch das Erlernen, Verarbeiten und Vergessen von Wissen (hier hauptsächlich das Gedächtnis und das Problemlösen)
- das ***Handeln***, d.h. das Erzeugen und Abarbeiten von Handlungsplänen (hier hauptsächlich das Planen und Durchführen von Aktivitäten)
- die ***Motorik***, d.h. das mechanische Ausführen von Handlungen (hier hauptsächlich das Benutzen peripherer Eingabesysteme, wie Tastatur und Zeigeinstrument)

In diesem Kapitel werden aus dieser Liste die wichtigsten Mechanismen und ihre Randbedingungen dargestellt. Diese Randbedingungen sind Basis nahezu aller software-ergonomischer Grundsätze. Aus ihnen lassen sich die Grundsätze ableiten und erklären. Auf diese physiologischen und psychologischen Grundlagen stützen sich daher viele der Ausführungen der Kapitel 5 bis 15 ab.

1. das ***Sehvermögen*** als der für die Software-Ergonomie bedeutendste Teil der menschlichen Sensorik

2. die ***visuelle Wahrnehmung*** als die über dem Sehvermögen gelagerte Fähigkeit, visuelle Reize zu verarbeiten

3. das ***Gedächtnis*** als die zentrale kognitive Komponente für die bewußte Verarbeitung und Speicherung von Information sowie für die intelligente Problemlösung bei der Bearbeitung von Aufgaben

4. die ***Motorik*** als Mechanismus, um Eingaben in ein System zu tätigen und um damit letztlich die Intentionen des Benutzers gegenüber dem System zu artikulieren

4.1 Sehvermögen

Die Sehleistung des Menschen wird durch eine Reihe von Eigenschaften des ***Auges*** und des ***zerebralen Sehapparates***[1] bestimmt:

- Sehfeld
- Hell-Dunkel-Sehen
- Sehschärfe
- Einzelbildverschmelzung
- Farbensehen

4.1.1 Sehfeld

Das Sehfeld ist in ***horizontaler*** und ***vertikaler*** Richtung unterschiedlich begrenzt. Es gibt einen Optimalbereich für Augenbewegungen von $\pm 15^o$ in horizontaler [Abb. 4.1] und von 0–30° (nach unten) in vertikaler Richtung [Abb. 4.2]. In diesem Bereich sollten visuelle Darstellungen angeordnet sein, um Kopfbewegungen zu minimieren.

4.1.2 Hell-Dunkel-Sehen

Das Hell-Dunkel-Sehen ist gekennzeichnet vom Vermögen des menschlichen Auges, sich an in der Helligkeit veränderliche Sehverhältnisse anzupassen (***Adaption***). Mit fallender Beleuchtungsstärke nimmt diese Adaptionsfähigkeit rapide

[1] im Großhirn befindliche Sehbereiche

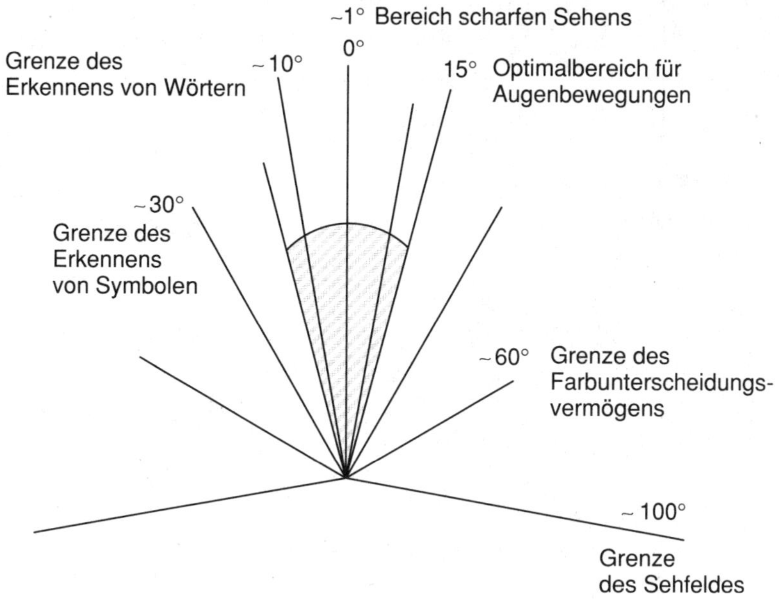

Abbildung 4.1: Horizontales Sehfeld

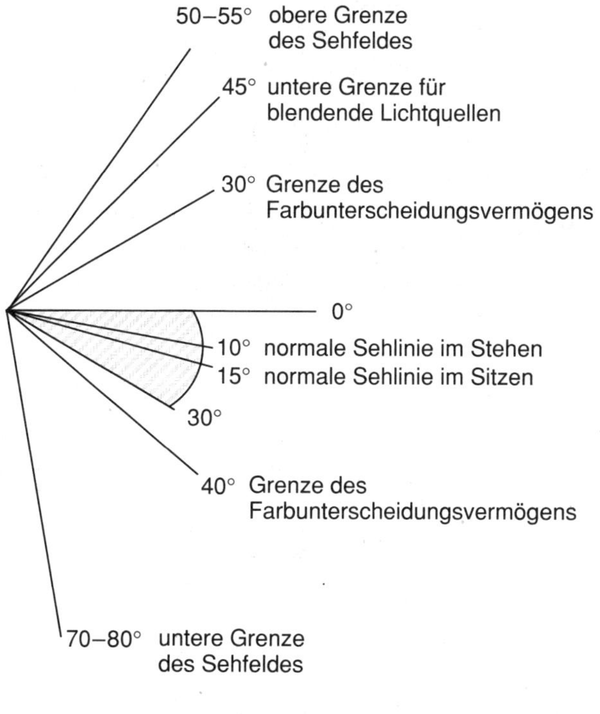

Abbildung 4.2: Vertikales Sehfeld

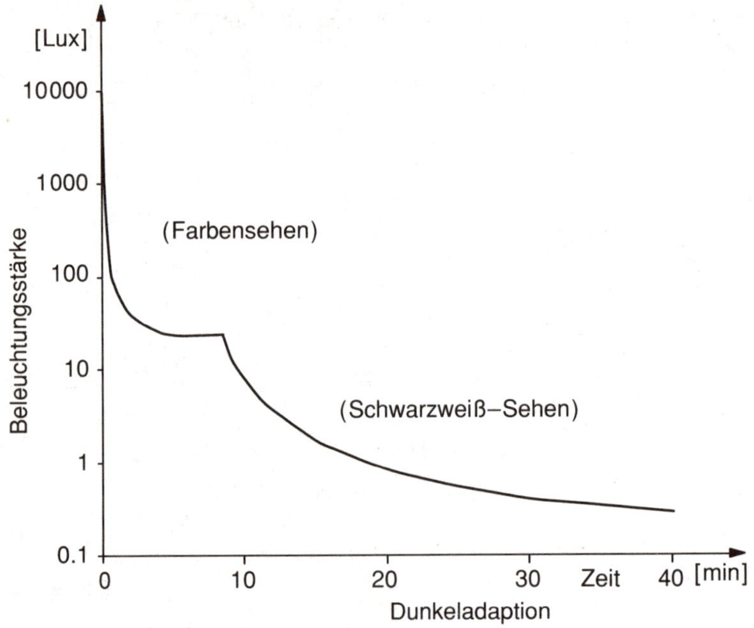

Abbildung 4.3: Adaptionsfähigkeit des Auges in Abhängigkeit von der Beleuchtungsstärke

ab [Abb. 4.3]. Aus diesem Grund ist eine entsprechend intensive Arbeitsplatzbeleuchtung und eine Angleichung der Helligkeiten verschiedener Arbeitsmittel von großer Bedeutung.

Bei der vorwiegend gemischten Arbeit mit Bildschirm und Papier ist deshalb dunkle Schrift auf hellem Bildschirmhintergrund zu bevorzugen. Der Bildschirm und die Tastatur sollten ebenfalls hell gefärbt sein.

4.1.3 Sehschärfe

Die Sehschärfe hängt von der Position des betrachteten Objekts im Sehfeld ab. Scharfes Sehen ist praktisch nur bei zentraler Betrachtung eines Objekts möglich. Der Bereich des scharfen Sehens beträgt weniger als 1° [Abb. 4.4]. Die ***Punktsehschärfe*** beträgt etwa 50″ (0.12 mm in 500 mm Entfernung), die ***Liniensehschärfe*** etwa 10″ (0.024 mm in 500 mm Entfernung).

Die Sehschärfe ist des weiteren abhängig von der ***Beleuchtungsstärke***. Sie erreicht bei einer Beleuchtungsstärke von 100–150 cd/m² ihr Maximum. Beiderseits dieses Wertes nimmt sie wieder ab [Abb. 4.5]. Eine Beleuchtungsstärke von etwa 100 cd/m² ist für Bildschirme günstig.

Müssen Objekte in verschiedenen ***Abständen*** betrachtet werden, so ist das Vermögen des Auges, in verschiedenen Abständen scharf zu sehen, von Bedeutung. Man beschreibt dies mit der ***Akkomodationsbreite***. Dieses Scharfeinstellungsvermögen ist stark altersabhängig [Abb. 4.6]. Die Ebenen von Bildschirm, Tastatur und anderer Arbeitsmittel sollten daher in etwa gleichem Abstand von den Augen liegen.

Ein mit der Akkomodationsbreite zusammenhängendes Problem ist der sogenannte ***Nahpunkt***. Dies ist die geringste Entfernung, an der noch scharf gesehen werden kann. Da ab einem Alter von etwa 50 Jahren der Nahpunkt auf über 500 mm steigt, können die meisten Personen ab diesem Alter keine Bildschirmarbeit ohne Sehhilfe leisten [Abb. 4.7]. Bildschirmarbeit wird von Personen mit einem Nahpunkt von mehr als 500 mm oft ohne Hinweis auf dieses Problem abgelehnt.

Die Sehschärfe ist über die genannten Punkte hinaus auch von der Farbe des betrachteten Objekts abhängig. Bei gleichzeitiger Betrachtung mehrerer Objekte unterschiedlicher Farbe, werden gelbe bis grüne Objekte genau auf der Netzhaut scharfgestellt, während blaue Objekte vor und rote Objekte hinter der Netzhaut scharf abgebildet werden. Sie sind somit nicht alle gleichzeitig scharf zu erkennen. Dies liegt an der sogenannten ***chromatischen Abberation***, die in jedem optischen System aus Gründen der unterschiedlichen Lichtbrechung der Farben durch die Linsen auftritt. Die Orientierung der Scharfstellung auf den gelb-grünen Bereich liegt an der höheren Empfindlichkeit des Auges für diesen Bereich [Kap. 4.1.5].

4.1.4 Einzelbildverschmelzung

Durch die Trägheit der chemischen Prozesse, die beim Sehen ablaufen, können nicht beliebig viele Einzelbilder in einem festen Zeitabschnitt aufgenommen werden. So werden ab einer bestimmten Bildwechselfrequenz zwei aufeinanderfolgende Bilder verschmolzen. Da ab dieser Frequenz kein ***Flimmern*** (Erkennen von Einzelbildern) mehr auftritt, spricht man auch von der ***Flimmerverschmelzungsfrequenz***.

Beim dunkeladaptierten Auge liegt diese Frequenz bei etwa 20 Hz; beim helladaptierten Auge bei etwa 70 Hz. Bei der Betrachtung von Filmen nutzt man gerade diese Grenzfrequenz aus, um dem Betrachter ein kontinuierliches Bild vorzutäuschen. In der Kinoprojektion verwendet man 24–72 Bilder/sec, beim Fernsehen 25 Voll- bzw. 50 Halbbilder/sec. Da die Darstellung von Halbbildern (***Interlacing***) bei bestimmten Mustern unerwünschte Effekte erzeugen kann, versucht man Vollbilder darzustellen. Bei Bildschirmen mit Positivdarstellung[2] ist eine Bildwiederholfrequenz von mindestens 70 Hz wünschenswert. Bei Negativdarstellung[3] kommt man mit 50 Hz aus.

[2] dunkle Schrift auf hellem Grund
[3] helle Schrift auf dunklem Grund

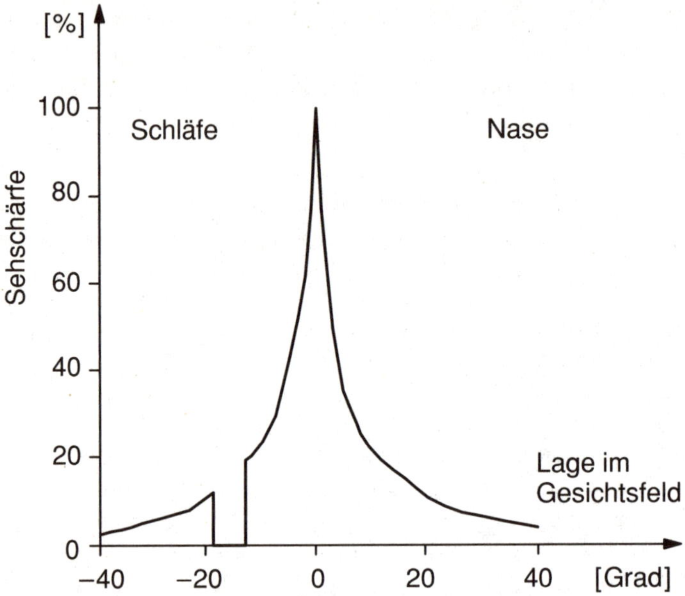

Abbildung 4.4: Sehschärfe im Gesichtsfeld (nach [Snyder 88])

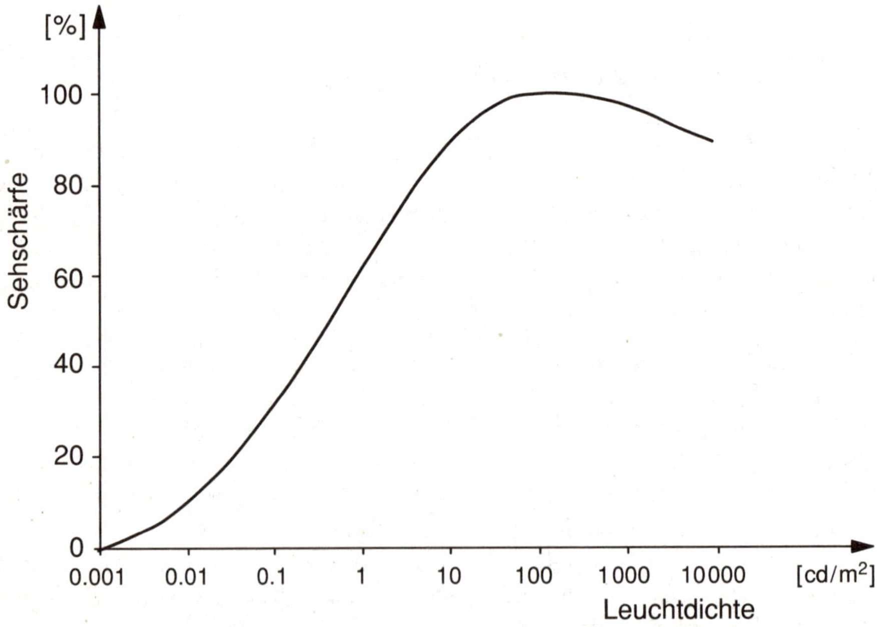

Abbildung 4.5: Sehschärfe in Abhängigkeit von der Leuchtdichte

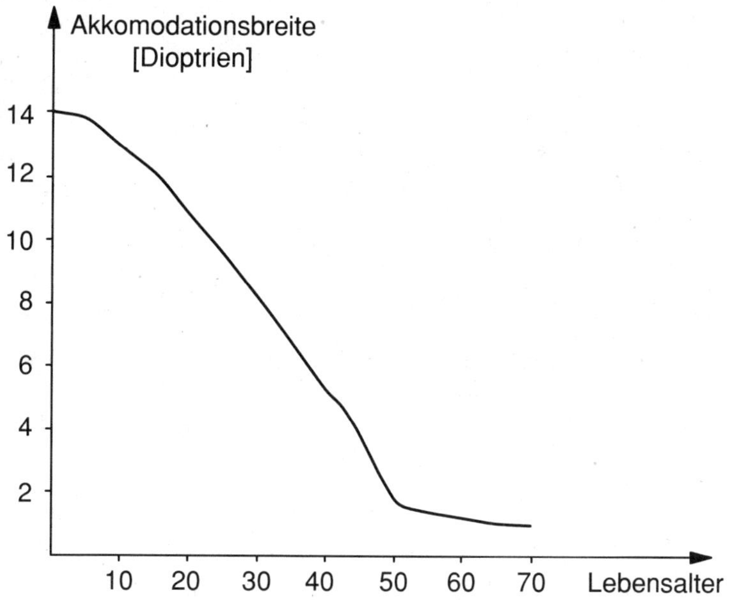

Abbildung 4.6: Akkomodationsbreite in Abhängigkeit vom Alter

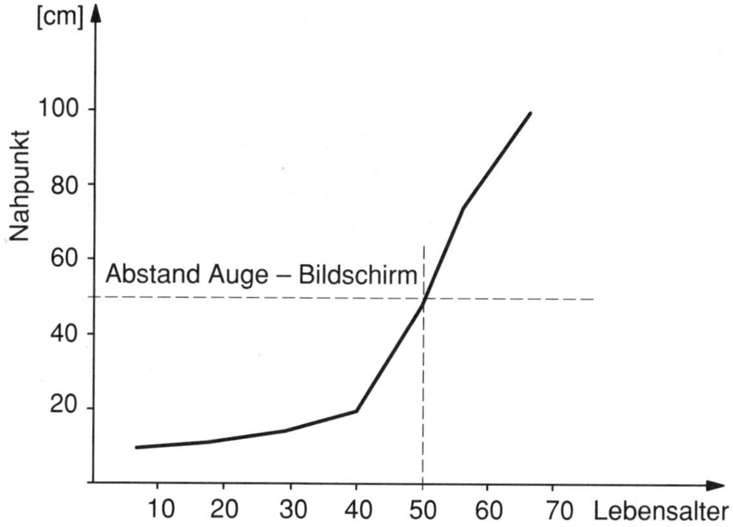

Abbildung 4.7: Nahpunkt in Abhängigkeit vom Alter

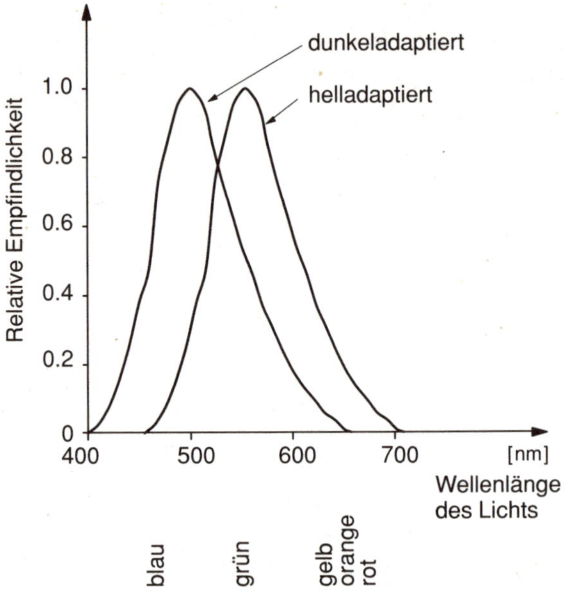

Abbildung 4.8: Relative Farbempfindlichkeit des Auges

4.1.5 Farbensehen

Das menschliche Auge besitzt unterschiedliche Sensibilität für die verschiedenen Farben des Spektrums. Diese ***Farbsensibilität*** ändert sich darüber hinaus mit dem Adaptionszustand bezüglich der Umgebungshelligkeit. Die höchste Empfindlichkeit besitzt das helladaptierte Auge im Farbbereich Grün bis Gelb. Es ist dann relativ unempfindlich für Blau und Rot. Beim dunkeladaptierten Auge liegt die höchste Empfindlichkeit näher im Farbbereich Blau bis Grün [Abb. 4.8].

Die Farbempfindlichkeit der Netzhautperipherie ist für Rot und Grün gering, während sie für Blau und Gelb gut ausgebildet ist. Rot und Grün sollten daher nicht für wichtige Objekte am Rande des Sehfeldes (Bildschirm) verwendet werden.

Die Farbempfindlichkeit des Auges nimmt mit wachsenden Alter ab. Farben mit niedriger Farbsättigung sollten bei älteren Benutzern nicht als relevante Farbcodierung verwendet werden.

Die Farbempfindlichkeit des menschlichen Auges hängt nicht nur von der Frequenz des Lichts ab, sondern auch von der Ausdehnung des farbigen Objekts. Insbesondere ergeben sich unterschiedliche Empfindlichkeiten bei Farbübergängen durch wechselnde Farbflächen. Ein Maß für die Größe bzw. für das Alternieren von Farben stellt die sogenannte ***Ortsfrequenz*** dar. Hierbei wird die Anzahl der Farbwechsel bezogen auf den Betrachtungswinkel zugrunde gelegt [Abb. 4.9].

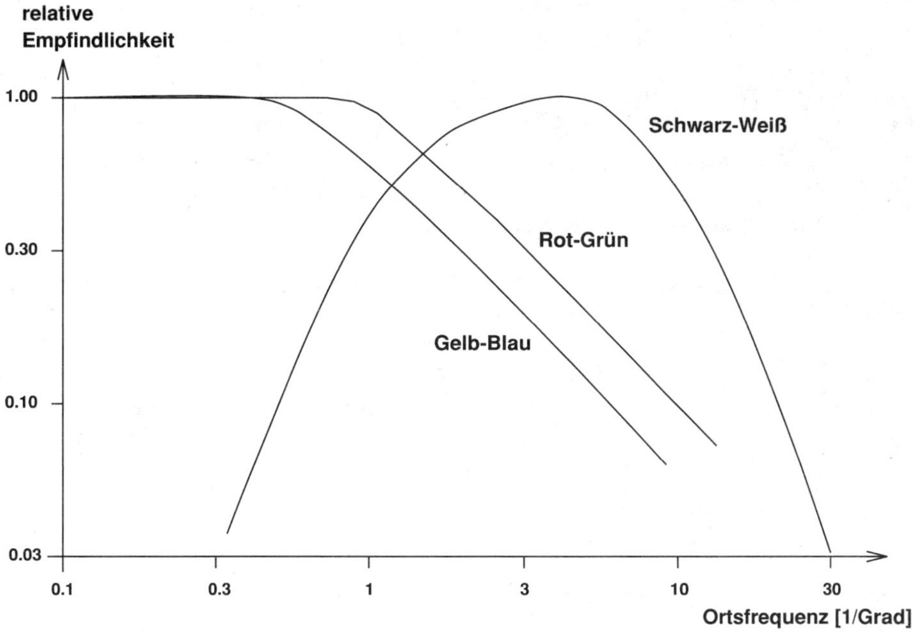

Abbildung 4.9: Relative Farbempfindlichkeit des Auges in Abhängigkeit von der Ortsfrequenz (nach [Helander 87])

Zum Vergleich wird neben den Farben das Wechseln von Hell-Dunkel-Mustern (Schwarz-Weiß) dargestellt. Es zeigt sich, daß die Empfindlichkeit auf Farben in einem völlig anderen Bereich liegt, als die Empfindlichkeit auf Schwarz-Weiß. Das Maximum des Schwarz-Weiß-Sehvermögens liegt bei einer Ortsfrequenz von ca. 5 Hz (5 Schwarz-Weiß-Zyklen/Grad). Dies entspricht etwa der Größe eines schmalen Buchstabens auf einem Bildschirm bei normaler Betrachtungsdistanz von 50 cm. Bei Farben liegt die Sensitivität mehr bei niedrigeren Ortsfrequenzen, d.h. große farbige Objekte werden besser wahrgenommen als kleine farbige Objekte. Farben sind daher besser geeignet, um globale Markierungen zu erkennen, während Schwarz-Weiß besser geeignet ist, um feine Strukturen (Muster, Zeichen) zu erkennen. So können farbig markierte ganze Wörter gut erkannt werden. Die Ortsfrequenz liegt in diesem Fall bei ca. 0.25 Hz (Ausdehnung eines Wortes auf 2 Grad; entspricht ca. 2 cm bei 50 cm Betrachtungsabstand).

4.2 Visuelle Wahrnehmung

Die Anordnung (Layout) von Information ist entscheidend für die Aufnahme, das Verständnis und damit die Nutzung dieser Information. Schon in den Jahren 1922/23 wurde die Wirkung von Anordnungen in der „Berliner Schule" erkannt und in der sogenannten ***Gestalttheorie*** beschrieben. Daraus leitete Wertheimer später seine ***Gestaltgesetze*** ab [Wertheimer 23, Moritz 83].

Zur Herstellung von Informationsbeziehungen bzw. zur Informationsseparation können einige dieser Gestaltgesetze genutzt werden.

Beim ***Gesetz von der guten Gestalt*** bildet der Betrachter Gruppen von Darstellungselementen aufgrund einer Neigung zu Einfachheit, Regelmäßigkeit, innerem Gleichgewicht, Symmetrie und Geschlossenheit von Formen [Abb. 4.10].

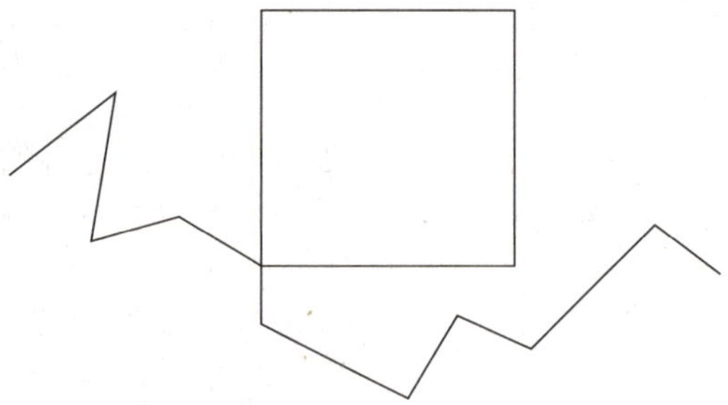

Abbildung 4.10: Gesetz der guten Gestalt

Das ***Gesetz der Gleichheit*** drückt die Tendenz zur Gruppierung von Darstellungselementen gleicher Art aus [Abb. 4.11]. Die Gleichheit kann auf irgend eine gemeinsame Eigenschaft der Darstellungselemente, vor allem aber auf Größe, Form und Farbe begründet sein.

Abbildung 4.11: Gesetz der Gleichheit

Durch das ***Gesetz der Nähe*** werden räumlich eng benachbarte Elemente gruppiert [Abb. 4.12].

Abbildung 4.12: Gesetz der Nähe

Die Wirkungen der Gestaltgesetze können durch ***kombinierten Einsatz*** oder die Hinzunahme graphischer Hilfsmittel wie Linien auch gezielt verstärkt oder auch abgeschwächt werden [Abb. 4.13].

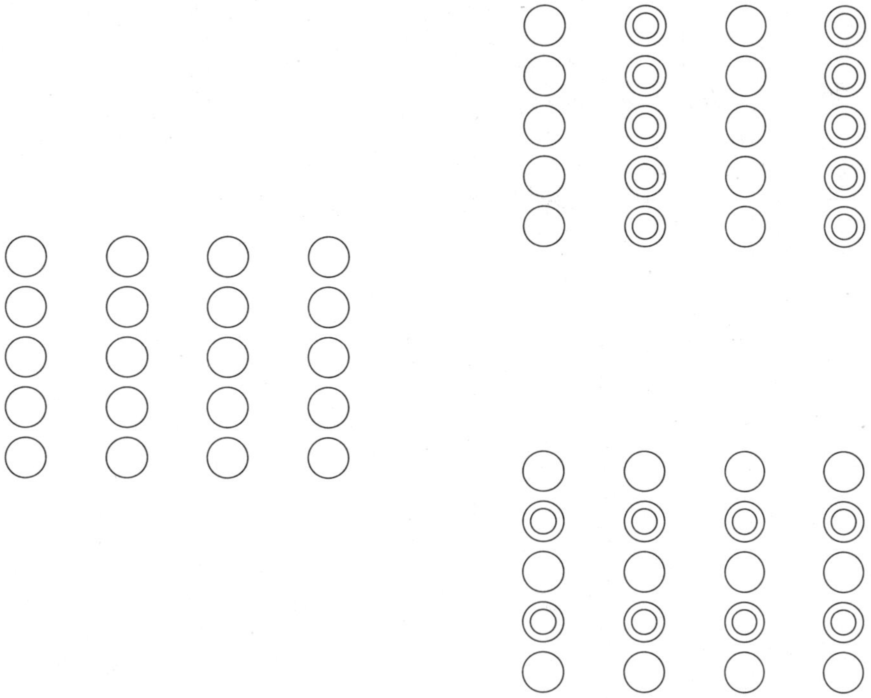

Abbildung 4.13: Verstärkung und Abschwächung von Wirkungen

Nicht nur die Gruppierung, sondern auch die ***Isolation*** von Darstellungselementen kann durch die genannten Methoden erreicht werden [Abb. 4.14].

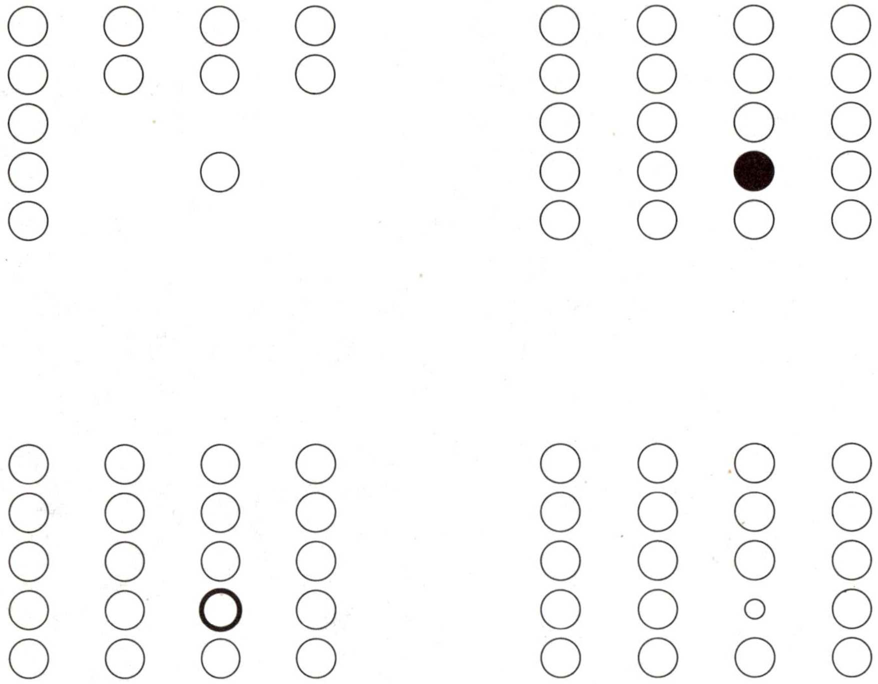

Abbildung 4.14: Isolation von Darstellungselementen

4.3 Gedächtnis

Für das menschliche Gedächtnis gibt es eine Reihe von Modellbildungen, die unterschiedliche Gedächtnisleistungen unterschiedlich gut erklären [Wickens 87, Thimbleby 90]. Unser Wissen über die wirklichen Mechanismen ist noch sehr unvollständig, so daß wir noch auf diese einfachen Modellbildungen angewiesen sind [Abb. 4.15].

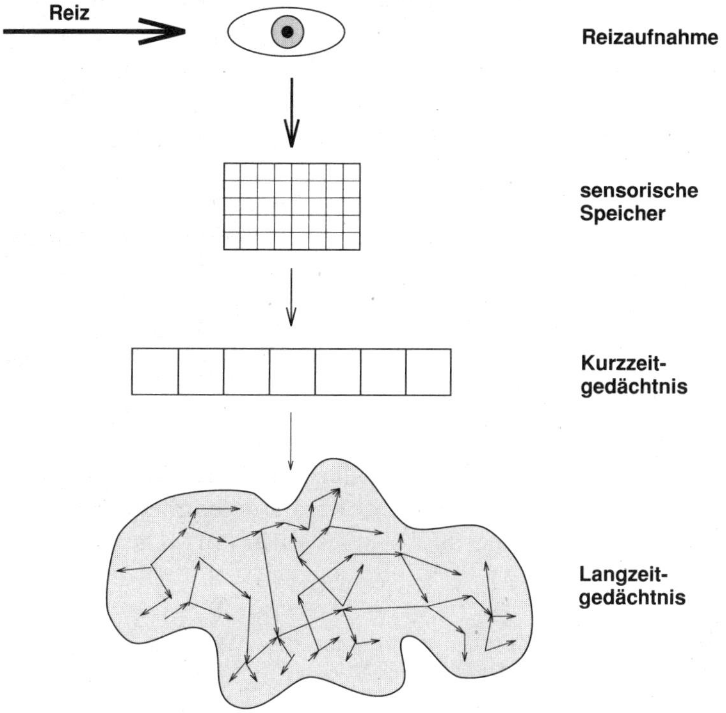

Abbildung 4.15: Einfaches Modell vom menschlichen Gedächtnis

Die Eigenschaften dieser Informationsspeicher können durch eine Reihe von Charakteristiken beschrieben werden:

Kapazität:	Informationsmenge, die ein Speicher faßt
Codierungsform:	Art und Weise, wie die Information in einem Speicher abgelegt wird. Die größten zusammenhängenden Informationseinheiten (Sinneinheiten) werden im Fall des menschlichen Gedächtnisses als ***Chunks*** bezeichnet. Derartige Chunks können beispielsweise Zahlen, Buchstaben, Abkürzungen, Wörter oder beliebig

größere begriffliche Einheiten sein. Chunks sind personenspezifische Größen.

Zugriffsgeschwindigkeit: Zeitdauer für das Ablegen bzw. das Auffinden von Information im Speicher

Zugriffsorganisation: Ordnung und Zugangswege zu der gespeicherten Information

Persistenz: Zeitdauer, in der die gespeicherte Information erhalten bleibt (Behaltensleistung, Merkfähigkeit)

4.3.1 Sensorisches Gedächtnis

Bei der Reizaufnahme gelangen die aufgenommenen Rohdaten zunächst in sensorische Speicher, bei denen ikonische und echoische Speicher unterschieden werden.

Der ***ikonische Speicher*** ist in der Lage, visuelle Information (ca. 12 Chunks) für kurze Zeit (ca. 0.5 sec) bei sehr schnellen Zugriffszeiten zwischenzuspeichern. Die Codierungsform ist weitgehend ungeklärt.

Der ***echoische Speicher*** dient der Speicherung akustischer Information. Die Information verbleibt bis zu 5 sec in diesem Gedächtnis. Dies erklärt, warum akustische Ereignisse oft einige Sekunden später noch wahrgenommen werden können. Die Zugriffszeiten dieses Speichers sind ebenfalls sehr kurz. Die Codierungsform ist ebenfalls ungeklärt.

4.3.2 Kurzzeitgedächtnis

Nach den sensorischen Gedächtnissen gelangt die aufgenommene Information zunächt in das sogenannte ***Kurzzeitgedächtnis*** (KZG, STM = Short Term Memory). Aufgrund seiner Aufgabe als Puffergedächtnis für Problemlösungsprozesse nennt man das Kurzzeitgedächtnis auch ***Arbeitsgedächtnis*** (Working Memory). Hier spielt sich der größte Teil der bewußten Denkarbeit ab.

Die Grenzen der Kapazität des menschlichen Kurzzeitgedächtnisses wurden bereits 1956 in der bekannten Arbeit von Miller [Miller 56] formuliert. Er stellte fest, daß es den meisten Menschen möglich ist, in kurzer Zeit etwa 7 Chunks über einen Zeitraum von etwa 15-30 Sekunden zu speichern. Je mehr Chunks gespeichert werden, desto unzuverlässiger wird der Zugriff [Abb. 4.16].

Die Codierungsform des KZG scheint vorwiegend auditiv zu sein, d.h. es werden mit oder ohne Sprechmuskelbewegung Klangbilder, oft einzelner Wörter, abgelegt.

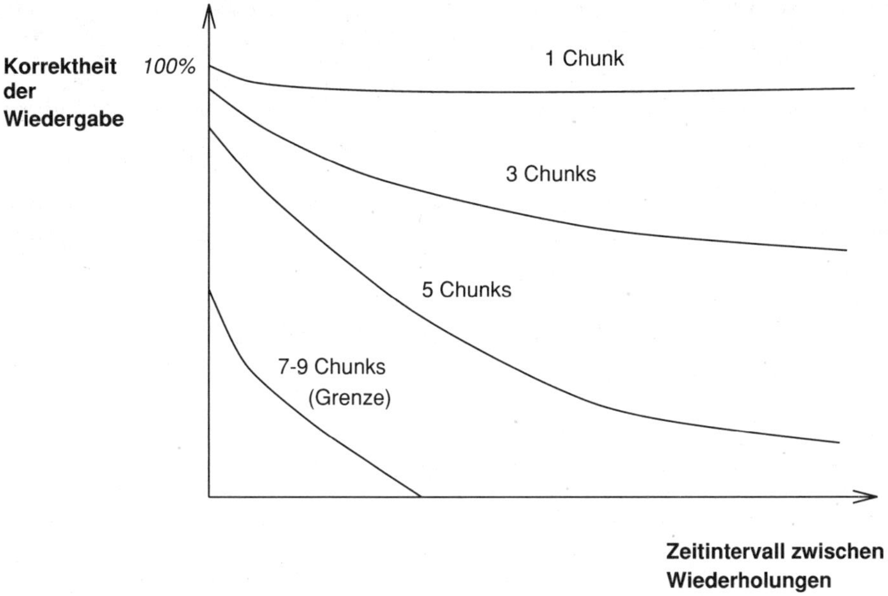

Abbildung 4.16: Korrektheit der Wiedergabe von Chunks aus dem KZG in Abhängigkeit von der Anzahl der gespeicherten Chunks

Zur optimalen Ausnutzung des KZG lassen sich auch künstlich Chunks bilden, z.B. durch die Gruppierung von Information. Vor allem sollten aber schon vorhandene und gut eingeführte Chunks genutzt werden, wie z.B. Elemente aus der Umgangs- oder Fachsprache sowie bekannte graphische Darstellungen.

Das KZG funktioniert desto besser, je unterschiedlicher die Chunks sind. So ist es einfacher, eine bestimmte Anzahl unterschiedlicher Chunks als die gleiche Anzahl ähnlicher Chunks zu speichern. Man hat bei Fluglotsen beispielsweise festgestellt, daß es einfacher ist, die Daten Höhe, Geschwindigkeit, Richtung und Größe von 2 Flugzeugen nach einer kurzen Merkphase korrekt wiederzugeben als nur die Höhe und die Geschwindigkeit von 4 Flugzeugen, obwohl dies in beiden Fällen etwa 8 Chunks entspricht.

Die Schreibzugriffsgeschwindigkeit des KZG beträgt etwa 0.3 sec/Chunk. Die Lesegeschwindigkeit liegt bei 0.1–0.2 sec/Chunk.

Die Zugriffsorganisation ist streng sequentiell. Die Wiedergabe einer Zahlenkolonne erfolgt beispielsweise am einfachsten in der Reihenfolge, in der sie gespeichert wurde.

Die Persistenz des KZG ist mit 15-30 sec sehr gering. Dies sind darüber hinaus noch die günstigsten Werte, da das Kurzzeitgedächtnis empfindlich gegenüber Störungen ist. Wird man auch nur kurz abgelenkt, ist die Information ganz oder teilweise verschwunden. Dies kann zum Löschen von Information aus dem KZG bereits binnen 0.1 bis 0.5 Sekunden führen, wenn das Speichern unter ständigen Störungen stattfindet. Diese Störungen können sowohl externer als auch interner Art sein. Letztere äußern sich bekanntermaßen als Konzentrationsprobleme.

Durch ständiges ***Wiederholen*** (Rehearsal, „Vorsichhersagen") kann das KZG ständig aufgefrischt werden, so daß im KZG im Prinzip beliebig lange gespeichert werden kann, falls keine Störungen auftreten.

4.3.3 Langzeitgedächtnis

Die langfristige Speicherung des menschlichen Wissens findet in einer weiteren Gedächtnisstruktur statt, dem ***Langzeitgedächtnis*** (LZG, LTM = Long Term Memory).

Die Kapazität des LZG scheint nach bisherigen Erkenntnissen praktisch unbegrenzt zu sein. Erinnerungsschwächen hängen wahrscheinlich eher mit einer Unfähigkeit zusammen, neue Information in das LZG einzufügen, als mit Platzproblemen.

Das Einfügen von Information in das LZG ist bekanntlich ein mühevoller Prozeß. Im günstigsten Fall dauert es etwa 8 sec/Chunk, neue Information in das LZG einzutragen. Dieser Speicher ist also verglichen mit dem sensorischen Gedächtnis und dem KZG äußerst langsam. Der Lesezugriff ist mit 2 sec/Chunk deutlich schneller und kann bei „laufenden" Lesezugriffen bis auf 0.1–0.2 sec/Chunk reduziert werden. Bei diesen Abschätzungen muß allerdings vorsichtig mit dem Begriff Chunk umgegangen werden. Die Chunks können beim LZG von anderer Art und Größenordnung sein, als bei den anderen Gedächtnissen.

Die Organisation des LZG scheint vor allem auf der Basis von ***Assoziationen*** zu beruhen. Diese Assoziationen kann man sich als gerichtete Zeiger von Wisseneinheiten auf andere Wissenseinheiten vorstellen. Die Assoziationen sind von unterschiedlicher Bedeutung und können vor allem Generalisierungen, Spezialisierungen, Ähnlichkeiten, Ausnahmen, Teilebeziehungen, aber auch beliebige, semantisch kaum greifbare Zusammenhänge darstellen. Aus diesen Assoziationen können sehr vielseitige, komplexe Konstrukte gebildet werden, was die Qualität und Größe und damit die Wirksamkeit und Nützlichkeit von Chunks wesentlich steigern kann. Erkenntnisse über derartige Wissensstrukturen (im Gegensatz zu einfacheren Informationstrukturen) haben wesentliche Beiträge zur formalen Repräsentation von Wissen in Computersystemen geleistet. Man versucht, im Bereich ***wissensbasierter Systeme*** ähnliche Wissensmodelle zu rekonstruieren und für komplexe, automatische Problemlösungsprozesse auszunutzen.

Ausgehend von diesen Wissensmodellen sollte allerdings nicht der Schluß gezogen werden, daß die anatomische Realisierung dieses Wissens durch ebensolche anatomische Vernetzungen geleistet wird. Die Netzstruktur im Gehirn besitzt Vernetzungen auf einer ganz anderen Ebene, nicht etwa auf der Ebene semantischer, gerichteter Relationen. Die Nachbildung der im Gehirn vorhandener Netzstrukturen wird derzeit in ersten Ansätzen durch ***künstliche neuronale Netze*** versucht. Trotz unumstrittener Erfolge dieser künstlichen einfachen Netzstrukturen, die darüber hinaus lernfähig sind, bleibt vorerst noch unklar, wie gut damit das menschliche Gehirn nachzubilden ist.

Die Persistenz des LZG ist, aller heutigen Einschätzungen nach, wie die Kapazität praktisch unbegrenzt. Wir können uns zu beliebig späteren Zeitpunkten oft zufällig an lange zurückliegende Informationen (Situationen) erinneren. Leider ist diese prinzipielle Fähigkeit überschattet von einem Vergessensphänomen, das dazu führt, daß Wissen scheinbar verlorengeht. Oftmals kommt dieses, zunächst vermeintlich verlorengegangene Wissen irgendwann später doch wieder zum Vorschein. Was also im allgemeinen das Problem ist, sind unzureichende oder verschüttete Zugriffspfade zum gesuchten Wissen. In diesem Zusammenhang taucht auch das Phänomen ***Erinnerung (Recall)*** versus ***Wiedererkennung (Recognition)*** auf. Es ist für uns viel einfacher uns an etwas zu erinnern, wenn wir die gesuchte Information ganz oder teilweise präsentiert bekommen (Recognition), als wenn wir versuchen, durch irgendwelche Assoziationen darauf zuzugreifen (Recall).

4.4 Motorik

Neben der sprachlichen Artikulation dient uns die motorische Artikulation als das wichtigste Hilfsmittel zur Kommunikation. Bei der Mensch-Computer-Kommunikation stellt sie sogar die wichtigste Methode dar, um auf ein System einzuwirken. Die Randbedingungen der menschlichen Motorik müssen bei der Gestaltung eines Systems ausgehend von der ***Sensomotorischen Ebene*** [Kap. 2.1] berücksichtigt werden.

4.4.1 Tastatureingaben

Schon seit Beginn der Computertechnik dienen sogenannte Tastaturen, also Gruppierungen von drückbaren Tasten, als eine Methode, um Signale in ein Computersystem einzugeben [Kap. 15.3]. Inzwischen haben sich daraus einige quasistandardisierte Tastaturen herausgebildet, die ein bestimmtes Eingabealphabet bereitstellen.

Je nach Anwendungssystem müssen wenige oder auch viele Tasten zur Artikulation einer Eingabe in den Computer benutzt werden. Da vor allem das Eingeben von Texten häufig benötigt wird, muß der Benutzer einen effizienten Automatismus beim Drücken der entsprechenden Tasten entwickeln. Dies ist nur über standardisierte Tastaturen möglich. Die ***Standardisierung*** erstreckt sich dabei auf die verfügbaren Tasten, deren Position und deren Anschlagempfindlichkeit. Geübte Tastaturbenutzer erreichen Eingabefrequenzen von 100–200 Anschlägen pro Minute. Dies ermöglicht die Eingabe von ca. 10–30 Wörtern[4] pro Minute aus einer praktisch beliebig großen Sprache. Diese flexible und effiziente Eingabeform hat daher auch die größte Bedeutung erlangt. Keine andere motorische Eingabeform erreicht auch nur annähernd eine vergleichbare Mächtigkeit und Flexibilität.

Geeignet für die menschliche Motorik sind Tasten mit einer ***Größe*** von ca. 13 mm [Greenstein/Arnaut 87]. Die Tasten sind meist quadratisch geformt und besitzen eine leicht konkave Oberfläche, um die Abweichungen in der Positionierung der Finger auszugleichen. Die Tastenzentren sollten sich in einem Abstand von ca. 19 mm befinden, um einerseits das versehentliche gleichzeitige Drücken zweier Tasten zu verhindern und andererseits die natürlichen Abstände der Finger einer entspannten Hand für benachbarte Tasten optimal auszunutzen. Die Gesamtausdehnung von Tastaturen (alphanumerischer Teil) erreicht dabei etwa eine Breite von ca. 28 cm und eine Höhe von ca. 9 cm. Diese Ausdehnung erlaubt eine konstante Position der Handflächen, da sie etwa der natürlichen Ausdehnung der entspannten Hände entspricht. Die Bereitsstellung einer Vielzahl von Sondertasten um den alphanumerischen Tastaturteil herum, macht diese günstige Konstellation teilweise wieder zunichte. Dabei entstehen erhebliche Reduktionen der Eingabefrequenz, zumal die Auswahl und Position von Sondertasten nur in Ansätzen standardisiert wurden. Der Benutzer muß deshalb ständig die Kerntastatur verlassen und unter visueller Kontrolle die zusätzlichen, peripheren Tasten selektieren.

Die nötige ***Anschlagkraft*** für Tasten ist unterschiedlich im Bereich von 0.25–1.47 N (Produktqualität[5]: 0.4–1.2 N). Der nötige Tastenweg (Tastendrucktiefe) liegt bei 1–6 mm (Produktqualität: 3–5 mm). Die Effizienz der Tastennutzung scheint weitgehend unabhängig von diesen Werten zu sein. Benutzer stellen sich recht schnell auf die jeweilige Situation ein.

Das ***Auslöseverhalten*** von Tasten sollte so gestaltet sein, daß ein ungewolltes Mehrfachauslösen (Prellen) von Tasten durch das normale, leichte Muskelzittern vermieden wird. Dazu haben Tasten eine sogenannte ***Auslösehysteresis***, d.h. der Schließpunkt der Taste ist nicht derselbe wie der Öffnungspunkt [Abb. 4.17]. Um eine geschlossene Taste wieder zu öffnen, muß man über den Schließpunkt um Bruchteile von Millimetern wieder zurücksetzen. Dadurch wird das ungewollte, sofortige Wiederschließen vermieden.

---

[4] Kommandos, Parameter, Wörter eines natürlichsprachlichen Satzes
[5] Qualität für Tastaturen an Arbeitsplätzen

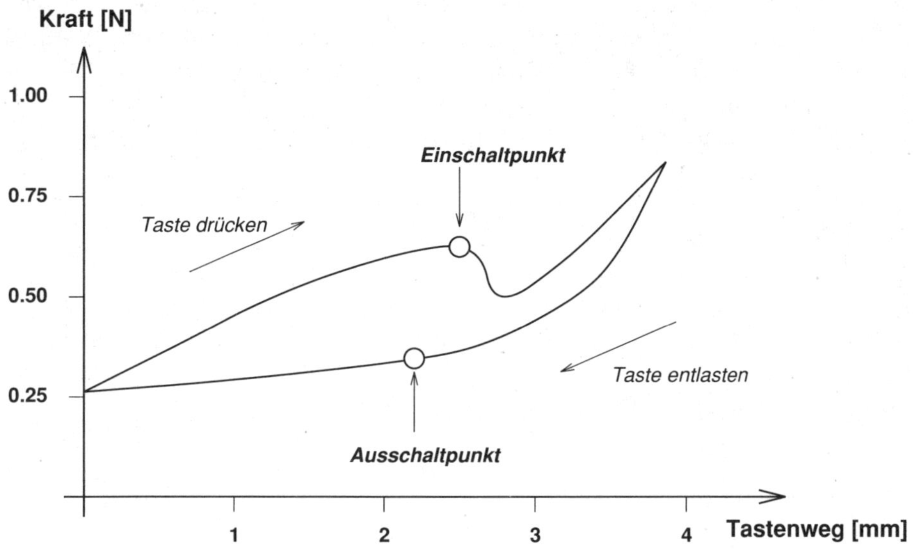

Abbildung 4.17: Typisches Auslöseverhalten einer Taste (Auslösehysteresis)

4.4.2 Zeigebewegungen

Neben motorischen Eingabeaktivitäten über Tastaturen können auch menschliche statische und dynamische ***Zeigehandlungen*** stattfinden. Dies geschieht üblicherweise mittels Zeige- oder Eingabeinstrumenten wie Maus, Rollkugel, Graphiktablett, Lichtgriffel oder drucksensitiven Bildschirmen. Das grundlegende Prinzip ist immer das folgende (siehe auch [Knight 87]):

1. der Benutzer hat im Rahmen seiner internen Aufgaben [Kap. 3.1.3] eine Zeigehandlung auf ein festes oder bewegtes Zielobjekt auf dem Bildschirm durchzuführen

2. der Benutzer erzeugt durch Handbewegungen mittels eines Zeigeinstruments ein Eingabesignal

3. das Computersystem verarbeitet dieses Eingabesignal und erzeugt ein sichtbares Ausgabesignal

4. die Differenz zwischen Ausgabesignal und Ziel ist der ***Zeigefehler***, den der Benutzer zu minimieren versucht

5. die Zeit vom Beginn bis zum erfolgreichen Ende der Zeigehandlung ist der ***Zeigeaufwand***, den der Benutzer ebenfalls zu minimieren versucht

Der auftretende Zeigefehler und der damit zusammenhängende Zeigeaufwand ergibt sich aus den Grenzen und Schwächen der menschlichen Motorik. Natürlich ergibt er sich ebenfalls aus Unzulänglichkeiten der Zeigeinstrumente sowie aus dem Verhalten des zu erreichenden Zielobjekts. Wir wollen an dieser Stelle jedoch auf einige Merkmale der menschlichen Motorik eingehen.

a) Reaktionszeiten

Bevor eine motorische Bewegung auf ein Signal hin eingeleitet wird, läuft eine Reaktionszeit ab. Die Reaktionszeit hängt vom sensorischen System ab, mit dem das Signal aufgenommen wurde. Die ***Reaktionszeiten*** für die wichtigsten sensorischen Kanäle sind:

Sehen: 0.180 sec

Hören: 0.140 sec

Tasten: 0.155 sec

Wird also eine Zeigehandlung oder die Korrektur eines Bewegungsablaufes erst nach einem bestimmten Bildschirmereignis (zum Beispiel nach dem Sprung eines Zielobjekts) durchgeführt, so tritt bereits durch das Reaktionsvermögen eine Verzögerungszeit von mindestens 0.18 sec auf. Diese Reaktionszeit setzt allerdings einen voll konzentrierten Benutzer voraus, der bereits weiß, in welcher Form er reagieren will. Kann dies nicht vorausgesetzt werden, ist mit deutlich längeren Verzögerungen zu rechnen.

b) Psychische Entscheidungsstarrheit

Wenn ein Mensch eine Entscheidung getroffen hat, so ist zu beobachten, daß diese Entscheidung für die Zeitdauer von 0.2–0.3 sec beibehalten wird. Man nennt dieses zeitliche Phänomen auch ***Psychological Refractory Period (PRP)*** [Knight 87].

Die PRP ist bei normalen Tätigkeiten nicht auffällig[6]. Bei Zeigehandlungen, die im Bereich von Sekundenbruchteilen ausgeführt werden sollen, ist dies jedoch als eine Leistungsgrenze bei der Korrektur von Bewegungen erkennbar. So werden beispielsweise sich bewegende oder sich anderweitig ändernde Ziele erst mit dieser zeitlichen Rasterung wieder neu anvisiert. Auch die Erkennung von Ungenauigkeiten der motorischen Steuerung kann nur nach Ablauf eines solchen Zeitintervalls wieder korrigiert werden.

[6] dort fällt die Entscheidungsstarrheit eher in anderen Größenordnungen auf, aber dies ist ein anderes Problem; man spricht dann auch eher vom Entscheidungsstarrsinn

Es gibt keine Möglichkeit, die PRP zu beseitigen. Wir müssen sie bei Designentscheidungen auf der sensomotorischen Ebene eines Systems [Kap. 2.1] als Randbedingung einplanen, falls schnelle sensomotorische Regulationen erforderlich sind.

c) Genauigkeit von Positionierungen

Bei Positionierungsaufgaben hängt der Verlauf der durchgeführten Bewegung vom Abstand der Ausgangsposition zur Zielposition ab. Bei größeren Abständen werden Bewegungen mit höherer Beschleunigung und Geschwindigkeit erzeugt. Dies kompensiert jedoch im allgemeinen nicht den nötigen Zeitaufwand gegenüber näheren Zielen. Diese werden schneller erreicht. Die Ungenauigkeit (***Zeigefehler***) der Positionierung bei Entfernungen größer als 2 cm läßt sich nach ***Craig's Ratio Rule*** (1963) folgendermaßen abschätzen [Knight 87]:

(4.1)
$$\frac{F}{D} \approx 0.05$$

wobei F den mittleren absoluten Fehler und D die vorgesehene Bewegungsdistanz darstellt. Der Positionierungsfehler liegt also im Mittel bei etwa 5%.

Bei geringeren Distanzen als 2 cm steigt der relative Fehler stark an. Er liegt bei 2.5 mm bei 0.2 und steigt bei 1 mm auf etwa 0.8. Dies resultiert aus ***physiologischem Rauschen***, vor allem Muskelzittern.

d) Ausführungszeit von Positionierungen

Die Geschwindigkeit der Bewegung bei der Positionierung ist abhängig von der Schwierigkeit der Positionierung. Nach ***Fitts*** berechnet sich ein ***Schwierigkeitsindex ID*** (***Index of Movement Difficulty***) für Positionierungen nach folgender Regel [Knight 87]:

(4.2)
$$ID_{Fitts} = log_2\left(\frac{2 \cdot D}{B}\right)$$

wobei D die Amplitude der Bewegung, d.h. der Abstand zum Zielobjekt und B die Größe (Breite) des Zielobjekts ist, bzw. die Größe des Bereichs, den der Benutzer treffen will (gewünschte Genauigkeit). Das Resultat ID wird in ***bit*** gemessen. Es ist eine informationstheoretische Größe.

Die Zeitdauer MT (***Moving Time***) um eine Positionierung auszuführen (***Zeigedauer***), berechnet sich nach ***Fitts' Law*** (1954) durch:

$$MT = C_1 + (C_2 \cdot ID) \tag{4.3}$$

wobei C_1 eine Verzögerungskonstante darstellt, die vom Körperteil abhängt, mit dem die Bewegung ausgeführt wird. Für Handbewegungen liegt C_1 bei etwa 0.177 sec. C_2 ist ein Maß für die Kapazität der Informationsverarbeitung. Der Wert von C_2 ist etwa 0.1 sec/bit.

Fitts' Law sagt somit aus, daß die Positionierungszeit bei konstantem Verhältnis der Größe und der Entfernung des Zielobjekts konstant ist. Das heißt, daß ein bestimmtes Objekt genauso schnell getroffen würde, wenn es doppelt so breit und doppelt so weit entfernt wäre.

Eine alternative Formel für die Berechnung von ID stammt von ***Welford*** (1968). Sie stimmt bei kleineren Bewegungen besser mit den Experimenten überein:

$$ID_{Welford} = log_2 \left(\frac{D}{B} + 0.5 \right) \tag{4.4}$$

Eine weitere Formel auch als ***Shannon Formel*** bekannt, wird von MacKenzie (1989) empfohlen. Sie bringt die beste Übereinstimmung mit neueren Experimenten:

$$ID_{Shannon} = log_2 \left(\frac{D}{B} + 1 \right) \tag{4.5}$$

Die Konstanten C_1 und C_2 hängen von verschiedenen Randbedingungen ab, neben physischen und psychischen Gegebenheiten vor allem vom Zeigeinstrument und von der Abbildung der Bewegung auf den Bildschirm. Die Formeln sollten durch Experimente und statistische Bestimmung der Konstanten kalibriert werden [MacKenzie/Buxton 93].

Kapitel 5

Informationsdarstellung

Zentraler Informationseingabekanal der menschlichen Informationsverarbeitung ist das visuelle System. Dies besteht zum einen aus den durch physiologische Modelle beschreibbaren Rezeptoren, den Augen, und zum anderen aus einem durch psychologische und informationstechnische Modelle beschreibbaren Verarbeitungssystem, der visuellen Wahrnehmung [Kap. 4]. Die physischen und psychischen Gegebenheiten führen uns zu einer Reihe von Gestaltungsprinzipien und Richtlinien bei der ***visuellen Darbietung von Information***.

Techniken zur Darbietung ***taktiler (tastbarer) Informationen***, vor allem für Blinde, finden sich in [Sorkin 87, Schweikhardt 93, Weber 93]. ***Akustische Ausgabetechniken*** werden in [Blattner et al. 89, Edwards 89, Gaver 89] beschrieben.

5.1 Codierungsformen

Es gibt verschiedene Möglichkeiten zur Visualisierung von Information. In der nachfolgenden Tabelle werden die wichtigsten visuellen Codierungsformen aufgezählt. Unter der Spalte „Anzahl unterscheidbarer Stufen" wird die maximale Anzahl der empfohlenen ***Codierungsstufen*** genannt. Die prinzipielle ***Unterscheidungsfähigkeit*** liegt immer höher. Um jedoch eine einigermaßen sichere Unterscheidung zu gewährleisten, sollte die angegebene Anzahl der Stufen nicht überschritten werden. Unter ungünstigen Randbedingungen kann die Unterscheidbarkeit auch deutlich schlechter ausfallen. Selbst die angegebenen niedrigen Grenzwerte setzen eine Trainingsphase voraus und gehen darüber hinaus noch von einem ***Unterscheidungsfehler*** bis zu 5% aus (siehe auch [Helander 87] und DIN 66234 Teil 5).

Codierungsform	Anzahl Stufen	Unterscheidbarkeit
Symbol	beliebig	ausgezeichnet
bildliche Form	10	gut
Position	9	gut
Winkel	8	gut
Farbton	6	gut
Länge	6	gut
geometrische Form	5	gut
Fläche	3	gering
Schriftgröße	3	gering
Linienart	3	gering
Schraffur	3	gering
Schriftformen	3	gering
Blinkfrequenz	2	gering
Helligkeit	2	gering

Aus dieser Tabelle heben sich insbesondere vier Codierungsformen hervor. Dies sind die Verwendung von Symbolen, Positionen, Winkeln und bildlichen Formen. Von diesen werden vor allem ***Symbole*** (Buchstaben, Ziffern, Zeichen, Texte) angewandt. ***Positionen*** lassen sich gut zur Plazierung unterschiedlicher Informationstypen verwenden (z.B. Hilfeinformationen, Fehlermeldungen, Überschriften, Datum). Die gute Unterscheidbarkeit von ***Winkeln*** läßt sich besonders bei der Verwendung von Zeigerinstrumenten ausnutzen. Eine Nutzung ***bildlicher Formen*** erfolgt in Form von ***Piktogrammen (Icons)*** bei sogenannten Desktops und graphischen Menüs [Kap. 6.2]. Neben der guten Unterscheidbarkeit spielt natürlich auch die Wirksamkeit von Codierungstechniken eine wichtige Rolle. Eine hohe Wirksamkeit kann zur Steuerung der Aufmerksamkeit des Benutzers verwendet werden. Hier heben sich vor allem ***Farbe*** und ***Blinken*** hervor.

5.2 Darstellung von Text

Der Darstellung von Text auf Bildschirmen kommt aufgrund seiner Universalität in der Anwendung und aufgrund seiner Verfügbarkeit auf praktisch allen Computersystemen eine besondere Bedeutung zu. Diesem Umstand wird durch die Normen DIN 66234 Teil 1 und ISO 9241 Part 3 Rechnung getragen. Einige wichtige, in den Normen und bei [Tullis 88] genannte Grundsätze sind:

- Die verwendeten Zeichen müssen bezüglich ihrer Gestalt und Darbietung ***verwechslungssicher*** sein.

- Die ***Höhe*** von Großbuchstaben soll mindestens 7 Pixel, die ***Breite*** mindestens 5 Pixel umfassen. Eine Ausnahme bildet der Großbuchstabe I. Die

Höhe von Kleinbuchstaben ohne Ober- und Unterlänge soll mindestens 5 Pixel umfassen. Kleinbuchstaben mit Unterlänge werden um mindestens 2 Pixel oder 30% der Schrifthöhe nach unten verlängert. Die Zeichenbreite der Kleinbuchstaben umfaßt mindestens 4 Pixel; Ausnahme sind hierbei die Zeichen f, i, j, l und t; für m, w und x sind mindestens 5 Pixel zu verwenden.

- Die ***Schrifthöhe*** soll unter einem Sehwinkel von mindestens 18′ erscheinen [Abb. 5.1]. Die Zeichenbreite soll etwa 70%, mindestens aber 50% der Schrifthöhe betragen (Ausnahmen: I,f,i,j,l,t).
- Vertikal oder horizontal benachbarte Zeichen dürfen sich einschließlich ihrer Ober- und Unterlängen nicht berühren. Der ***Abstand*** soll mindestens 1 Pixel oder 15% der Schrifthöhe oder typischen Schriftbreite betragen.
- Der ***Abstand*** zwischen zwei Wörtern soll mindestens der Breite eines Zeichens entsprechen (bei Proportionalschrift die Breite des Buchstabens „N“).
- Die ***Anzahl der Zeichen pro Zeile*** sollte maximal 60 Zeichen betragen.
- Relative ***Zeilenabstände*** sollten für höchste Lesegeschwindigkeit etwa bei 1:2 bis 1:2.7 liegen (Verhältnis der Buchstabenhöhe zu den absoluten Zeilenabständen).
- ***Textparagraphen*** sollten durch Leerzeilen getrennt werden.

Richtlinien für die diesbezüglichen Fähigkeiten der Bildschirmgeräte, wie Kontrast und zulässige Verzeichnungen, finden sich in der DIN 66234 Teil 2 [Kap. 15.2].

5.3 Einsatz von Farbe

Inzwischen steht auf vielen Computersystemen Farbe zur Verfügung. Die ***Einsatzmöglichkeiten von Farbe*** sind sehr vielfältig (siehe auch DIN 66234 Teil 5, [Helander 87, Brown/Cunningham 89, Shneiderman 92]):

- Visualisieren von Zuständen und Zustandsänderungen
- Unterscheiden von Zuständen
- Lenken der Aufmerksamkeit auf wichtige Bildschirminhalte
- Markieren selektierter Bildschirmobjekte
- Herstellen von Informationsbeziehungen
- Trennen von Informationskategorien
- Aufgliedern gleichartiger Informationen
- Suchen, Finden und Abzählen von Informationen

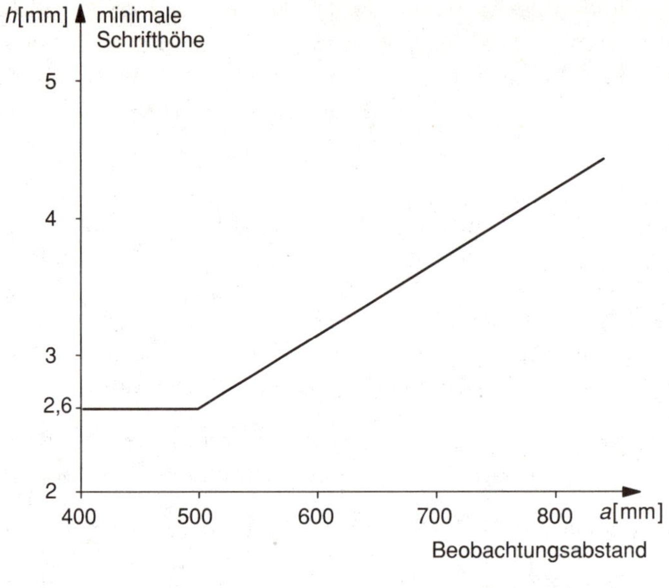

Minimale Schrifthöhe h in Abhängigkeit vom Beobachtungsabstand a

$(h = 0{,}0052 \cdot a = \frac{a}{190}\ ;\ h_{min} = 2{,}6\text{mm})$

Abbildung 5.1: Wahl der Schrifthöhe (nach DIN 66234 Teil 2)

- Unterstützen bei komplexen Eingabeprozeduren
- Unterscheiden verschiedener Tätigkeiten
- Gliedern langer Dialogabläufe
- Erhöhen der Attraktivität von Bildschirminhalten
- Erzeugen oder Verstärken bestimmter Gemütszustände

Bei der Verwendung dieser Codierungstechnik ist gerade wegen der hohen und komplexen ***Wirksamkeit von Farbe*** besondere Sorgfalt zu verwenden. Folgende Empfehlungen haben sich dabei bewährt (vgl. auch Kapitel 4):

- grundsätzlich sparsame Verwendung von Farbe als Codierungsform
- Farbe mit einer festen Bedeutung verbinden und konsistent einsetzen; maximal 5 bedeutungstragende Farben verwenden
- Vermeidung extremer Farbkombinationen wie Komplementärfarben oder Kombinationen mit geringem Kontrast
- Farben nicht zur Unterscheidung kleiner Darstellungen verwenden

- Rot und Blau nur für Flächen und nicht für Texte und dünne Linien verwenden
- Rot und Blau nach Möglichkeit nie gleichzeitig verwenden, da das Auge nicht gleichzeitig auf beide Farben fokussiert werden kann
- Texte auf hellem Hintergrund am besten nur Schwarz, auf dunklem Hintergrund Weiß oder Orange bis Blaugrün darstellen
- warme Farben (Rot bis Orange) wirken näher und erzeugen mehr Aufmerksamkeit als kalte Farben (Grün bis Blau)
- Verwendung hoher Farbsättigung für schnelle Erkennung
- Farbe eingeschränkt unter Benutzerkontrolle bringen; Benutzer sollen physiologisch und semantisch sinnvolle Farben und Farbkombinationen wählen dürfen [Kap. 12]
- Systementwurf zunächst monochrom; dies sichert die Bedienbarkeit auch ohne die Farberkennungsfähigkeit (ca. 8% der Bevölkerung sind farbenblind), erfordert allerdings redundante Codierungsformen neben Farbe

Es gibt Empfehlungen, mit welchen Bedeutungen Farben verbunden werden sollten. Diese Empfehlungen lehnen sich einerseits an übliche erlernte oder natürliche ***Farbbedeutungen*** an oder stellen einfach eine Konvention dar, die bei einheitlicher Verwendung schnell in eine erlernte Bedeutung übergeführt wird. Die folgenden Empfehlungen stammen vom US Department of Defense [DoD 81] und gehen von einer normal beleuchteten Tageslichtumgebung aus; für dunkle Umgebungen gelten andere Regeln:

Rot: *Alarm*
blinkend, falls sofortige Reaktion erforderlich

Gelb: *Vorsicht*
Grenzsituation; Vorsicht ist geboten

Grün: *in Ordnung*
volle Funktionsfähigkeit
Zustand ist zufriedenstellend

Weiß: *unbestimmt*
nicht definierbarer Zustand
Übergangszustand
Darstellung von Alternativen

Blau: *Hilfsfarbe*
Farbe am besten vermeiden

Die Entwicklung von Systemen unter Ausnutzung von Farbe hat gezeigt, daß prototypische ***Realisierungen unter Benutzerbeteiligung*** wichtig sind, um geeignete Farbcodierungen herauszuarbeiten. Die ***Akzeptanz von Farbe*** unterliegt in hohem Maße subjektiven Neigungen. Benutzer bevorzugen Realisierungen mit Farbe gegenüber dialogtechnisch gleichwertigen monochromen Lösungen. Diese Neigung deckt sich jedoch nicht zwangsläufig mit einer besseren Bedienbarkeit der jeweiligen farbigen Systeme.

Bei der Anwendung von Farbe sind verschiedene Parameter zu unterscheiden:

Farbton: Wellenlänge bzw. Frequenz des Lichts

Helligkeit: Intensität des Lichts

Sättigung: Anteil weißen Lichts

Kontrast: Helligkeitsunterschied (Helligkeitskontrast) oder Farbunterschied (Farbkontrast) zweier benachbarter Farben

Umgebung: die Farbe des umgebenden Lichts ist entscheidend für die Farbwahrnehmung

Farbe entsteht bei Bildschirmgeräten durch ***additive Farbmischung*** der Grundfarben Rot, Grün und Blau. Die Summe aller Grundfarben mit gleicher Intensität ergibt die Farbe Weiß. Der ***Farbton*** entsteht dabei durch Intensitätsunterschiede der Grundfarben. Die ***Helligkeit*** wird durch die gleichmäßige Intensitätsveränderung der ausgewählten Grundfarben gesteuert. Eine Verminderung der ***Farbsättigung*** wird durch die Einmischung von Weiß erreicht, d.h. durch die betragsmäßig gleiche Addition aller Grundfarben. Verschiedene ***Farbsysteme (Farbmodelle)*** erlauben die Spezifikation und programmiertechnische Selektion von Farben. Die wichtigsten davon sind:

RGB: In diesem System wird die Definition der Farbe durch die Grundfarben ***Rot, Grün*** und ***Blau*** mit einem Wertebereich von je 0-100% (oft auch codiert von 0-1000 oder in rechnerspezifischen Formaten) hergestellt. Das RGB-Farbsystem bildet einen Würfel als geometrischen Farbkörper.

CMY: Dieses Farbsystem erlaubt die Definition der Farbe durch die Grundfarben ***Cyan*** (Blaugrün), ***Magenta*** (Purpur) und ***Yellow*** (Gelb) mit einem Wertebereich von je 0-100% (oft auch codiert von 0-1000 oder in rechnerspezifischen Formaten). Dieses Farbsystem wird vor allem bei drucktechnischen Anwendungen eingesetzt. Die Grundfarben filtern hierbei aus weißem Licht bestimmte Farben heraus. Cyan filtert beispielsweise Rot aus weißem Licht heraus. Man spricht deshalb auch von subtraktiver Farbmischung. Auf Bildschirmen kann die ***subtraktive Farbmischung*** simuliert werden.

HLS: Definition in der Farbe erfolgt in diesem System durch ***Hue*** (Farbton), ***Lightness*** (Helligkeit) und ***Saturation*** (Sättigung). Der Farbton wird in Winkelgraden von 0-360 Grad spezifiziert, ausgehend von Blau mit dem Wert 0; die Helligkeit wird als Radiuswert angegeben und die Sättigung als Höhenwert. Das HLS-Farbsystem bildet einen Doppelkegel mit aneinandergesetzten Grundflächen.

HVC: Dieses neuere Farbsystem wurde von der Firma TEKTRONIX spezifiziert. Es beschreibt die Farben durch ***Hue*** (Farbton), ***Value*** (Helligkeit) und ***Chroma*** (Farbsättigung). Der Farbton wird in Winkelgraden von 0-360 Grad spezifiziert, ausgehend von Rot; die Helligkeit wird von 0-100 als Höhe und die Farbsättigung als Radiuswert von 0-100 angegeben. Das HVC-Farbsystem reduziert einige Probleme der anderen Farbsysteme wie Nichtlinearität und Geräteabhängigkeit. Dadurch entsteht eine objektive Farbspezifikation, die auf verschiedenen Bildschirmen eine vergleichbare Farbwirkung erzeugt. Das HVC-Farbsystem bildet einen unregelmäßigen, aus einem Zylinder geschnittenen geometrischen Körper.

5.4 Anordnung von Information

Bei der Gestaltung von Menüs und Formularen (Masken) stellen die ***Gestaltgesetze*** ein ausgezeichnetes Hilfsmittel dar [Kap. 4.2]. Die richtige Anwendung der Gestaltgesetze entscheidet dabei oft über die Nutzbarkeit und Akzeptanz von Systemen.

Die Anordnung von Information ist erheblich von der jeweiligen Anwendungssituation sowie von der verfügbaren Bildschirmfläche abhängig. Trotzdem gibt es eine Reihe von Empfehlungen, die immer berücksichtigt werden sollten. Diese Empfehlungen werden durch viele experimentelle Untersuchungen gestützt [Tullis 88, Shneiderman 92].

- Logisch zusammengehörige Information sollte auf dem Bildschirm leicht erkennbar gruppiert werden. Der ideale Sehwinkel für eine Gruppierung liegt bei etwa 5 Grad. Dies entspricht ca. 14 Buchstaben und 7 Zeilen.

- Durch die Verwendung von Abkürzungen läßt sich der Bildschirm ökonomisch und übersichtlich gestalten. Die Abkürzungen müssen konsistent verwendet werden. Sie sollten nach Möglichkeit in Form bereits bekannter Abkürzungen aus dem jeweiligen Aufgabenbereich stammen.

- Unnötige Details sind zu vermeiden. Details können in mehrstufigen Hierarchien angeboten werden. Bei der Darstellung numerischer Daten sollte die numerische Genauigkeit praxisgerecht eingeschränkt werden.

- Daten sollten in gängigen Datenformaten dargestellt werden. Beispiele dafür sind Standardformate für die Darstellung eines Kalenderdatums oder die Gruppierung von Ziffern bei langen Zahlen.
- Gleichartige Informationsgruppen sollten, wenn möglich, tabellenartig mit einer Tabellenüberschrift dargestellt werden. Die einzelnen Einträge sollten rechts- oder linksbündig ausgegeben werden.
- Die Informationsdichte (z.B. Anteil von Buchstaben am verfügbaren Darstellungsraum) sollte 60% nicht übersteigen, sondern, wenn möglich, deutlich darunter liegen. Die menschliche Aufnahme- und Selektionsfähigkeit fällt mit zunehmender Informationsdichte.
- Die Information sollte in einer günstigen Reihenfolge angeordnet werden. Eine günstigte Reihenfolge ergibt sich aus [Tullis 88]:
  - der Reihenfolge, wie sie bei der Arbeit benötigt wird
  - bestehenden Reihenfolgekonventionen (z.B. bei Personenadressen)
  - der Wichtigkeit der Information
  - der Häufigkeit, mit der die Information benötigt wird
  - einer typischen Sortierreihenfolge (z.B. alphabetisch, chronologisch)

Zur Messung der ***Komplexität der Informationsanordnung*** hat ***Bonsiepe*** (1968) ein spezielles informationstheoretisches Komplexitätsmaß vorgeschlagen, das beispielsweise zur Berechnung der Komplexität von Layouts verwendet werden kann [Helander 87]:

(5.1)
$$C = -N \cdot \sum_{n=1}^{m} p_n \cdot (log_2\, p_n)$$

C	...	Komplexität (bit)
N	...	Anzahl der Ereignisse
m	...	Anzahl der Ereignisklassen
p_n	...	Wahrscheinlichkeit des Auftretens eines Ereignisses der Ereignisklasse n

Je geringer die errechnete Komplexität C des Layouts, desto einfacher ist die Darstellung für einen Benutzer zu erfassen. Alternative Layouts können auf diese Weise verglichen werden.

Beispiel 5.1:
Bei einem Formular ist die Anzahl der Ereignisse N die Anzahl der Formularfelder und Feldbeschriftungen. Die Anzahl der Ereignisklassen m ist die Anzahl der einheitlichen waagrechten oder senkrechten Positionen (Tabulatoren) der Formularfelder und Feldbeschriftungen im Formular. Die Wahrscheinlichkeit p_n des Auftretens eines Ereignisses einer Ereignisklasse (Tabulator) ergibt sich aus der relativen Häufigkeit der Plazierung von Formularfeldern oder Feldbeschriftungen auf dem jeweiligen Tabulator.

Aus diesen einfach auszählbaren Größen lassen sich Formulare in ihrer Komplexität bereits brauchbar vergleichen. ◇

Andere Metriken zur Beurteilung von Anordnungen basieren auf Untersuchungen der Informationsdichte eines Bildschirminhalts [Tullis 88, Shneiderman 92].

5.5 Einsatz von Graphik

Durch die Verbreitung graphikfähiger Bildschirme eröffnet sich die ganze Welt ***graphischer Informationsdarstellungen*** auf dem Computer. Wichtige Anwendungsbereiche für graphische Visualisierungen sind:

- numerische Daten (z.B. Datensammlungen, Simulationsergebnisse)
- Bilder (z.B. Standbilder oder animierte Darstellungen)
- komplexe Systeme (z.B. Geräte, Anlagen, Prozesse, logische Strukturen; siehe Abbildung 5.2)
- direkt manipulative Umgebungen (z.B. Desktop-Systeme)

Die vorteilhaften ***Charakteristiken von Graphiken*** werden in der DIN 66234 Teil 5 Beiblatt 1 aufgezählt:

- deutliche Datenreduktion und Platzersparnis bei qualitativen Informationen
- hohe Informationsdichte bei schneller Erfaßbarkeit und sicherer Interpretierbarkeit
- Erleichterung beim Abschätzen und Vergleichen von Größen sowie beim Erkennen von Anomalien und Fehlern
- günstig zur Darstellung zeitlicher oder räumlicher Verläufe
- Erleichterung beim Erkennen von Zyklen und Tendenzen

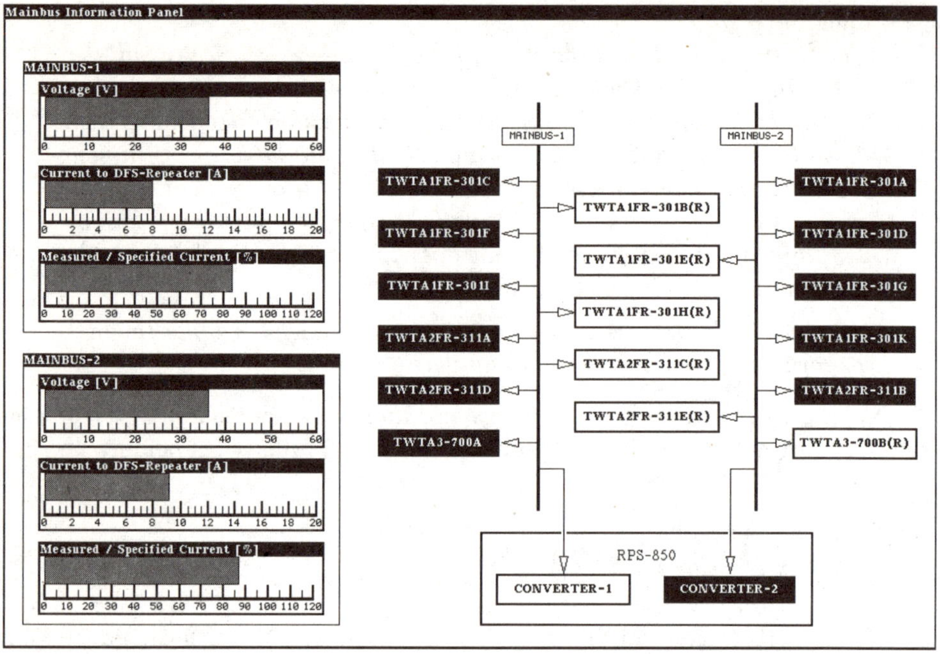

Abbildung 5.2: Beispiel der Darstellung einer graphischen Gerätestruktur mit Instrumenten [Herczeg 93]

- Erleichterung beim Erkennen räumlicher und funktionaler Beziehungen
- Erzeugung bildhafter Symbole und daraus folgendes schnelles Unterscheiden, Klassifizieren und Wiedererkennen von Bildschirminhalten

Graphische Darstellungen sind für den Betrachter ein vertrautes und oft natürliches Medium. Die Darstellungen reichen von abstrakten Abbildungen (z.B. Datenschaubilder, Funktionsschaubilder) bis hin zu realitätsgetreuen Abbildungen (z.B. gescannte Farbfotos, synthetische Computergraphiken natürlicher Szenen). Der Grad der Abstraktion erreicht bei direkt manipulativen Umgebungen, wie Desktop-Systemen, ein Zwischenstadium zwischen Abstraktion und Realität [Kap. 8].

Wichtig im Zusammenhang mit der in diesem Kapitel betrachteten Informationsdarstellung ist die Verwendung von Graphiken zur Visualisierung numerischer Daten. Hierzu gibt es einige bewährte ***Grundformen graphischer Diagramme*** für unterschiedliche Anwendungsbereiche [Tufte 83, Tullis 88, Wandmacher 93].

Punktdiagramme: Diese Art von Diagrammen erlaubt die Darstellung von Einzelpunkten und Punktfolgen in einem zweidimensionalen, kontinuierlichen Raum [Abb. 5.3]. Die Punkte aus Messungen oder Datenerhebungen werden oft durch Linien verbunden, um Trends oder funktionale Abhängigkeiten zu visualisieren.

Liniendiagramme: Diese Art von Diagrammen erlaubt als Verfeinerung von Punktdiagrammen die Darstellung von Linien und Kurven in einem zweidimensionalen, kontinuierlichen Raum [Abb. 4.9]. Es können mehrere Linien gleichzeitig vergleichend dargestellt werden. Es sollten allerdings nach Möglichkeit nicht mehr als 4 Linien dargestellt werden. Die Linien sollten unterschiedlich gefärbt oder gestrichelt werden. Wird eine Zeitabhängigkeit dargestellt, sollte die Zeit auf der x-Achse dargestellt werden.

Flächendiagramme: Als Spezialform von Liniendiagrammen werden bei Flächendiagrammen die Flächen zwischen den Linien und Koordinatenachsen unterschiedlich eingefärbt oder bemustert [Abb. 5.4]. Dadurch werden absolute Anteile von einer Gesamtheit sichtbar. Linien mit höherer Dynamik (starken Sprüngen) sollten über Linien mit niedrigerer Dynamik dargestellt werden. Die Flächen sollten mit ihrer jeweiligen Bedeutung beschriftet werden. Die Beschriftung der Flächen sollte in den Flächen positioniert werden.

Balkendiagramme: Diese Diagramme zeigen meist eine bestimmte absolute Größe für mehrere Objekte als vertikale oder horizontale Balken. Bei mehreren Datenerhebungen, z.B. zu verschiedenen Zeitpunkten, werden mehrere Gruppen von Balken neben- oder übereinander dargestellt [Abb. 5.5]. Die Balken jeweils einer Gruppe sollten unterschiedlich eingefärbt oder bemustert werden. Balkendiagramme mit vertikalen Balken werden auch als ***Säulendiagramme*** bezeichnet.

Stapeldiagramme: Diese Diagramme zeigen eine bestimmte relative Größe für mehrere Objekte als jeweils ein vertikaler oder horizontaler Balken [Abb. 5.6]. Mehrere dieser Balken mit gleicher Größe werden üblicherweise neben- oder übereinander dargestellt. Sie repräsentieren mehrere Datenerhebungen, z.B. zu verschiedenen Zeitpunkten. Die unterschiedlichen Anteile innerhalb eines Balkens sollten unterschiedlich eingefärbt oder bemustert werden.

Instrumente: Instrumente stellen einen meist veränderlichen, kontinuierlichen Wert einer Größe mit Zeiger und Skala dar [Abb. 5.2]. Die Instrumente können die unterschiedlichsten Ausprägungen haben, indem Zeiger oder Skala vielfältig variiert werden [Herczeg 88b].

Sterndiagramme: Sterndiagramme zeigen mehrere Größen eines Objekts in einer sternartigen Darstellung (Polygon) [Abb. 5.7]. Die unterschiedlichen Werte an den einzelnen, oft mit Skalen versehenen Strahlen sind ein Maß für die jeweiligen Größen. Die im Sterndiagramm entstehende Polygonfläche ist ein gut erkennbares visuelles Maß für den Gesamtzustand des Objekts.

Tortendiagramme: Tortendiagramme zeigen durch Kreissektoren die relativen Anteile verschiedener Größen an einer Gesamtheit [Abb. 5.8]. Es sollten maximal 5 Sektoren verwendet werden. Die Sektoren sollten unterschiedlich eingefärbt oder bemustert werden. Da das Ablesen der genauen Werte bei solchen Diagrammen nicht möglich ist, sollten die Werte, falls benötigt, im oder am entsprechenden Kreissektor dargestellt werden.

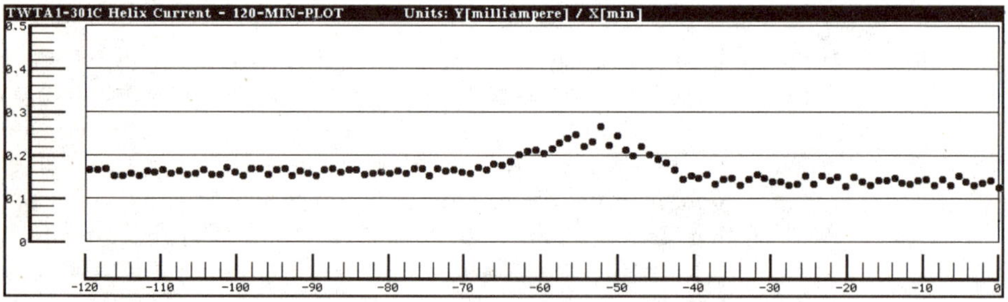

Abbildung 5.3: Beispiel eines Punktdiagramms [Herczeg 93]

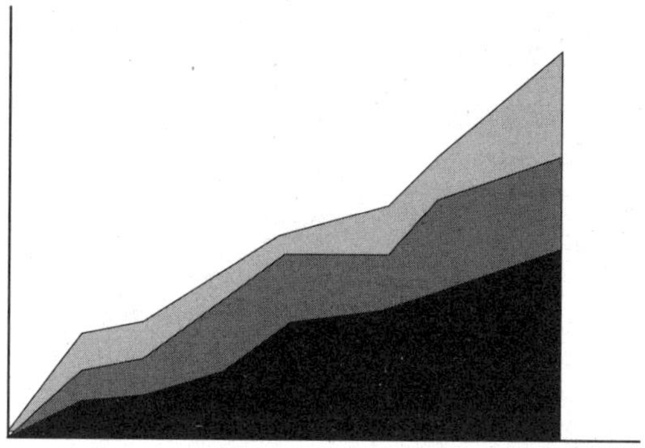

Abbildung 5.4: Beispiel eines Flächendiagramms

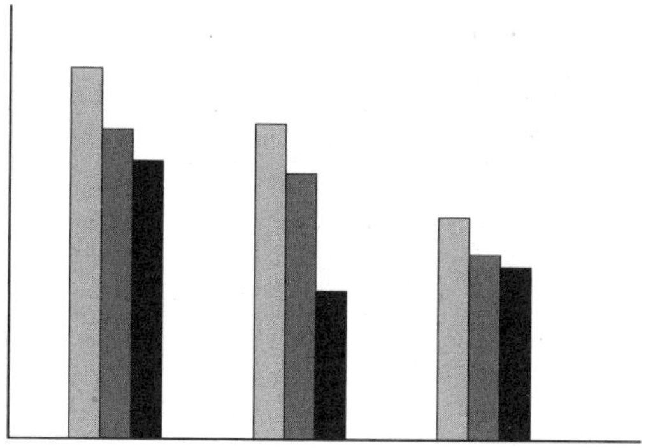

Abbildung 5.5: Beispiel eines Balkendiagramms

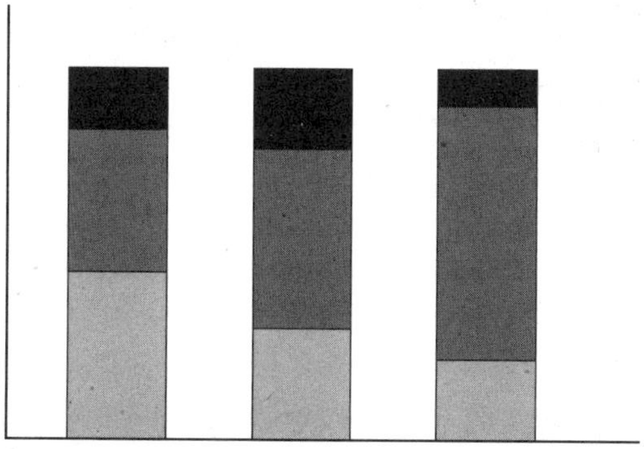

Abbildung 5.6: Beispiel eines Stapeldiagramms

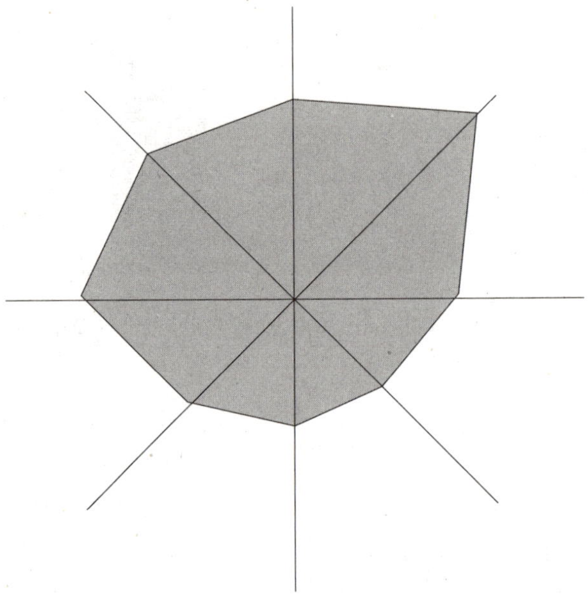

Abbildung 5.7: Beispiel eines Sterndiagramms

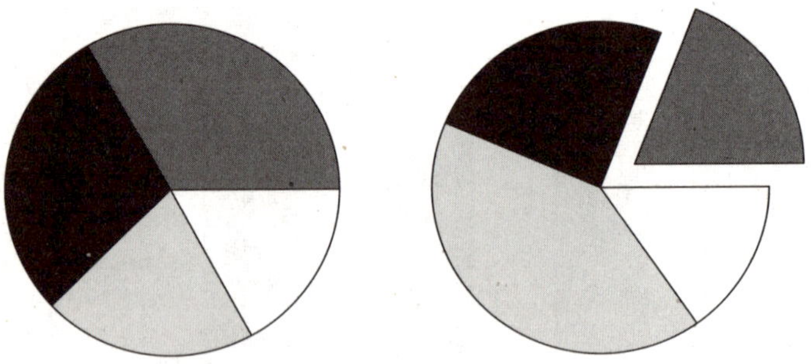

Abbildung 5.8: Beispiel zweier Tortendiagramme

Kapitel 6

Interaktionsformen

Der Dialog zwischen Benutzer und System läuft nach bestimmten Regeln ab. Diese Regeln werden durch die ***Benutzungsschnittstelle*** festgelegt.

Das System teilt sich dem Benutzer durch visuelle, akustische oder auch taktile Ausgaben mit. Man kann dies die ***Ausgabesprache*** nennen. Wie jede Sprache besitzt die Ausgabesprache ein ***Ausgabealphabet***. Bei visuellen Ausgaben sind dies die Darstellungselemente auf dem Bildschirm. Diese Darstellungselemente sind die codierte Information, die an den Benutzer ausgegeben werden soll [Kap. 5]. Beispiele für solche Darstellungselemente sind Texte und Graphiken. Die Ausgaben werden gemäß einer definierten (programmierten) Vorschrift, der ***Ausgabesyntax***, ausgegeben. Bei visuellen Ausgaben werden dadurch die Reihenfolge der Ausgabe, die Anordnung und andere Abhängigkeitsbeziehungen zwischen Darstellungselementen festgelegt.

Der Benutzer hat bei seiner Reaktion auf die Ausgaben des Systems eine ***Eingabesyntax*** zu wahren [Kap. 2]. Ein Beispiel für eine fundamentale Eingaberegel ist die Vorschrift, Selektionen von dargestellten Objekten vorzunehmen, indem man mit dem Zeigeinstrument auf sie zeigt. Die Eingabesyntax zusammen mit dem ***Eingabealphabet*** (Eingabezeichen und Aktionen mit dem Zeigeinstrument) bestimmen die ***Eingabesprache***.

Ein- und Ausgabevorgänge sind in einem Dialog nicht unabhängig voneinander. Bestimmte Eingaben bewirken abhängig vom Systemzustand bestimmte Ausgaben. Man kann die Verkettung von Aktivitäten bzw. Reaktionen als den Kern eines Dialogs betrachten. Bestimmte, immer wiederverwendete Dialogmuster werden durch sogenannte ***Interaktionsformen***[1] beschrieben und realisiert. Eine solche Interaktionsform ist eine festgelegte Auswahl von Ein- und Ausgabevorgängen zusammen mit ihren Abfolgebedingungen, die zu ***stereotypen***[2] ***Kommunikationssequenzen*** führen.

---

[1] auch Interaktionssprachen, Interaktionstechniken oder Interaktionsmethoden genannt
[2] in ähnlicher Form immer wiederkehrend

In den folgenden Abschnitten werden die Interaktionsformen grob klassifiziert:

1. ***Deskriptive Interaktionsformen*** auf der Grundlage sprachlicher Beschreibungen

2. ***Deiktische Interaktionsformen*** auf der Grundlage von Selektionen mittels Zeigehandlungen

Aus bestimmten Ausprägungen dieser beiden grundlegenden Klassen von Interaktionsformen lassen sich vielfältige ***gemischte (hybride) Interaktionsformen*** zusammensetzen.

6.1 Deskriptive Interaktionsformen

Der Benutzer muß bei deskriptiven Interaktionsformen seine Eingabe in das System in irgendeiner Art sprachlich beschreiben. Wichtige deskriptive Interaktionsformen sind:

Symbole: Vereinbarung von Symbolen, die Operatoren oder Objekte repräsentieren

formale Sprachen: Vereinbarung von Alphabeten und Grammatiken

natürliche Sprachen: Verwendung vorhandener, natürlicher Sprachen

Eine Charakteristik und gleichzeitig das Hauptproblem der Verwendung deskriptiver Interaktionsformen ist die nötige Gedächtnisleistung[3] bei der Formulierung der Beschreibung. Dieses Problem kann durch geeignete Unterstützungsfunktionen gemildert, jedoch nie beseitigt werden.

6.1.1 Symbole

Symbole werden dazu verwendet, beliebige Objekte, Operatoren oder auch ganze Operationen zu repräsentieren. Die Komplexität eines Symbols steht dabei in keinem Zusammenhang mit der Komplexität des beschriebenen Konstrukts. Es fehlt oft der sichtbare Zusammenhang zwischen Symbol und repräsentiertem Objekt oder Operator. In diesen Fällen fällt es schwer, von einem bestimmten Objekt oder Operator auf dessen vereinbartes Symbol und umgekehrt zu schließen.

Zur Eingabe von Symbolen dient meist die Tastatur. In diesem Fall können beliebige Tasten oder Tastenfolgen als Symbole vereinbart werden. Die übliche

[3] gefordert wird hier vor allem das ***Recall-Memory*** [Kap. 4.3.3]

Verwendung ***neutral beschrifteter Funktionstasten*** ist eine spezielle Ausprägung dieser Interaktionsform.

Die Verwendung von Symbolen ist eine sehr effiziente Interaktionsform, die sich für häufig benötigte Interaktionen anbietet. Bei der Verwendung von Funktionstasten nehmen die Symbole keinen Platz auf dem Bildschirm ein, was insbesondere dann günstig ist, wenn der gesamte Bildschirm für die Ausgaben der Anwendung benötigt wird.

Die ***Vorteile von Symbolen*** sind:

- Grundlage aller Sprachen und stellen damit ein natürliches Grundkonzept dar
- effiziente Repräsentationen beliebig komplexer Objekte, Operatoren oder kompletter Operationen
- einfache Ein- und Ausgabe

Die ***Nachteile von Symbolen*** sind:

- oft kein ersichtlicher Zusammenhang zwischen Symbol und repräsentiertem Objekt (Belastung des Gedächtnisses)
- Eigenschaften, Zustand und Struktur von repräsentierten Objekten sind nicht sichtbar
- sie basieren oft auf kulturspezifischen Konventionen und sind dann stark benutzerabhängig

6.1.2 Formale Sprachen

Formale Sprachen sind eine Erweiterung der Verwendung von Symbolen. Hier werden nicht nur singuläre Symbole verwendet, sondern es wird mittels einer ***Grammatik*** eine Sprache über die Symbole gelegt. Auf dieser Sprache wird eine ***Semantik*** definiert, die die im Anwendungssystem gewünschten Wirkungen beschreibt.

Formale Sprachen können sehr unterschiedlicher Natur sein. Die wohl bekannteste Form sind ***Kommandosprachen***, bei denen meist quasi-natürlichsprachliche Textstücke die Verwendung der sonst abstrakten Sprache vereinfachen. Der Aufbau formaler Sprachen orientiert sich oft an natürlichen Sprachen und erleichtert so ihre Verwendung. Die Überinterpretation dieses Bezugs zur natürlichen Sprache schafft allerdings gleichzeitig Probleme. Unerfahrene Benutzer verlassen oft den Bereich der formalen Sprache und erwarten ein natürlichsprachiges System. Die Kommunikation endet dann schnell in Frustration.

Eine ebenfalls in diese Kategorie fallende Interaktionsform sind ***Programmiersprachen***, die es in unterschiedlichster Ausprägung und Mächtigkeit gibt. Eine Zwischenstellung zwischen Kommandosprachen und Programmiersprachen nehmen ***Job-Control-Languages*** ein, wie DCL für das Betriebssystem VMS und die verschiedenen ***Shells*** (z.B. SH, CSH, KSH) für UNIX. Programmiersprachen erlauben die Beschreibung komplexer sequentieller, iterativer, bedingter und paralleler Abfolgen von Aktionen und sind dadurch sehr mächtige Interaktionsformen für praktisch alle Problemstellungen, die heute mit Computern zu lösen sind. Für naive Benutzer sind sie weitgehend unbrauchbar. Mangels guter Alternativen zum Artikulieren komplexer Aktions- oder Objektbeschreibungen entziehen sich diese hochgradig anwendungsunabhängigen Problemlösungsverfahren naiven Benutzern und damit der Mehrzahl der potentiellen Computernutzer. Als Alternative zu textuellen Programmiersprachen wird daher seit vielen Jahren versucht, mittels ***graphischer oder visueller Programmiersprachen*** diese Lücke zu schließen. Leider weisen die entstanden Lösungen (z.B. [Smith 77, Möbius/Schröder 88]) noch viele ungelöste Schwachstellen auf. Visuelle Programmierung gelingt besser, wenn die Fähigkeiten der graphischen Programmiersprache stärker eingeschränkt werden können. Dies ist beispielsweise bei ***Datenbankanfragesprachen*** der Fall. Hier haben sich Verfahren wie QUERY-BY-EXAMPLE [Zloof 75, Date 81] und neuere Verfahren bewährt [Gimnich 88].

Die ***Vorteile formaler Sprachen*** sind:

- effiziente Ein- und Ausgabe
- Formulierung komplexer Kontrollstrukturen[4]
- Spezifikation praktisch beliebig komplexer Datenstrukturen und Sachverhalte möglich[5]
- definierte maschinelle Spracherkennung möglich

Die ***Nachteile formaler Sprachen*** sind:

- beträchtlicher Lernaufwand
- oft geringfügige syntaktische Unterschiede zwischen Ausdrücken mit großem semantischen Unterschied
- formale Sprachen sind ungünstig für naive Benutzer, unerfahrene Benutzer und Gelegenheitsbenutzer

[4] dies ist eine definierende Eigenschaft prozeduraler und funktionaler Programmiersprachen (z.B. PASCAL, C, LISP)

[5] dies ist eine definierende Eigenschaft deklarativer Programmiersprachen wie logik-, constraint-, frame- und teilweise objektorientierter Programmiersprachen (z.B. PROLOG, KL-ONE, EIFFEL)

6.1.3 Natürliche Sprache

Seit Beginn der Computerentwicklung wird versucht, Systeme zu entwickeln, mit denen sich der Benutzer in seiner gewohnten ***Umgangs- oder Fachsprache*** unterhalten kann. Natürliche Sprache wird oft als die beste Interaktionsform angesehen, um ein benutzerfreundliches System zu realisieren.

Ein häufiger Anwendungsbereich für natürliche Sprache sind die verschiedenen Formen von ***Hilfesystemen*** [Kap. 11.6]. Die Verwendung natürlicher Sprache liegt hier nahe. Da die Benutzer durch die Einarbeitung in ein fremdes System ohnehin belastet sind, möchte man sie durch ein schwierig zu bedienendes Hilfesystem nicht zusätzlich fordern. Darüber hinaus befinden sich Benutzer oft in Fehlerzuständen, wenn sie das Hilfesystem aufrufen. Auch hier möchte man sie durch das Hilfesystem nicht weiter verwirren.

Das natürlichsprachige System PASSIVIST[6] [Lemke 88] beantwortet Fragen zur Bedienung eines komplexen Texteditors [Bsp. 6.1]. Das Wissen von PASSIVIST wurde dabei auf Positionier- und Löschkommandos eingeschränkt. Die Methode zur Generierung der Antworten sieht folgendermaßen aus:

1. ***Morphologische Analyse:*** Trennung von Vorsilben und Endungen von den Wortstämmen mit Hilfe eines Wörterbuches
2. ***Syntaktische Analyse:*** Extraktion und Kanonisierung[7] der semantisch bedeutsamen Satzteile mittels einer semantischen Grammatik und einem Produktionssystem; Ausgabe der erkannten Satzteile an den Benutzer zur Kontrolle
3. ***Semantische Analyse:*** Identifikation des zu lösenden Problems anhand der extrahierten, bedeutsamen Satzteile
4. ***Problemlösung:*** Planung einer Abfolge von Anweisungen (bei PASSIVIST Edierkommandos) zur Lösung des Benutzerproblems
5. ***Antwortgenerierung:*** graphische und textuelle Ausgabe der Antwort an den Benutzer
6. ***Beaufsichtigung:*** falls der Benutzer die erklärte Aktionssequenz gleich anwenden will, wird er dabei vom System beaufsichtigt und, wenn nötig, erneut unterstützt

Beispiel 6.1:
Der Benutzer möchte eine Zeile löschen und benutzt das Hilfesystem PASSIVIST, *indem er eine natürlichsprachige Anfrage formuliert (nach [Lemke 88]):*

[6] PASSIVIST steht hier als didaktisches Beispiel stellvertretend für die Klasse einfacher natürlichsprachiger Systeme, ohne tiefreichende semantische Analyse.

[7] Herstellen einer Grundform

```
Benutzer:   Wie kann ich die naechste Zeile loeschen?

Passivist:  Erkannte Woerter: naechste Zeile loeschen
            Ignorierte Woerter: Wie kann ich die ?

            Setze die Schreibmarke auf die
            gewuenschte Zeile!

            Gib den Befehl: cursor-down
            Tippe die Taste: DOWN

Benutzer:   Drueckt die Taste "?"

Passivist:  Getippte Taste: ?

            Mit UP, DOWN, LEFT und RIGHT sind die
            Pfeiltasten rechts oben gemeint.
            Tippe noch die Taste: DOWN

Benutzer:   Drueckt die Taste DOWN

            Getippte Taste: DOWN
```

Nachdem der Benutzer beim zweiten Versuch die richtige Taste getippt hat, kommt der komplexere Teil der Operation. Das Hilfesystem erklärt dies mit einer stereotypen Problemlösung:

```
Passivist:  Es gibt keinen besonderen Befehl,
            um eine Zeile als Ganzes zu loeschen.
            Man muss zuerst den Zeileninhalt und
            dann eine der Zeilengrenzen loeschen.

            Zum Leeren einer Zeile geht man am
            besten an den Anfang der Zeile und
            loescht dann den Rest der Zeile.

            Gib den Befehl:
              set-cursor-to-beginning-of-line

            Tippe dazu die Taste: Ctrl-A
            ...
```

Die Erklärung und Überwachung der Benutzeraktionen geht weiter. Die natürlichsprachigen Fähigkeiten können wir an diesem kurzen Beispiel bereits erkennen. Durch die einfache morphologische und *syntaktische Analyse werden nur Satzteile extrahiert, die durch eine getrennte semantische Analyse gehen. Eventuelle syntaktische Mehrdeutigkeiten können bei der semantischen Überprüfung nicht mehr aufgelöst werden. Zur Vermeidung von langwierigen Fehlerkennungen werden dem Benutzer nach der syntaktischen Phase bereits die erkannten Satzteile gezeigt.* ◇

Bei der Benutzung von PASSIVIST können verschiedene Probleme auftreten. Da keine vollständige Satzanalyse durchgeführt wird, können semantisch bedeutsame Satzbestandteile, wie z.B. Negationen, vom System ignoriert werden. Des weiteren können unsinnige Sätze vom System behandelt werden, falls sie für das System bedeutsame Schlüsselwörter enthalten. Der Benutzer erwartet intuitiv ein System mit vollem Sprachvermögen und vollständigem Wissen über den Problembereich. Dies wird ihm durch die Verarbeitung von prizipiell jedem eingegebenen Satz suggeriert.

Ein anderes natürlichsprachiges System ist SHRDLU[8] [Winograd 72] mit dem eingeschränkten Gegenstandsbereich einer Welt von unterschiedlichen Bauklötzen („BLOCKSWORLD"). Der Benutzer kann das System auffordern, Objekte dieser BLOCKSWORLD zu bewegen oder neu anzuordnen, und er kann Fragen zu diesem Problembereich stellen [Bsp. 6.2]. SHRDLU arbeitet im Prinzip nach der gleichen Vorgehensweise wie PASSIVIST, mit einem entscheidenden Unterschied: Anstatt einer jeweils unabhängigen Syntax- und Semantikanalyse besitzt es einen aufwendigen Parser, in dem eng verzahnt syntaktisch und semantisch analysiert wird. So werden Mehrdeutigkeiten auf syntaktischer Ebene sofort einer semantischen Überprüfung unterzogen und, wenn möglich, aufgelöst.

Beispiel 6.2:
Der Benutzer kommuniziert mit dem System SHRDLU *und gibt ihm dabei Anweisungen (nach [Winograd 72]).*

```
Benutzer: Pick up a big red block.

SHRDLU:   OK.
```

Das System antwortet mit `OK` *und führt die Aufgabe durch, wenn es den Satz verstanden hat.*

```
Benutzer: Grasp the pyramid.

SHRDLU:   I don't understand which pyramid you mean.
```

Das System SHRDLU *hat eine semantische Mehrdeutigkeit entdeckt. Es kennt in der aktuell betrachteten* BLOCKSWORLD *zwei Pyramiden und weiß nicht, welche es greifen soll.*

[8] SHRDLU steht hier stellvertretend für die Klasse natürlichsprachiger Systeme mit einer tiefreichenden, kombiniert syntaktisch/semantischen Analyse

```
Benutzer: Find a block which is taller than the one
          you are holding and put it into the box.

SHRDLU:   By "it", I assume you mean the block which
          is taller than the one I am holding.

          OK.
```

SHRDLU *hat eine syntaktische Mehrdeutigkeit entdeckt und löst das Problem durch semantische Analyse der Situation. Es weist den Benutzer auf die Mehrdeutigkeit und die gewählte Interpretation hin.* ◊

SHRDLU war eines der ersten leistungsfähigen natürlichsprachigen Systeme. Es konnte allerdings wie PASSIVIST nur auf einem kleinen Problembereich operieren. Obwohl das System im Gegensatz zu PASSIVIST einen sehr großen und allgemeinen Sprachumfang besitzt, kann es dennoch nicht jede denkbare übliche und sprachlich korrekte Anfrage beantworten.

Die ***Vorteile natürlicher Sprachen*** sind:

- natürliche Sprachen sind für naive Benutzer einfach anwendbar
- natürliche Sprachen sind erfahrungsgemäß mächtig genug, um jede Information oder Anfrage zu übermitteln
- Benutzer haben keine Schwellenängste und fühlen sich dem System überlegen
- es muß keine formale Sprache erlernt werden

Die ***Nachteile natürlicher Sprachen*** sind:

- nur die Verarbeitung von Teilmengen natürlicher Sprachen ist möglich
- bis heute nur Mikrowelten[9] als Problembereiche möglich
- Benutzer überschätzen die Fähigkeiten der Systeme
- komplexe Sachverhalte lassen sich natürlichsprachlich oft nur umständlich ausdrücken
- oft ergeben sich Mehrdeutigkeiten

[9] klar abgegrenzte, kleine Gegenstandsbereiche

Die Verwendung ***gesprochener Sprache*** im Gegensatz zu geschriebener Sprache vertieft diese Probleme noch drastisch. Der Wortschatz wird weiter eingeschränkt, Mehrdeutigkeiten treten bereits auf der sensomotorischen und der lexikalischen Ebene auf. Außerdem ist das Arbeitsumfeld, in der gesprochene Sprache verwendet werden soll, noch sorgfältiger auszuwählen, da Störeinflüsse (Hintergrundgeräusche, Lärm, Rauschen) eine große Rolle spielen.

6.2 Deiktische Interaktionsformen

Bei deiktischen oder selektionsorientierten Interaktionsformen wird dem Benutzer die Möglichkeit geboten, aus einem Angebot, oft Menü genannt, auszuwählen[10]. Der Benutzer wird somit von der Last befreit, sich an mögliche Objekte oder Operatoren erinnern zu müssen.

6.2.1 Menüs

Die am häufigsten angewandte selektionsorientierte Interaktionsform ist das Menü. Ein Menü ist eine Darbietung von Objekten oder Operatoren, aus der ein Benutzer mittels einer ***Auswahlhandlung*** selektieren kann. Eine Reihe von Charakteristiken erlauben sehr unterschiedliche ***Gestaltungsformen von Menüs*** (siehe auch ISO 9241 Part 14):

- Codierung der Menüelemente (z.B. Text, Graphik, Farbe, Größe)
- Anordnung der Menüelemente (z.B. vertikal/horizontal, mehrspaltig/mehrzeilig, Abstände, gegenseitig verdeckend, gruppiert)
- Verkettung von Menüs (kaskadierte Menüs)
- Darbietung großer Auswahlmengen (z.B. Menübäume, kaskadierte Menüs, scrollende Menüs)
- Reihenfolge der Menüelemente (z.B. nach Wichtigkeit, Konventionen, anwendungsbedingter Reihenfolge, Häufigkeit der Auswahl, alphabetischer Reihenfolge)
- Erscheinungszeitpunkt und Erscheinungsort (z.B. stationäre Menüs, Pop-Up-Menüs, Pull-Down-Menüs, Tear-Off-Menüs)
- Auswahlart als Einfachauswahl (single-choice) oder Mehrfachauswahl (multiple-choice)
- Art der Zeigehandlung (z.B. Auswahl mittels Maus oder Cursortasten)

[10] gefordert wird hier vor allem das ***Recognition-Memory*** [Kap. 4.3.3]

Menüs sind eine natürliche Interaktionsform, die schnell verstanden und automatisiert wird und daher vor allem für naive Benutzer oder für selten benutzte Systeme verwendbar ist. Durch die vielfältigen Gestaltungsdimensionen lassen sich anwendungsgerechte Lösungen schaffen. Durch den recht hohen Interaktions- und Zeitaufwand für die Darstellung und die nachfolgende Auswahlhandlung ist diese Interaktionsform für zeitkritische Anwendungen oft ungünstig.

Die ***Vorteile von Menüs*** sind:

- leicht erlernbar („natürliche" Dialogform)
- wirken als Erinnerungshilfe
- kaum syntaktische Eingabefehler möglich
- hohe Anwendungsneutralität

Die ***Nachteile von Menüs*** sind:

- benötigen viel Bildschirmplatz
- langsame Auswahl
- nur für kleine Auswahlmengen geeignet
- Parametereingabe nur durch aufwendige Kaskadierung von Menüs möglich

6.2.2 Beschriftete Funktionstasten

Eine weitere Art von selektionsorientierter Interaktionsform ist die Verwendung anwendungsgerecht beschrifteter Funktionstasten. Diese effiziente Methode wird vor allem bei Spezialsystemen (z.B. CAD-Systeme, Textsysteme) angewandt. Diese Form läßt sich prinzipiell als stationäres Menü mit einer sehr direkten Auswahltechnik (Finger als Zeigeinstrument) betrachten.

Im Unterschied zu nicht anwendungsgerecht beschrifteten Funktionstasten[11] bilden die hier beschriebenen Funktionstasten ein typisches Menü. Der Benutzer sieht den Tasten ihre Bedeutung direkt an. Er muß sich nicht wie bei Symbolen (z.B. neutral beschrifteten Funktionstasten) an die Belegung erinnern.

[11] z.B. nur mit Buchstaben- und Zahlenkombinationen beschriftet

Die ***Vorteile beschrifteter Funktionstasten*** sind:

- leicht erlernbar („natürliche" Dialogform)
- Tasten wirken als Erinnerungshilfe
- keine syntaktischen Eingabefehler möglich
- Auswahl unabhängig vom Dialog- und Bildschirmzustand immer möglich
- sehr schnelle Auswahl
- Benutzer automatisiert die Aktion schnell
- hohe Anwendungsneutralität

Die ***Nachteile beschrifteter Funktionstasten*** sind:

- nur für kleine Auswahlmengen geeignet
- keine Parametereingabe möglich
- erhöhen die Komplexität der Tastatur
- es können sich gefährliche Automatismen entwickeln
- tastaturabhängig und damit oft schlecht portabel

6.2.3 Metaphorische Dialoge

Eine in den letzten Jahren sehr beliebt gewordene Interaktionsform bedient sich dem allgemeinen Prinzip der ***Metaphorik***. Hierbei baut der Benutzer auf bereits vorhandenes, computerunabhängiges Wissen auf [Eberleh 88].

Bei dieser Art von System wird auf dem Bildschirm die Arbeitsumgebung eines Anwendungsbereichs nachgebildet, wobei die gewohnten Arbeitsobjekte (z.B. im Falle einer Büroumgebung: Dokumente, Ordner, Schränke, Papierkorb) meist als ***Piktogramme*** (Icons) dargestellt werden. Mit Hilfe eines Zeigeinstruments können diese Objekte dann ausgewählt, bewegt, gruppiert oder mit einem Editor bearbeitet werden. Die Auswirkungen auf diese Objekte sind sofort sichtbar und damit kontrollierbar. Man spricht in diesem Fall auch von ***direkter Manipulation*** [Shneiderman 83] [Kap. 8] und bezüglich der Rückkopplung vom ***WYSIWYG-Prinzip*** („What You See Is What You Get"). Die auf dem Bildschirm dargestellten Objekte müssen für den Benutzer verständlich sein und aktuelle Bezüge zur Anwendung herstellen. Werden sie manipuliert, müssen die durch sie repräsentierten Arbeitsobjekte mitverändert werden. Das Kopieren eines Dokuments auf dem Bildschirm muß also auch das Kopieren der entsprechenden internen Informationsstruktur bewirken. Das erste kommerzielle System dieser Art war der XEROX STAR [Smith et al. 82, Seybold 81]).

Neben der Nachbildung von Büroumgebungen durch die ***Desktop-Metapher*** [Abb. 6.1] werden auch technische Labors nachgebildet [Herczeg 88a, Mahling et al. 88]. Hierbei kann ausgiebig Gebrauch von vor allem graphischen Darstellungs- und Interaktionsformen zur Ein- und Ausgabe numerischer Werte gemacht werden. Derartige Darstellungs- und Interaktionsformen sind ***Diagramme*** und ***Instrumente*** [Kap. 5.5] [Abb. 6.2].

Wichtige ***Gestaltungsdimensionen metaphorischer Dialoge*** sind:

- einfache oder realitätsnahe Darstellung der Arbeitsobjekte und Werkzeuge
- generische[12] oder objektspezifische Operatoren

Der Einsatz metaphorischer Interaktionsformen bietet sich vor allem bei stark objektorientierten Anwendungen an. Dort werden vor allem Objekte bewegt, verändert, gekoppelt und gelöscht. Diese Aktivitäten lassen sich recht gut auf einen Bildschirm und ein Zeigeinstrument abbilden. Sobald jedoch Aktionen, wie das Bearbeiten umfangreicher Objektmengen, iterative Prozesse, Suche und ähnliches benötigt werden, muß die Metapher durchbrochen werden. Ein weiteres Problem ist die vom Benutzer oft überzogene Erwartung bezüglich der Abbildungstreue metaphorischer Systeme. Zur Vermeidung von Fehleinschätzungen und Enttäuschungen muß den Benutzern ein klares Systemmodell vorgezeichnet und die Grenzen des Systems offengelegt werden [Kap. 2.2].

Die ***Vorteile metaphorischer Dialoge*** sind:

- kurze Einlernzeit
- Wissenstransfer aus anderen Wissensgebieten
- hohe Akzeptanz bei Benutzern

Die ***Nachteile metaphorischer Dialoge*** sind:

- Bearbeitung großer Objektmengen aufwendig
- Beschreibung von Kontrollstrukturen kaum möglich (z.B. Iteration, Suche)
- Benutzer überschätzen die Fähigkeiten der Systeme

---

[12] Erzeugen, Löschen, Bewegen, Kopieren etc.

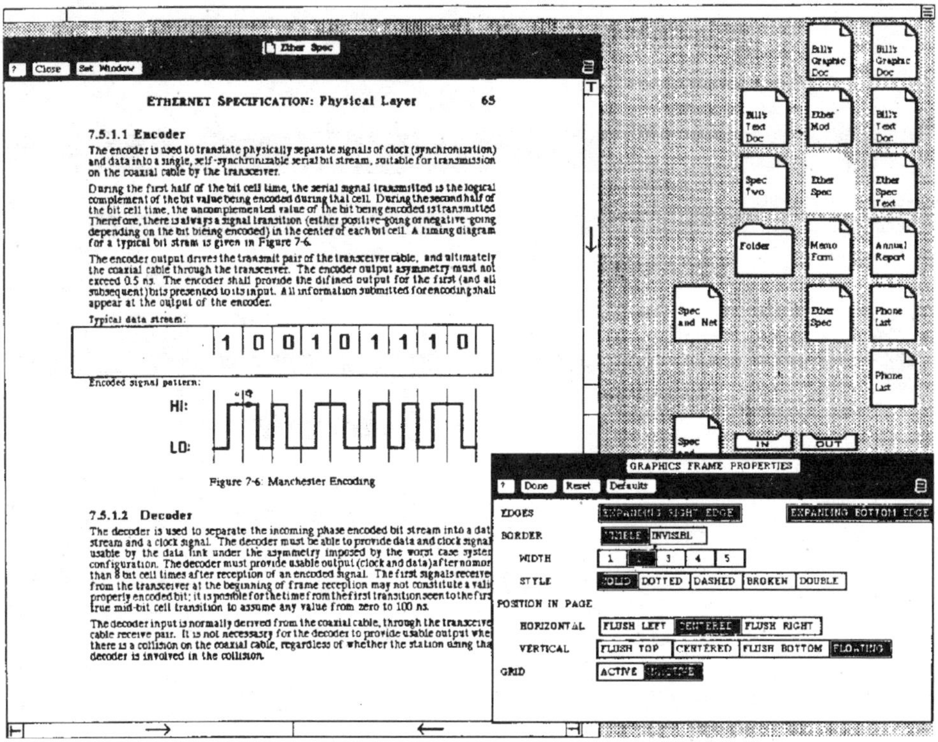

Abbildung 6.1: Das Desktop-System XEROX STAR (aus [Seybold 81])

6.2.4 Netze

Eine immer wichtiger werdende selektionsorientierte Interaktionsform ist die Darstellung manipulierbarer Netze. Netze sind in der Lage, komplexe ***Beziehungen (Relationen) zwischen Arbeitsobjekten*** zu repräsentieren [Abb. 6.3]. Durch entsprechende Darstellungen der Netzknoten lassen sich auch Objekteigenschaften vielfältig visualisieren. Insbesondere im Bereich des Entwurfs oder der Analyse komplexer Systeme ist diese Interaktionsform hilfreich.

Durch die breite Verfügbarkeit von hochauflösenden Graphikbildschirmen ist die Darstellung und Manipulation von Netzen auf dem Bildschirm mit vertretbarem Aufwand und in benutzergerechter Art und Weise realisierbar.

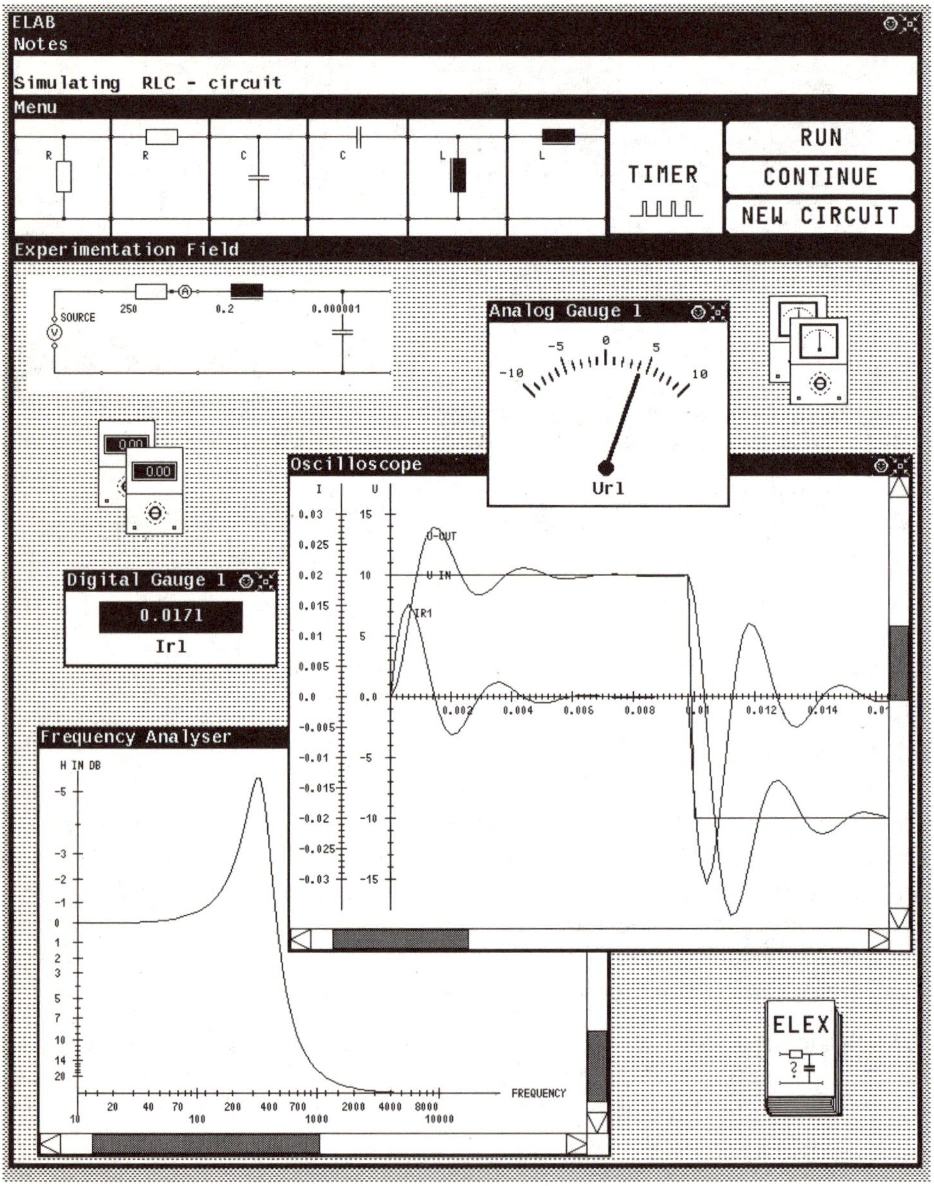

Abbildung 6.2: Die Labor-Metapher von ELAB (aus [Herczeg/Herczeg 88])

Die ***Gestaltungsmöglichkeiten bei Netzdarstellungen*** sind vielfältig:

- spezielle Darstellungen von Knoten (z.B. Texte, Piktogramme, graphische Elemente) und Kanten (z.B. verschiedene Linientypen, Beschriftungen, Pfeile)
- Spezialformen (z.B. Bäume, Sequenzen)
- automatisches oder manuelles Layout
- freie oder gerasterte Position von Knoten
- Filter für Objekte und Relationen

Die ***Vorteile von Netzdarstellungen*** sind:

- bei wenigen Objekten und Relationen übersichtlicher als symbolische Darstellungen
- direkte Manipulation möglich

Die ***Nachteile von Netzdarstellungen*** sind:

- benötigen viel Bildschirmplatz
- angemessenes automatisches Layout ist schwierig und zeitaufwendig
- Überschneidungen von Kanten sind oft nicht zu vermeiden
- bei vielen Objekten oder Relationen oft unübersichtlich

6.3 Hybride Interaktionsformen

Deskriptive und deiktische Interaktionsformen treten meist als Mischformen auf, um die Vorzüge beider Formen ausnutzen zu können. Im folgenden wird eine unvollständige Auswahl solcher hybrider Interaktionsformen aufgezählt.

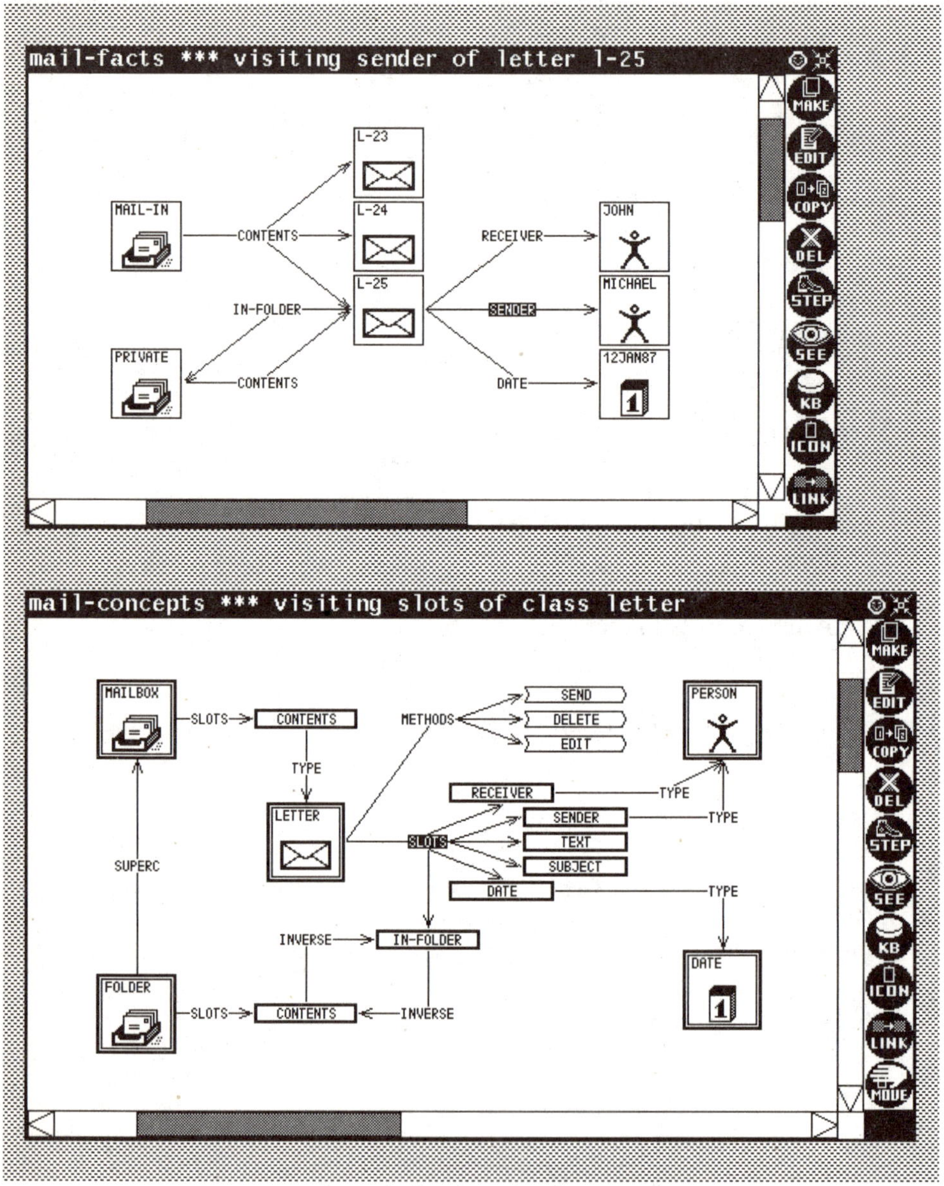

Abbildung 6.3: Beispiel einer Netzdarstellung [Riekert 86]

6.3.1 Formulare

Anstatt eines einzigen Eingabefeldes bieten Formulare eine beliebige Anzahl davon an. Nach Selektion des gewünschten Feldes kann die Beschreibung (das Füllen) des Feldinhalts mit anwendungsabhängiger Bedeutung und Wirkung stattfinden. Meist werden Formulare zur Beschreibung von Objektattributen oder auch für Parameter bei komplexen Operationen verwendet.

Die ***Gestaltungsmöglichkeiten für Formulare*** sind reichhaltig:

- Feldgrößen
- Schriftformen (Fonts)
- Layout
- mehr oder weniger funktionale Editoren in den Feldern
- automatische oder manuelle Feldfortschaltung
- Filter zur Auswahl der dargestellten Felder

Die ***Vorteile von Formularen*** sind:

- „gewohnte“ Interaktionsform
- hohe Anwendungsneutralität

Die ***Nachteile von Formularen*** sind:

- benötigen viel Bildschirmplatz
- angemessenes automatisches Layout ist schwierig
- häufig sind momentan unwichtige Felder sichtbar

6.3.2 Property- und Option-Sheets

Eine besondere Form von Formularen sind sogenannte ***Property-Sheets für Objekte*** oder ***Option-Sheets für Operationen***. Sie bieten eine Reihe von Attribut- bzw. Parameterfeldern, die entweder als Textfelder oder als Menüs gestaltet sind. Auf diese Weise sind Objekt- oder Operationsbeschreibungen mit eingeschränkten Wertebereichen der Attribute oder Parameter vom Benutzer einfach vorzunehmen.

6.3.3 Menüs mit Texteingabe

Kombiniert man Menüs mit einem Texteingabefeld oder einer unsichtbaren Texteingabemöglichkeit, so läßt sich anstatt durch die Zeigehandlung auch durch eine deskriptive Tastatureingabe aus dem Angebot auswählen. Vielfach werden die Menüelemente durchnumeriert oder durch Kürzel markiert. Die Eingabe dieser Markierungen führt dann zur Auswahl. Als Eingabe kann bei Textmenüs auch der eindeutig abgekürzte Text des Menüelements selbst dienen. Solche effiziente Eingabetechniken erlauben dem Benutzer mit den Händen auf der alphanumerischen Tastatur zu bleiben. Dies bietet sich insbesondere an, wenn neben der Menüauswahl vor allem Text eingegeben wird.

Kapitel 7

Dialoggestaltung

Unter einem ***Dialog*** verstehen wir mehr als die im Kapitel 6 beschriebenen einzelnen Interaktionsformen. Ein Dialog ist die Synthese solcher Interaktionsformen mit verschiedenen Unterstützungskomponenten für Kontextverwaltung, Hilfe, Individualisierung und zur Verwaltung der Dialoghistorie. Durch eine solche Synthese erhalten wir ein Kommunikationsmedium, das Präsentations-, Verhaltens-, Zustands- und Unterstützungseigenschaften besitzt. Man bezeichnet diese Eigenschaften teilweise als ***„Look and Feel"*** einer Benutzungsschnittstelle.

Die Hauptaufgabe der Software-Ergonomie ist die Bereitstellung von Empfehlungen und Richtlinien zur Modellierung von Dialogen sowie die Erarbeitung von Kriterien zu ihrer Bewertung. Da wichtige Rahmenbedingungen zum Einsatz eines Computersystems sehr zahlreich und variabel sind, können im allgemeinen nur Mindestanforderungen und unscharfe Empfehlungen gegeben werden. Die Rahmenbedingungen entspringen u.a.

- den sensorischen und motorischen Fähigkeiten der Benutzer,
- den psychischen Fähigkeiten der Benutzer zur Informationsaufnahme und Informationsverarbeitung,
- den speziellen Fertigkeiten, Fähigkeiten und Kenntnissen der potentiellen Benutzerklasse,
- der mit dem System zu bewältigenden Aufgabe,
- der Häufigkeit der Nutzung des Systems,
- der Relevanz der Arbeitsergebnisse,
- der zu verwendenden Benutzerhardware
- sowie dem Arbeitsplatz und seiner Umgebung.

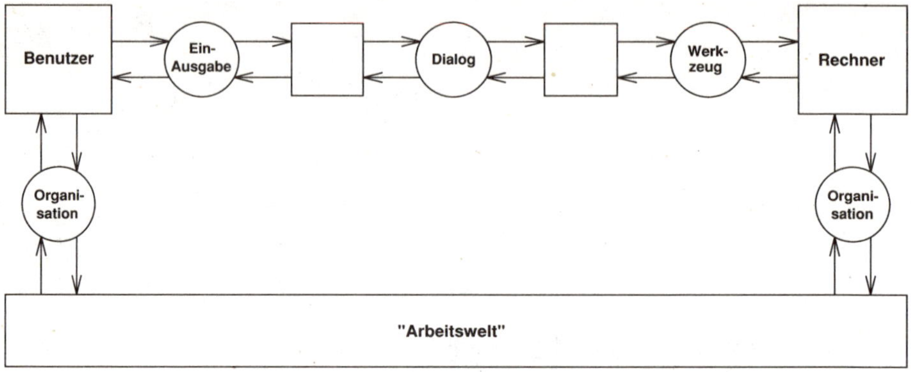

Abbildung 7.1: Das IFIP-Modell für Benutzungsschnittstellen (nach [Dzida 83, Dzida 88])

Insbesondere die Grenzen der menschlichen Informationsaufnahme und Informationsverarbeitungsfähigkeit [Kap. 4] sowie bekannte, typische Unzulänglichkeiten vieler Computersysteme führen zu einer Reihe von ***Minimalanforderungen***, die teilweise bereits in ***Normen*** Niederschlag gefunden haben (siehe Anhang B).

7.1 Gestaltungsgrundsätze für Dialoge

Zur Gestaltung, Bewertung und zum Vergleich von Benutzungsschnittstellen und ihren Dialogen benötigt man ***Kriterien***. Solche Kriterien können keine einfachen Meßgrößen liefern, die unter Zuhilfenahme einer Metrik zu einer eindeutigen Qualitäts- oder Eignungsabschätzung führen. Die Realisierungen von Benutzungsschnittstellen sind sehr inhomogene, vieldimensionale Gebilde, die sich weitgehend einer direkten, objektiven Messung entziehen. Dennoch gibt es eine Reihe von Begriffen, Grundsätzen und Kriterien, die es erleichtern, gute und schlechte Qualitätsmerkmale zu beschreiben, zu ordnen und vorhandene oder zu erwartende Probleme zu isolieren.

Im sogenannten ***IFIP-Modell für Benutzungsschnittstellen*** [Dzida 83, Dzida 88] [Kap. 2.1] wurden eine Reihe von ***Gestaltungsgrundsätzen*** aufgeführt und in einem analytischen Modell für Benutzungsschnittstellen verankert [Abb. 7.1 u. 7.2].

Die ***Ein- und Ausgabeschnittstelle*** definiert die Regeln für die Eingaben des Benutzers und für die Ausgaben des Systems. Die ***Eingaberegeln*** beschreiben die Bedienung der Eingabegeräte wie Tastatur und Zeigeinstrument. Die ***Ausgaberegeln*** legen fest, in welcher Art und Weise die Objekte und Operationen der Anwendung für den Benutzer dargestellt werden [Kap. 5 u. 6].

Abbildung 7.2: Gestaltungsgrundsätze in Anlehnung an das IFIP-Modell (nach [Dzida 83, Dzida 88])

Die ***Dialogschnittstelle*** definiert vor allem die Interaktionsformen [Kap. 6], zur Verfügung stehende Unterstützungskomponenten [Kap. 10, 11 u. 13], Methoden zur Dialogsteuerung sowie die Regeln zur Fehlerbehandlung.

Unter ***Werkzeugschnittstelle*** versteht man die Regeln zum Zugriff des Benutzers auf die Werkzeuge der Anwendung (Anwendungsfunktionen), zur Koppelung von Werkzeugen sowie zur Kombination von Werkzeugen zu neuen Werkzeugen (Makrobildung).

Dieses IFIP-Modell für Benutzungsschnittstellen diente als Grundlage zur Definition der ***DIN-Norm 66234 Teil 8*** sowie dem ***ISO-Standard 9241 Part 10*** mit Grundsätzen zur Dialoggestaltung. Die DIN 66234 Teil 8 beschreibt fünf Gestaltungsgrundsätze, die der Dialogschnittstelle zugerechnet werden:

1. **Aufgabenangemessenheit**
2. **Selbstbeschreibungsfähigkeit**
3. **Steuerbarkeit**
4. **Erwartungskonformität**
5. **Fehlerrobustheit**

Durch den neueren ISO-Standard 9241 Part 10 wird die DIN 66234 Teil 8 um zwei weitere Gestaltungsgrundsätze ergänzt, die sich allerdings noch in einem Vorschlagsstadium befinden:

1. **Individualisierbarkeit**
2. **Lernförderlichkeit**

Bei der Anwendung der Grundsätze sind die Kenntnisse, Erfahrungen und Fertigkeiten von Benutzern zu berücksichtigen.

7.1.1 Aufgabenangemessenheit

Das Kriterium ***Aufgabenangemessenheit*** wird in der DIN 66234 Teil 8 folgendermaßen definiert:

> „Ein Dialog ist aufgabenangemessen, wenn er die Erledigung der Arbeitsaufgabe des Benutzers unterstützt, ohne ihn durch Eigenschaften des Dialogsystems unnötig zu belasten."
>
> *(Zitat: DIN 66234 Teil 8)*

Aus diesem Grundsatz werden in der DIN-Norm verschiedene Folgerungen gezogen:

> „Tätigkeiten, die sich aus der technischen Eigenart des Dialogsystems ergeben, sollen im allgemeinen durch das Dialogsystem selbst ausgeführt werden."
>
> *(Zitat: DIN 66234 Teil 8)*

Die erwähnten Tätigkeiten, die sich aus der technischen Eigenart des Dialogsystems ergeben, sind die ***internen Aufgaben***, die nicht direkt aus den ***externen Aufgaben*** entstehen [Kap. 3.1.3]. Läßt man derartige systembedingte interne Aufgaben vom Computersystem selbst erledigen, so bleibt letztendlich für den Benutzer nur die Bearbeitung der externen Aufgaben übrig. Dies führt zu einer idealen und transparenten Arbeitsgestaltung. Das mentale Modell des Benutzers kann dann direkt auf der Basis des Wissens über den Anwendungsbereich gebildet werden.

> „Der Dialog soll den Arbeitsaufgaben angepaßt sein. Bei der Dialoggestaltung sind insbesondere deren Komplexität sowie Art und Umfang der Information, die der Benutzer zu verarbeiten hat, zu berücksichtigen."
>
> „Art und Form der Eingabe sollen der Arbeitsaufgabe angepaßt sein."
>
> *(Zitat: DIN 66234 Teil 8)*

Die Art der Informationseingabe sowie die Informationsdarstellung [Kap. 5] sollte sich in erster Linie an der Arbeitsaufgabe orientieren. Wie in der [Abb. 2.1] symbolisiert, leitet sich die Informationseingabe als Artikulationsprozeß letztendlich aus der Arbeitsaufgabe ab. Die Informationsausgabe sollte die Eingabe widerspiegeln und so einerseits einen klaren Bezug herstellen und andererseits die Wiederverwendung der Ausgaben als Eingaben ermöglichen. Dies ermöglicht das Prinzip der ***interreferenziellen Ein-/Ausgabe*** [Kap. 2.3.4 u. 8.3].

> „Die im Dialog verfügbaren Arbeitsmittel sollten vom Benutzer an regelmäßig wiederkehrende Arbeitsaufgaben angepaßt werden können."
>
> „Existieren für eine Arbeitsaufgabe Eingabevorbelegungen (z.B. Werte, die standardmäßig vorgegeben sind), soll dem Benutzer die Eingabe solcher Werte erspart werden. Vorgabewerte sollten durch andere Werte oder durch andere Vorgabewerte geändert werden können."
>
> *(Zitat: DIN 66234 Teil 8)*

Durch die Bildung von ***Makros*** [Kap. 13.3] kann der Benutzer in Form einfacher Programmierung das aufgabenbedingte Wiederholen von Aktivitäten vereinfachen. Auch das benutzer- oder aufgabenspezifische Vorgeben häufiger oder wahrscheinlicher Eingabewerte durch ***Voreinstellungen*** erleichtert die Durchführung von vor allem Routineaufgaben und steigert die Effizienz der Kommunikation [Kap. 2.3.4 u. 12.2.3]. Weitere Möglichkeiten zur Individualisierung von Systemen finden sich in Kapitel 12.

> „Wenn es für Vergleichszwecke erforderlich ist, sollen während der Erledigung einer Arbeitsaufgabe, bei der Daten geändert werden, die ursprünglichen Daten erhalten bleiben und wieder abrufbar sein; dies kann auch für fehlerhafte und unvollständige Daten gelten."
>
> *(Zitat: DIN 66234 Teil 8)*

Software-Ergonomie wird oft ausschließlich als die Anpassung von Systemen an Benutzer mißverstanden. Die effiziente Kommunikation zwischen Benutzer und System kann jedoch nur erfolgen, wenn das System auch an die ***Belange der Aufgaben*** angepaßt wird [Kap. 2.3.4]. Hierbei kann es durchaus auch zu Kompromissen bei der benutzergerechten Gestaltung kommen. Die Voraussetzung für eine aufgabenangemessene Benutzungsschnittstelle ist eine ausgiebige Aufgabenanalyse [Kap. 3].

7.1.2 Selbstbeschreibungsfähigkeit

Nach DIN 66234 Teil 8 gilt:

> „Ein Dialog ist selbstbeschreibungsfähig, wenn dem Benutzer auf Verlangen Einsatzzweck sowie Leistungsumfang des Dialogsystems erläutert werden können und wenn jeder einzelne Dialogschritt unmittelbar verständlich ist oder der Benutzer auf Verlangen dem jeweiligen Dialogschritt entsprechende Erläuterungen erhalten kann."
>
> „In Ergänzung zur Benutzerschulung sollen diese Erläuterungen dazu beitragen, daß sich der Benutzer für das Verständnis und für die Erledigung der Arbeitsaufgabe zweckmäßige Vorstellungen von den Systemzusammenhängen machen kann; z.B. über Umfang, Aufgaben, Aufbau und Steuerbarkeit des Dialogsystems, über Benutzung dieser Erläuterungen, über Umgang mit Fehlermeldungen."
>
> *(Zitat: DIN 66234 Teil 8)*

Die Erklärungen sollen dem Benutzer dazu dienen, sich ein adäquates und transparentes Bild vom zu bedienenden Anwendungssystem zu entwickeln (***Modell des Benutzers vom System B(S(A))***) [Kap. 2.2]. Die Qualität dieses Modells ist ausschlaggebend für die effiziente und korrekte Benutzung.

> „Erläuterungen sollen an die allgemein üblichen Kenntnisse der zu erwartenden Benutzer angepaßt sein (z.B. in deutscher Sprache, unter Benutzung beruflicher Fachausdrücke). Dem Benutzer sollen nach Art und Umfang verschiedene Erläuterungen verfügbar sein."
>
> *(Zitat: DIN 66234 Teil 8)*

Die Hilfestellungen sollten an die allgemein üblichen Kenntnisse des Benutzers angepaßt sein. So ist die geeignete ***Sprache mit Fachbegriffen*** aus dem für den Benutzer bekannten Anwendungsbereich zu verwenden.

> „Beschreibungen sollen situationsabhängig gegeben werden, um ihren Wert für den Benutzer zu erhöhen."
>
> *(Zitat: DIN 66234 Teil 8)*

Die Erklärungen sollen ***kontextabhängig***, also an dem jeweils aktuellen Dialog- und Anwendungszustand orientiert sein. Dies schränkt die angebotene Hilfeinformation auf die momentan relevante Information ein, ohne daß der Benutzer darauf Einfluß nehmen müßte. Benutzer sind oft mangels detaillierter Kenntnisse vom System nicht selbst in der Lage, die Information situationsgerecht auszuwählen. Der Umfang und die Codierung (Darstellungsform) von Hilfeinformationen sollten jedoch durchaus vom Benutzer beeinflußbar sein, sofern sie nicht vom Anwendungsbereich oder der Arbeitsaufgabe erzwungen werden.

Die Hilfestellungen können passiver und aktiver Art sein. Passive Hilfe tritt durch die unmittelbare Verständlichkeit eines Systems oder durch vom Benutzer abrufbare Hilfestellungen ein. Aktive Hilfe wären Erklärungen des Systems, die der Benutzer automatisch nach Bedienfehlern oder suboptimalem Verhalten erhält. Da in der DIN Mindestanforderungen formuliert wurden, wurde aktive Hilfe nicht gefordert.

Eine ausführliche Klassifikation und Beschreibung interaktiver Hilfe findet sich in Kapitel 11.

7.1.3 Steuerbarkeit

Bei der Kommunikation zwischen Benutzer und Computer ergeben sich zu jedem Zeitpunkt des Dialogs prinzipiell zwei Möglichkeiten, die Kompetenz zur Steuerung des Dialogs zu lokalisieren. Entweder liegt die ***Kontrolle*** (***Initiative***), d.h. die Entscheidung wie das System weiter zu verfahren hat, beim Benutzer oder beim System. Betrachtet man den gesamten Dialog, so kann die Kontrolle auch wechseln. Somit lassen sich nach diesem Gesichtspunkt drei Dialogtypen unterscheiden:

Systemgesteuerter Dialog: Die Dialogkontrolle liegt beim System, d.h. das System fordert Eingaben vom Benutzer an, verarbeitet diese und wiederholt den Vorgang. Der Benutzer hat dabei keinen Einfluß auf die nächste Eingabe oder die als nächstes auszuführenden Systemaktivitäten.

Benutzergesteuerter Dialog: Die Dialogkontrolle liegt beim Benutzer, d.h. der Benutzer initiiert Aktionen, die dann sequentiell oder parallel ablaufen und Ergebnisse oder die Fertigstellung zurückmelden. Das System kann keine Initiative ergreifen.

Gemischter (hybrider) Dialog: Die Dialogkontrolle wechselt während der Arbeit mit dem System. Der Wechsel kann wiederum system- oder benutzerinitiiert sein.

In praktisch allen Systemen liegt bei genauer Betrachtung gemischte Kontrolle vor. Es gibt jedoch gravierende Unterschiede in der Dominanz system- oder benutzerorientierter Kontrolle. In frühen dialogfähigen Computersystemen herrschte jeweils eine der Interaktionsformen stärker vor. Die Dialoge bestanden im wesentlichen aus einfachen, teletype-orientierten Abfragen durch die Systeme oder aus benutzergesteuerter Kommandoeingabe. Stärker gemischte Formen entwickelten sich vor allem durch die ***Menü- und Maskensysteme***, bei denen der Benutzer durch Menüauswahl die Arbeitsmaske aktiviert, die dann mehr oder weniger systemkontrolliert ausgefüllt wird. Viel Benutzersteuerung liegt heute bei ***direkt manipulativen Systemen*** vor, bei denen die Benutzer Objekte und Operationen zu Aktivitäten zusammensetzen.

Die DIN 66234 Teil 8 definiert zum Thema Steuerbarkeit:

> „Ein Dialog ist steuerbar, wenn der Benutzer die Geschwindigkeit des Ablaufs sowie die Auswahl und Reihenfolge von Arbeitsmitteln oder Art und Umfang von Ein- und Ausgaben beeinflussen kann."
> *(Zitat: DIN 66234 Teil 8)*

Der Benutzer soll die ***Geschwindigkeit des Systems*** an seine indiviuelle Arbeitsgeschwindigkeit anpassen können, d.h. er soll keinen Arbeitstakt auferlegt bekommen. Systemmeldungen sollen nicht zeitabhängig vom Bildschirm gelöscht werden. Der Arbeitsweg und die Arbeitsmittel sollen, soweit es die Erledigung der Arbeitsaufgabe erlaubt, durch den Benutzer frei gewählt werden können. Der Dialogablauf sollte also im wesentlichen ***benutzergesteuert*** sein.

Informationen, die der Benutzer zur Kontrolle oder zur weiteren Planung des Arbeitsablaufs benötigt, sollen jederzeit ohne Verlust des momentanen Arbeitskontextes einsehbar sein. Es sollten also mehrere ***unterbrechbare und wiederaufsetzbare Teildialoge*** möglich sein [Kap. 10].

> „Der letzte Dialogschritt soll, soweit seine Folgen reversibel sind und die Arbeitsaufgabe es zuläßt, zurückgenommen werden können. Die Rücknehmbarkeit mehrerer zusammenhängender Dialogschritte ist wünschenswert. Die Rücknahme muß in einen Zustand zurückführen, der dem vor dieser Folge entspricht. Enthält der Dialog Verarbeitungsprozesse von großer Tragweite, so sollen diese erst nach einer besonderen Benutzerentscheidung ausgeführt werden können."
> *(Zitat: DIN 66234 Teil 8)*

Unter der Steuerbarkeit wird hier in der DIN sogar die ***Stornierbarkeit von Aktionen (Undo)*** einbezogen. Der Benutzer soll praktisch jederzeit wieder zu einem früheren Dialogzustand zurückkehren können [Kap. 13.4].

Unter dem Ziel der Steuerbarkeit von Dialogen wird in der DIN vornehmlich eine ***Orientierung zu benutzergesteuerten Dialogen*** empfohlen. Dies gibt dem Benutzer eine möglichst hohe Freiheit in der Bearbeitung der Arbeitsaufgaben. Diese ausgeprägte Steuerbarkeit ist allerdings nicht immer ideal. Insbesondere bei Tätigkeiten mit hohem Sicherheitsbedürfnis, wie der Kontrolle oder Steuerung sensitiver Systeme (Flugzeuge, Kraftwerke, Produktionsanalagen) sowie bei Tätigkeiten mit komplexen Abhängigkeiten zwischen Aktionen ist eine Systemsteuerung vorzuziehen.

Bei manchen Tätigkeiten wäre es wünschenswert, wenn der Benutzer die Kontrolle jederzeit an das System übergeben oder vom System übernehmen könnte. Dies ist eine Art Kontrolle zweiter Ordnung, nämlich die ***Kontrolle der Dialogkontrolle***. Eine derartige Kontrolle besitzen Flugzeugpiloten durch die Zu- und Abschaltbarkeit eines Autopiloten, um so den Anforderungen eines der komplexesten Mensch-Computer-Systeme gerecht zu werden.

7.1.4 Erwartungskonformität

Durch die Arbeit mit einem oder mehreren Computersystemen entwickeln Benutzer Erfahrungen und damit Erwartungen an die Systeme. Während die Erfahrungen immer mehr ausgeweitet werden, werden die Erwartungen immer weiter eingeschränkt, da die Benutzer immer genauer wissen, wie sich ein System zu verhalten hat. Die Qualität von Systemen sollte daher nicht nur an den Fähigkeiten der Systeme gemessen werden, sondern auch daran, inwiefern die Systeme die Erwartungen von Benutzern erfüllen. Zu diesem Zweck werden die Begriffe ***Erwartungskonformität*** und ***Konsistenz*** eingeführt.

Unter der Erwartungskonformität wird in DIN 66234 Teil 8 folgendes verstanden:

> „Ein Dialog ist erwartungskonform, wenn er den Erwartungen der Benutzer entspricht, die sie aus Erfahrungen mit bisherigen Arbeitsabläufen oder aus der Benutzerschulung mitbringen sowie den Erfahrungen, die sie sich während der Benutzung des Dialogsystems und im Umgang mit dem Benutzerhandbuch bilden."
>
> „Das Dialogverhalten innerhalb eines Dialogsystems soll einheitlich sein. Uneinheitliches Dialogverhalten würde den Benutzer zu starker Anpassung an wechselhafte Durchführungsbedingungen seiner Arbeit zwingen, das Lernen erschweren und unnötige Belastung mit sich bringen."
>
> „Bei ähnlichen Arbeitsaufgaben soll der Dialog ähnlich gestaltet sein, damit er den Erwartungen des Benutzers hinsichtlich des gewohnten Arbeitsablaufs gerecht wird."
>
> *(Zitat: DIN 66234 Teil 8)*

Mit dem Begriff der ***Einheitlichkeit*** wird die Konsistenz von Dialogen angesprochen. Man muß dabei allerdings wenigstens drei Arten von ***Konsistenz*** unterscheiden [Herczeg 86]:

innere Konsistenz: Konsistenz der Dialoge innerhalb eines Anwendungssystems. Dies entspricht dem oben genannten Begriff der Erwartungskonformität.

äußere Konsistenz: Konsistenz der Dialoge zwischen verschiedenen Anwendungssystemen.

metaphorische Konsistenz: Konsistenz der Dialoge mit der realen (physikalischen) Arbeitswelt.

Insbesondere die metaphorische Konsistenz ist ein hilfreiches Konzept bei der Entwicklung von Dialogsystemen. Hierbei werden Objekte und Aktionen der bekannten, oft manuellen Arbeitswelt auf den Computer abgebildet [Kap. 6.2.3 u. 8.5.4]. Die Benutzer können dann vorhandene Erfahrungen und Problemlösungsstrategien direkt anwenden. Ein Beispiel für derartige Konsistenz findet sich bei ***Desktop-Systemen***, die die Bürowelt auf dem Bildschirm abbilden (siehe z.B. [Smith et al. 82, Williams 84]).

Inkonsistente Systeme zwingen Benutzer zu einer ständigen Neuanpassung und verhindern die Bildung eines brauchbaren Modells vom System [Kap. 2.2]. Eine unnötige Belastung der Benutzer ist die Folge.

7.1.5 Fehlerrobustheit

Während jeder Interaktion zwischen Mensch und Computer können Fehler des Benutzers auftreten. Es gibt ein Spektrum der ***unterschiedlichsten Fehlerarten***. Eine generelle psychologische Klassifizierung von Fehlern findet sich in [Norman 81], während die Betrachtung von Fehlern in Mensch-Arbeit-Systemen in [Rasmussen 85b] diskutiert wird. Auch anhand des Modells der Mensch-Computer-Kommunikation [Abb. 2.1] lassen sich Fehler auf verschiedenen Ebenen von Benutzeraktivitäten einstufen.

Fehler gehen auf unterschiedliche Ursachen zurück. Sie sind nur in der jeweiligen Situation und unter Berücksichtigung bestimmter Intentionen des Benutzers interpretierbar und bedürfen daher meist spezifischer Behandlung. Wenn sich trotz einer differenzierten Fehlerbetrachtung allgemeine Maßnahmen zur Fehlerbehandlung beschreiben lassen, so liegt dies vor allem daran, daß einige Fehlersituationen und Fehlertypen häufig vorkommen und daher vorrangig zu berücksichtigen sind.

Die DIN 66234 Teil 8 beschreibt einige Grundsätze zur Realisierung und Bewertung fehlerrobuster Systeme:

> „Ein Dialog ist fehlerrobust, wenn trotz erkennbar fehlerhafter Eingaben das beabsichtigte Arbeitsergebnis mit minimalem oder ohne Korrekturaufwand erreicht wird. Dazu müssen dem Benutzer die Fehler zum Zwecke der Behebung verständlich gemacht werden."

> „Eingaben des Benutzers dürfen nicht zu undefinierten Systemzuständen oder zu Systemzusammenbrüchen führen können. Es kann zweckmäßig sein, eindeutig korrigierbare Fehler automatisch zu korrigieren und den Verarbeitungsprozeß fortzusetzen. Hierbei ist es im allgemeinen sinnvoll, dem Benutzer die Durchführung der Korrektur in einer für ihn verständlichen Form mitzuteilen. Das automatische Korrigieren muß abschaltbar sein."
>
> „Wenn ein Fehler auf verschiedene Weise vom System behoben werden kann, sollten dem Benutzer Korrekturalternativen zur Auswahl angeboten werden, ohne die Möglichkeit zur Neueingabe auszuschließen."
> *(Zitat: DIN 66234 Teil 8)*

Auf ***automatisch korrigierte Fehler*** (z.B. automatische Tippfehlerkorrektur) sollte der Benutzer hingewiesen werden, ohne daß der weitere Dialogablauf behindert wird. Erfolgt dies nicht, so kann es in späteren Dialogsituationen zu unerwartetem Systemverhalten kommen.

Fehlermeldungen sollten so codiert werden, daß sie die ***Aufmerksamkeit des Benutzers*** auf sich ziehen [Kap. 5]. Vor allem die Farbe und Blinken als sehr wirksame Codierungstechniken werden für schwerwiegende und unbedingt zu erfassende Fehlermeldungen eingesetzt. Für unbedeutende Fälle sollten Fehlermeldungen auch abschaltbar sein.

> „Fehlermeldungen sind verständlich, sachlich und konstruktiv zu formulieren. Sie sollten einheitlich strukturiert werden (z.B. nach Fehlerart, möglichen Fehlerursachen und Möglichkeiten der Fehlerberichtigung). Fehlermeldungen dürfen keine Werturteile enthalten . . . "
> *(Zitat: DIN 66234 Teil 8)*

Eine ***in Stufen wählbare Ausführlichkeit*** von Fehlermeldungen ist hilfreich. Es erlaubt dem naiven Benutzer die ausführliche Untersuchung des Fehlers, ohne dem erfahrenen Benutzer zur Last zu fallen.

Die beste Art Fehler zu vermeiden, ist, sie von vornherein unmöglich zu machen. So sind bei einigen Systemen, vor allem bei metaphorischen Systemen, praktisch keine Bedienfehler mehr möglich. Semantische Fehler lassen sich allerdings kaum vermeiden. Hier spielt vor allem die Bildung eines korrekten mentalen Modells die tragende Rolle, da hier der Fehler als Abweichung zwischen Intention und Wirkung auftritt [Kap. 2.2].

7.2 „Acht goldene Regeln des Dialogdesigns“

Shneiderman formuliert acht Regeln, die bei der Entwicklung nahezu jeden interaktiven Systems anwendbar sind [Shneiderman 92].

Diese acht Regeln finden sich weitgehend auch in der DIN 66234 Teil 8 sowie in der ISO 9241 Part 10 wieder. Sie wurden von Shneiderman jedoch weniger abstrakt formuliert und sind daher leichter anzuwenden. Diese Vereinfachung birgt natürlich auch die Gefahr einer Mißinterpretation in komplexeren Situationen.

1. ***Versuche Konsistenz zu erreichen.*** Dieses Prinzip wird am häufigsten verletzt, obwohl es mit am einfachsten zu erreichen ist. Aus ähnlichen Situationen sollten ähnliche Aktionsfolgen resultieren. In Prompts, Menüs und Hilfeinformationen sollten identische Begriffe verwendet werden.

2. ***Biete erfahrenen Benutzern Abkürzungen an.*** Je häufiger ein System benutzt wird, desto größer ist der Wunsch nach weniger Interaktionen, um schneller vorwärts zu kommen. Abkürzungen, Funktionstasten, versteckte Kommandos und Makros sind nützliche Hilfsmittel, dies zu erreichen.

3. ***Biete informatives Feedback.*** Jede Aktion sollte eine sichtbare Systemreaktion bewirken. Der Umfang des Feedbacks sollte sich an der Tragweite der Aktion orientieren. Die Visualisierung der Arbeitsobjekte ist eine gute Möglichkeit, Änderungen zu verdeutlichen.

4. ***Dialoge sollten abgeschlossen sein.*** Aktionsfolgen sollten einen Beginn, eine Mitte und ein Ende besitzen. Der Benutzer ist erleichtert, wenn er eine solche Abfolge komplett durchlaufen hat und kann sich auf die nächste Aufgabe konzentrieren.

5. ***Biete einfache Fehlerbehandlung.*** Es sollte grundsätzlich nicht möglich sein, schwerwiegende Fehler zu begehen. Falls ein Fehler passiert ist, sollte das System diesen erkennen und eine einfache Fehlerbehandlung anbieten.

6. ***Biete einfache Rücksetzmöglichkeiten.*** Aktionen sollten zurücknehmbar sein. Dies nimmt dem Benutzer die Angst bei der Arbeit, da jederzeit die Sicherheit besteht, zum Zustand vor einer Aktion zurückkehren zu können.

7. ***Unterstütze benutzergesteuerten Dialog.*** Erfahrene Benutzer wollen das Gefühl haben, den Dialog im Griff zu haben. Unerwartete Systemreaktionen, lange Dateneingabesequenzen, Schwierigkeiten, benötigte Informationen abzurufen oder gewünschte Aktionen zu initiieren, führen zu Angst und Unzufriedenheit.

8. ***Reduziere die Belastung des Kurzzeitgedächtnisses.*** Die Beschränkung des menschlichen Kurzzeitgedächtnisses erfordert einfache Bildschirminhalte sowie Hilfemöglichkeiten für Syntaxformen, Abkürzungen und Codes.

Kapitel 8

Direkte Manipulation

Es gibt eine Klasse von Computersystemen, deren Benutzung aus Sicht der Benutzer besonders einfach erscheint. Beispiele für derartige Systeme sind viele Text- und Graphikeditoren, Tabellenkalkulatoren (Spreadsheets), Computerspiele und die Gruppe der sogenannten Desktop-Systeme. Diese Systeme haben eines gemeinsam: Sie visualisieren Objekte der Anwendung, die Gegenstand der Bearbeitung sind, auf eine natürliche, d.h. erwartungskonforme Art und Weise [Kap. 7.1.4] und bieten einfach anzuwendende Operatoren an, mit denen diese Objekte manipuliert werden können.

Für die derartigen Systemen zugrunde liegende Kommunikationsform wurde der Begriff ***„Direkte Manipulation“*** geprägt (siehe z.B. [Shneiderman 83, Hutchins et al. 86]).

8.1 Grundkonzepte

Shneiderman führt die ***Qualität direkter Manipulation*** vor allem auf die folgenden Systemeigenschaften zurück [Shneiderman 92]:

1. ***ständige Visualisierung*** der Objekte und Werkzeuge der Anwendung
2. ***physische Aktionen*** (Mausbewegungen, Joystick etc.) oder Benutzung beschrifteter Tasten anstelle komplexer Syntax
3. ***schnelle, inkrementelle, reversible Aktionen,*** deren Wirkung auf die Arbeitsobjekte sofort sichtbar ist (Undo-Funktion)

Aufbauend auf diesen Grundkonzepten lassen sich nach Shneiderman Systeme konstruieren, die eine Vielzahl von Vorzügen aufweisen, beispielsweise:

- Anfänger erlernen die Grundfunktionalität schnell, meist durch die Vorführung eines erfahreneren Benutzers.
- Gelegenheitsbenutzer können sich die Grundkonzepte merken.
- Fehlermeldungen werden nur noch selten benötigt.
- Benutzer sehen sofort, ob die ausgeführten Aktionen Annäherungen an die Arbeitsziele waren und können, falls dies nicht der Fall ist, die Zielrichtung ihrer Arbeit verändern.
- Benutzer arbeiten mit den Systemen mit weniger Angst, weil die Systeme einfach verständlich sind und weil Aktionen leicht rückgängig gemacht werden können.
- Benutzer erreichen Zufriedenheit und Kontrolle über die Systeme, weil sie Aktionen auslösen, die sie kontrollieren und deren Resultate sie voraussehen können.

Aus den unterschiedlichen Ausprägungen direkt manipulativer Systeme erkennt man, daß man es nicht mit einer einzigen, genau definierbaren Interaktionsform zu tun hat. Nach Hutchins, Hollan und Norman [Hutchins et al. 86] kann man vielmehr zwei psychologische Effekte für diese Systemqualität verantwortlich machen, nämlich die ***Direktheit der Interaktion*** und die ***Einbezogenheit in die Anwendungswelt***. Deiktische Interaktionsformen [Kap. 6.1] stellen ein wesentliches Fundament für direkt manipulative Systeme dar.

8.2 Direktheit

Wie bereits Abschnitt 2.1 diskutiert, läßt sich die Mensch-Computer-Kommunikation auf mehrere Ebenen zergliedern [Abb. 2.1 u. 2.2]. Nun entsprechen sich die jeweils den gleichen Ebenen zugeordneten Repräsentationen beim Benutzer und beim System nicht ohne weiteres. Vorhandene Unterschiede führen zu einem Transformationsaufwand beim Benutzer und werden als ***Distanzen*** wahrgenommen, die zu einer ***Indirektheit der Interaktion*** führen (vgl. [Ilg/Ziegler 88]).

Auf den jeweiligen Ebenen treten typischerweise die folgenden Distanzen auf:

Intentionale Ebene: Die Funktionalität des Anwendungssystems deckt sich nur teilweise mit der Aufgabenstruktur. So lassen sich beispielsweise mit einem 2D-Graphiksystem zwar auch dreidimensionale Darstellungen erzeugen, wobei der Benutzer allerdings die Projektion einer Dimension mühsam selbst herstellen muß. In einem echten 3D-Graphiksystem würde diese als Funktionalität angeboten. So lassen sich auch mit einem Textsystem kaufmännische Abrechnungen erstellen, die Funktionalität eines Tabellenkalkulators ist hierzu allerdings besser geeignet.

Pragmatische Ebene: Die Prozeduren des Anwendungssystems zum Verfolgen konkreter Anwendungsziele decken sich nur teilweise mit den Verfahren, die der Benutzer mit der Verfolgung seiner Arbeitsziele anvisiert. Beispielsweise erfolgt das Kopieren eines Objekts in manchen Systemen durch das Löschen des Objekts (`Cut`) und das nachfolgende zweimalige Wiedererzeugen (`Paste`). Für den Benutzer ist dies zunächst ein unerwartetes Vorgehen, das keine Entsprechung in der realen Welt besitzt.

Semantische Ebene: Die Objekte und Operatoren des Anwendungssystems sind selten deckungsgleich mit den Objekten und Operatoren des mentalen Modells des Benutzers. So erwartet der Benutzer beispielsweise beim Erstellen von Blockdiagrammen, daß beschriftete Blöcke erzeugt werden können. Das System erlaubt aber vielleicht nur Rechtecke und Texte getrennt zu erzeugen, die dann vom Benutzer zu den benötigten, beschrifteten Blockobjekten zusammengesetzt werden müssen [Bsp. A.1 im Anhang].

Syntaktische Ebene: Die Artikulation von Operationen mittels einer Interaktionssprache führt oft zu hohem Transformationsaufwand seitens des Benutzers. So muß sich der Benutzer bei formalen Sprachen an eine vorgegebene Syntax halten, obwohl er, von seinem mentalen Modell ausgehend, in der natürlichen Sprache kommunizieren möchte. Andere Benutzer mit Erfahrungen in formalen Sprachen erwarten bei neuen Systemen eine ihnen vertraute Syntax. So läßt sich beispielsweise bei erfahrenen Benutzern der Job-Control-Language DCL des Betriebssystems VMS eine fast hilflose Kommunikation mit der Job-Control-Sprache CSH des Betriebssystems UNIX beobachten und umgekehrt. Die Syntax der beiden Sprachen unterscheidet sich erheblich, und die Benutzer müssen eine Art Transformationstabelle für die einzelnen Sprachkonzepte oder Kommandos aufbauen.

Lexikalische Ebene: Auch auf der Ebene von Zeichen und Zeigehandlungen treten Distanzen auf. So kennt jeder das Problem, mit einem englischsprachigen Textsystem deutschsprachige Texte schreiben zu müssen, wobei beispielsweise die Umlaute ä, ö und ü auf die Entsprechungen ae, oe und ue transformiert werden müssen. Auch bei der Zeigehandlung sind häufig Distanzen zu beobachten. So muß in manchen Fenstersystemen die Selektion eines Fensters durch eine Zeigehandlung auf den Fenstertitel erfolgen, während der Benutzer intuitiv erwartet, ein Fenster durch eine Zeigehandlung auf das Fensterinnere selektieren zu können.

Sensomotorische Ebene: Auf der untersten Ebene der Interaktion finden sich ebenfalls eine Vielzahl von Differenzen in der physikalischen Ausgabe (Darstellung) von Information und der physikalischen Eingabe. Unterschiede in der Ausgabe sind beispielsweise in der meist rohen Rasterung graphischer Darstellungen auf Bildschirmen zu sehen. Der Benutzer erwartet glatte Linien und Kurven und erhält stattdessen mehr oder weniger stark gestufte Darstellungen. Bei der Mauseingabe erwartet der Benutzer zunächst eine 1:1-Umsetzung seiner Handbewegungen, während das System aus praktischen Gründen eine Skalierung der Bewegung durchführt, um schnelle Zeigehandlungen auf eingeschränktem Schreibtischbereich zu ermöglichen.

Die beschriebenen ***Distanzen haben Vorteile und Nachteile***. Nachteile entstehen vor allem bei schlechtem Systemdesign, bei dem die Analyse von Aufgaben und mentalen Modellen sowie die Berücksichtigung grundlegender physiologischer und psychologischer ergonomischer Grundsätze vernachlässigt wurde. Distanzen können jedoch auch Vorteile bringen. So kann das bestehende mentale Modell des Benutzers für moderne Computeranwendungen unzulänglich sein, weil es aus veralteten oder andersartigen Arbeitsprozessen stammt. Zur Optimierung des Arbeitsprozesses können dann bewußt andere Wege gewählt und ein Transformationsprozeß eingeleitet werden. Solche Transformationsprozesse sind eine besondere Form von Lernvorgängen, die nach einer gewissen Zeit weitgehend abgeschlossen sind und damit keine besonderen Beanspruchungen mehr erzeugen.

Diskrepanzen oder Distanzen werden in [Hutchins et al. 86] durch die Metaphern ***„Gulf of Execution“*** (Ausführungskluft) und ***„Gulf of Evaluation“*** (Auswertungskluft) skizziert. In beiden Fällen muß die Kluft vom Benutzer durch einen Transformationsaufwand auf allen Ebenen der Kommunikation überbrückt werden. Die ***Direktheit*** ist ein fiktives Maß, das umgekehrt proportional zur Distanz ist. Die Direktheit ist auch ein vom spezifischen Benutzer abhängiges Maß. Unterschiedliche Benutzer werden die Direktheit in Abhängigkeit von ihrer Erfahrung unterschiedlich beurteilen, da sie einen mehr oder weniger bewußten Transformationsaufwand zu leisten haben.

8.3 Einbezogenheit

Es gibt zwei grundlegende Ansätze, eine Benutzungsschnittstelle zu modellieren:

Konversationsmodell: Diesem Modell liegt ein ***Partnermodell*** zugrunde, bei dem der Benutzer das System als Dialogpartner betrachtet und bei dem die Aktivitäten durch Anweisungen oder Fragen an das System initiiert werden. Umgekehrt reagiert das System mit sprachlichen Äußerungen über den Zustand des Systems. Bei diesem Modell dient eine textbasierte Sprache als Trägermedium des Dialogs. Diese Sprache ist jederzeit als Kommunikationsmedium präsent und hält damit eine meist leicht wahrnehmbare Distanz zwischen Benutzer und bearbeiteter Anwendungswelt aufrecht.

Weltmodell: Hierbei wird die ***Anwendungswelt*** in irgendeiner angemessenen Form visualisiert. Es werden Operatoren zur Manipulation von Objekten der visualisierten Anwendungswelt bereitgestellt. Die Operationen bewirken sichtbare Änderungen der Arbeitsobjekte. Dieses Modell ist geeignet, dem Benutzer ein Gefühl der Einbezogenheit in die Anwendungswelt zu vermitteln. Das Zwischenmedium der gewählten Interaktionssprache wird oft kaum noch wahrgenommen. Der Benutzer hat dann den Eindruck, die Anwendungswelt direkt zu bearbeiten.

Direkt manipulative Systeme sind praktisch immer nach dem Weltmodell konzipiert. Diese Vorgehensweise erlaubt es, die wahrgenommenen Distanzen auf ein Minimum zu reduzieren.

Gibt man dem Benutzer die Möglichkeit, Ausgaben des Systems in den Eingaben direkt zu verwenden (z.B. durch eine Zeigehandlung), so erhöht sich das Gefühl der Einbezogenheit und Direktheit erheblich. Draper nennt dieses Konzept auf der lexikalischen Ebene der Kommunikation ***Interreferentielle Ein-/Ausgabe (Interreferential I/O)*** [Draper 86][Kap. 2.3.4].

Man kann die Konzepte ***Distanz (Distance)*** und ***Einbezogenheit (Engagement)*** als zwei unabhängige Dimensionen im Raum der Kommunikations- und Interaktionsformen betrachten und auf diese Weise einige Grundtypen von Kommunikation lokalisieren [Abb. 8.1]. Reale Systeme lassen sich in diesen zweidimensionalen Raum einordnen [Abb. 8.2].

8.4 Einschränkungen

Nachdem direkt manipulative Systeme, vor allem in Form metaphorischer Systeme, geradezu euphorisch als die ideale Kommunikationsform gefeiert werden, machen sich inzwischen einige Zweifel breit [Morse/Reynolds 93, Buxton 93]. Trotz all ihrer Vorteile beherbergt diese Technik eine Reihe von Nachteilen, die sich insbesondere an Arbeitsplätzen mit Routineaufgaben zeigen (vgl. [Kap. 6.2.3]).

Bedingt durch das Prinzip, die zu bearbeitenden Objekte ***direkt*** mit einem Zeigeinstrument auszuwählen, ergibt sich, abhängig von der Anzahl der mit einem Operator zu bearbeitenden Objekte, ein erheblicher bis unzumutbarer ***Interaktionsaufwand***. Während durch die Verwendung deskriptiver Interaktionsformen, wie zum Beispiel formaler Sprachen, durch einen sprachlichen Ausdruck beliebig viele Objekte auf einmal adressiert werden können, muß bei direkt manipulativen Techniken jedes dieser Objekte einzeln oder in kleinen Gruppen selektiert werden. So erscheint es auf den ersten Blick sehr ansprechend und naheliegend, eine durch ein Piktogramm visualisierte, zu löschende Datei mit der Maus auszuwählen und danach in den ebenfalls visualisierten Papierkorb zu ziehen. Ist man jedoch in einer realen Situation gezwungen, einige Hundert Dateien zu löschen, so zeigt sich deutlich die Grenze einer solchen Vorgehensweise.

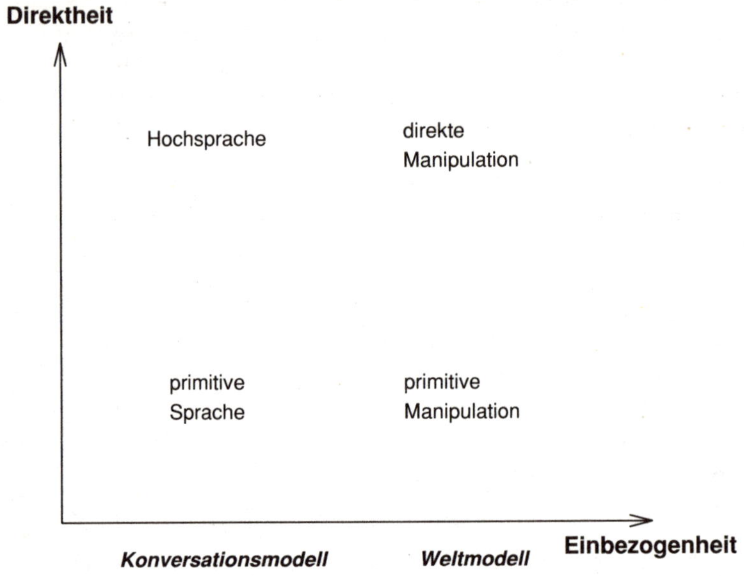

Abbildung 8.1: Direktheit und Einbezogenheit (nach [Hutchins et al. 86])

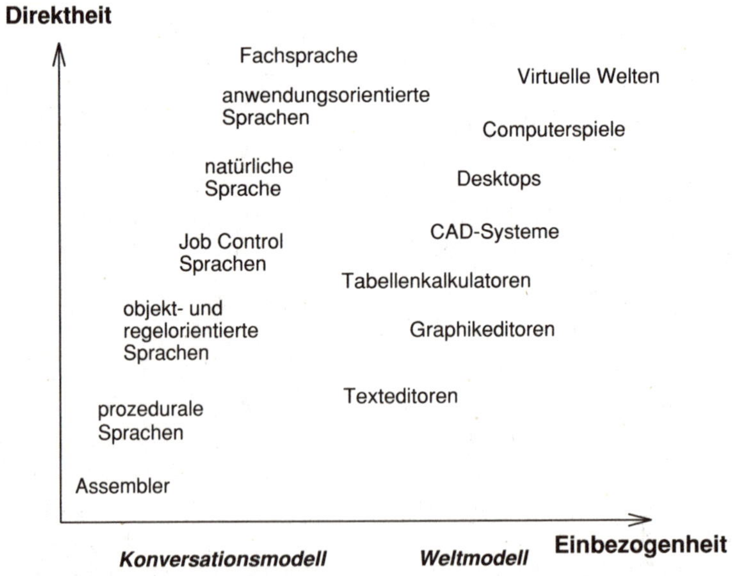

Abbildung 8.2: Direktheit und Einbezogenheit (Beispiele)

In anderen Situationen sollen Objekte, abhängig von ihren Eigenschaften, nach einem Schema logischer oder mathematischer Verknüpfungen bearbeitet werden. Auch hier würde die direkte Manipulation nur eine ***auf Einzelobjekte zugeschnittene Vorgehensweise*** erlauben, d.h. der Benutzer müßte nicht nur jedes zu bearbeitende Objekt einzeln „anfassen" und die Attribute abfragen, er müßte auch die logische Verknüpfung dieser Attribute jedesmal von neuem selbst durchführen und danach entsprechend handeln. Sollen beispielsweise in einem Dateisystem alle Dateien gelöscht werden, die die Endung `.SAVE` besitzen, älter als ein Jahr und größer als ein Megabyte sind, so wäre dies in einem System mit 100 Dateien gerade noch direkt manipulativ zu erledigen. Existieren in einem System jedoch 10000 Dateien, was durchaus keine Seltenheit ist, so ist diese Technik nicht mehr einsetzbar.

Neben diesen sicherlich spontan einleuchtenden Fällen gibt es anwendungsabhängig beliebig viele andere Situationen, in denen direkte Manipulation keine aufgabengerechte Lösung darstellt. Die Übergänge von „gut verwendbar" bis „unbrauchbar" sind fließend, so daß eine genaue Einschätzung meist von der konkreten Arbeitssituation abhängen wird. Somit fordert der Einsatz direkter Manipulation geradezu eine ***sorgfältige Aufgabenanalyse***. Ist dies nicht möglich, weil ein zu breites Spektrum an Einsatzmöglichkeiten eines bestimmten Systems zu erwarten ist, muß zur direkten Manipulation immer eine Alternative in Form deskriptiver Interaktionsformen angeboten werden. Der Benutzer entscheidet dann situationsabhängig, welche Technik er verwenden möchte.

Neben den genannten Situationen gibt es eine Problematik ganz anderer Art. Die Designer und die Anwender interaktiver Computersysteme sind durch die ***Attraktivität*** direkt manipulativer Systeme immer mehr auf diese Technik fixiert. Anstatt diese Technik als eine von vielen anzusehen, wird versucht, nahezu jede Anwendung in diese Form zu bringen. Dies führt einerseits zu einer Reihe von interessanten und auch brauchbaren Systemen, andererseits entstehen aber in vielen Fällen Lösungen, die den Benutzer am Anfang zwar motivieren, nach kurzer Zeit jedoch entmutigt, erschöpft und frustriert zurücklassen. Es wurde in solchen Fällen vergessen, die Effizienz der Kommunikation zu berücksichtigen [Kap. 2.3.4]. Diese Effizienz läßt sich ohne weiteres durch die Kombination unterschiedlicher Interaktionstechniken erreichen [Kap. 6].

Bei der Weiterentwicklung der Methoden und Techniken für interaktive Computersysteme dürfen wir, bei aller Faszination für direkte Manipulation, das Ziel nicht aus den Augen verlieren. Das Ziel ist die Entwicklung von Techniken für eine optimale Kommunikation und Arbeitsteilung zwischen Mensch und Computer. Hierbei bildet die direkte Manipulation ein gutes Fundament, nicht jedoch das Gebäude selbst. Sie bildet den Anfang und nicht das Ende einer Entwicklungsrichtung [Buxton 93].

8.5 Anwendungsbereiche

Wie eingangs bemerkt, gibt es Systeme, denen man das Attribut ***„direkt manipulierbar"*** zuschreiben kann. Da direkte Manipulation eher ein Eindruck des Benutzers als eine definierbare Systemeigenschaft ist, lassen sich Systeme nicht eindeutig mit diesem Attribut versehen. Trotzdem sollen im folgenden Klassen von Anwendungssystemen beschrieben werden, die aus verschiedenen Gründen als mehr oder weniger direkt manipulativ eingestuft werden. Neben den aufgezählten Beispielen liegt in direkter Manipulation ein riesiges Gestaltungspotential für zukünftige, leicht bedienbare Systeme, das erst in letzter Zeit durch entsprechende Hardware- und Software-Technologie adäquat ausgeschöpft werden kann.

8.5.1 Texteditoren

Texte sind lineare (eindimensionale) Abfolgen von Zeichen, die mittels Konventionen zu Textelementen wie Wörtern, Sätzen, Paragraphen etc. strukturiert werden. Durch die Repräsentation von Texten auf dem zweidimensionalen Medium Papier haben Texte für uns eher zweidimensionalen Charakter, obwohl dies nicht ihrer inneren Struktur entspricht. Bei der Zusammenfassung von Textseiten zu Büchern erhalten Texte sogar eine Art dreidimensionalen Charakter.

Frühe Texteditoren waren zeilenorientiert und erforderten vom Benutzer das „Eindenken" in die Sequenz von Zeilen, die oft nur durch Nummern zugreifbar waren. Diese unnatürliche Textrepräsentation erschwerte die Benutzung dieser Textsysteme erheblich.

Heutige Texteditoren reduzieren durch ihre zweidimensionale Darstellung und durch die Selektierbarkeit von Textelementen mittels Zeigeinstrumenten die Distanz zwischen mentaler Repräsentation und Systemrepräsentation auf ein Minimum. Dies gilt insbesondere für Texteditoren, bei denen das gesamte Seitenlayout und die dargestellten Schriftformen den späteren Druckausgaben entsprechen [Abb. 8.3]. Von hier stammt auch der Begriff des ***WYSIWYG-Prinzips („What you see is what you get.")***.

Die Verwendung eines Zeigeinstruments vermindert die Distanz bei der Selektion von Textelementen erheblich gegenüber der Angabe einer Zeilennummer oder der Verwendung von Cursortasten. Man hat als Benutzer den Eindruck, man bearbeite den Text ohne störende Zwischenmedien. Durch die erwartungskonforme Darstellung und die direkte Einwirkung wird ein hoher Grad an Einbezogenheit erreicht.

Business Charts

SlimTPS does not stop at graphics; it also has easy-to-create and easy-to-revise business charts.

Now you can add that professional touch to any document with charts like these . . .

. . . without any fuss.

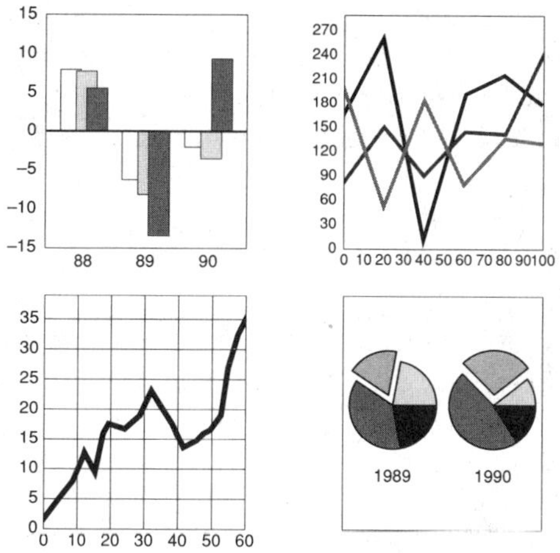

In this section, you learn how to

- create and size charts
- change chart data
- change chart types

Creating a Chart

Charts are created in frames and edited within the diagramming system. However, the data and formatting of the charts are edited primarily through changes made to property sheets (collectively known as the Chart Editor) rather than through the use of diagramming commands.

There are three basic types of charts: bar charts, line charts, and pie charts. Each type has different categories. For example, within the bar chart category, there are vertical bar charts, horizontal bar charts, 100% horizontal bar charts, and surface charts.

By changing properties in the Chart Editor, you can control the way your data is presented in a chart. You can choose not only the type of chart, but also properties such as line thickness, shading, and margins.

Abbildung 8.3: Beispiel für eine mit dem direkt manipulativen Textsystem INTERLEAF erstellte Seite

8.5.2 Graphikeditoren

Ähnlich wie Texteditoren gibt es inzwischen eine Vielzahl von Graphikeditoren, die man als direkt manipulierbar bezeichnen muß. Dies gilt sowohl für einfache Editoren zur Erstellung von Bürographiken [Abb. 8.4] als auch für hochfunktionale CAD-Systeme, bei denen die Direktheit durch die Verwendung spezieller Eingabegeräte bei der Manipulation komplexer Graphiken noch erhöht wird.

Die Transformationsdistanz kann bei Graphiken auch auf der konzeptuellen Ebene verringert werden. Objekte sind Basiselemente wie Punkte, Linien oder Kurven, die zu komplexeren Objekten wie Polygonen oder Körpern hierarchisiert werden können. Hier ähneln sich mentales Modell und Systemrealisierung stark.

8.5.3 Tabellenkalkulatoren

Tabellenkalkulatoren (Spreadsheets) gestatten tabellarische Anordnungen meist numerischer Größen, die in vielfältigen, ebenfalls meist numerischen Abhängigkeiten stehen [Abb. 8.5].

Die interaktive Änderung einer Größe durch Selektion und Werteingabe führt zu einer automatischen Änderung aller abhängigen Größen, die praktisch sofort sichtbar und interpretierbar ist. Das Ziel, ein bestimmtes Arbeitsergebnis zu erhalten, läßt sich auf diese Weise sehr direkt erreichen, sofern die Abhängigkeiten „übersehbar" sind. Die Direktheit der Arbeit mit Tabellenkalkulatoren hängt also auch von der Einsehbarkeit und eventuell direkter Manipulierbarkeit der definierten Abhängigkeiten ab. Hier zeigen viele derartige Systeme noch deutliche Schwächen, da zu diesem Zweck oft umständliche Beschreibungssprachen verwendet werden müssen.

8.5.4 Desktop-Systeme

Desktops sind graphisch-textuelle Nachbildungen von Büroarbeitsplätzen auf dem Bildschirm [Abb. 6.1 u. 8.6]. Ihr hohes Maß an Direktheit und Einbezogenheit verdanken sie vor allem der metaphorischen Visualisierung von Büroobjekten als kleine ***Piktogramme (Icons)***, die mit dem Zeigeinstrument und wenigen Grundoperatoren manipuliert werden können. Als Operatoren werden meist allgemeine, ebenfalls aus der physikalischen Welt entliehene Basisoperatoren wie z.B. Kopieren, Bewegen und Wegwerfen verwendet. Diese Operatoren sind als ***generische Operatoren (generische Funktionen)*** konzipiert [Smith et al. 82, Rosenberg/Moran 84], d.h. sie sind auf verschiedene Arbeitsobjekte anwendbar. Desktops sind Modelle der Bürowelt und stellen somit Benutzungsschnittstellen nach dem Weltmodell dar.

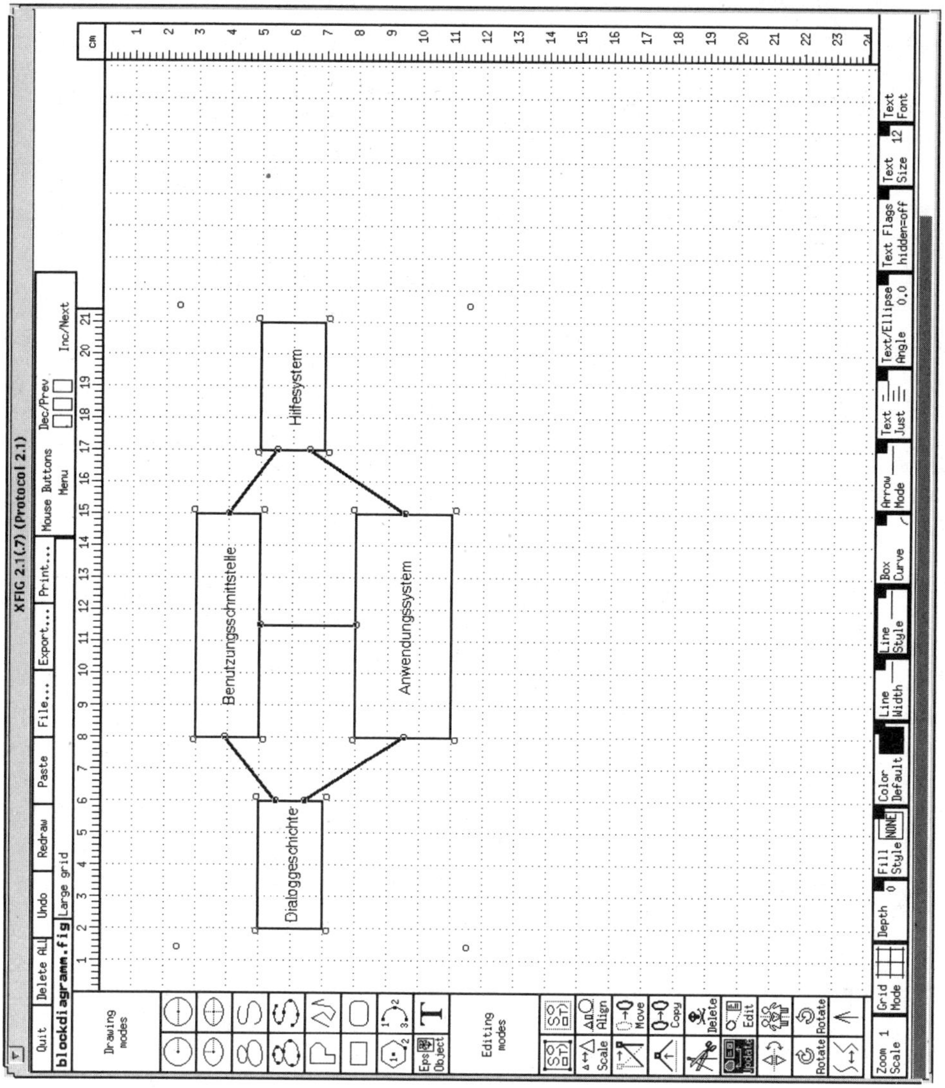

Abbildung 8.4: Direkt manipulatives Graphiksystem XFIG

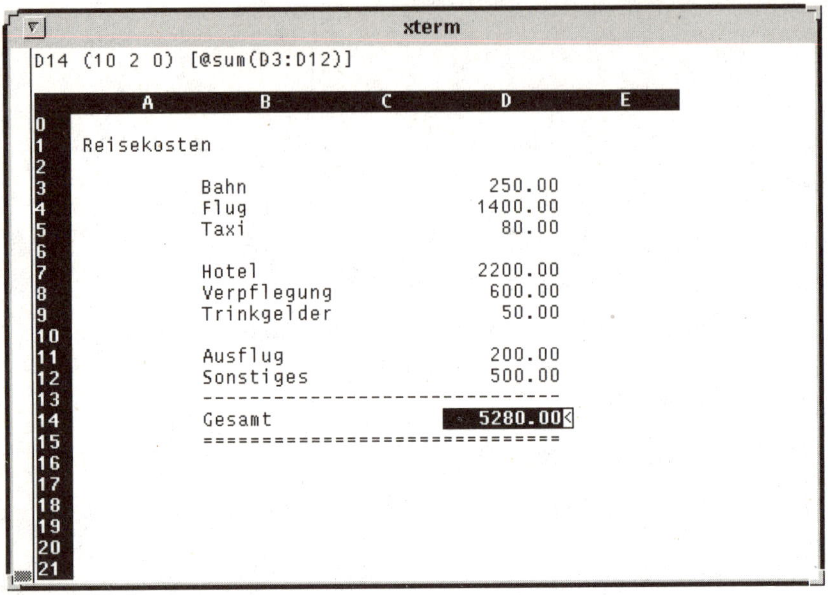

Abbildung 8.5: Der Tabellenkalkulator SC

Die Direktheit ist auf der lexikalischen Ebene durch die Verwendung von Piktogrammen, auf der syntaktischen Ebene durch natürliche Dialogstrukturen (z.B. Selektieren von Objekten mit nachfolgender Anwendung von Operatoren) und auf der semantischen Ebene durch die Verwendung der bekannten, üblichen Büroobjekte gegeben. Die Transformation des vorhandenen Bürowissens auf Desktops ist daher recht einfach. An einigen Stellen gibt es jedoch deutliche Distanzen. So werden beispielsweise in Desktops Objekte üblicherweise durch einen Kopieroperator vervielfacht, während es in der realen Bürowelt dazu ein spezielles Objekt, nämlich den Kopierer gibt. Dies ist eine Abweichung, die eine sinnvolle Optimierung von Bürotätigkeiten darstellt.

Analog zu Bürodesktops gibt es inzwischen ähnlich modellierte Systeme für technische Anwendungen, wie z.B. Elektroniklabors [Herczeg 88a] [Abb. 6.2] oder physikalische Experimentierumgebungen.

8.5.5 Computerspiele

Von den heute verbreiteten Systemen bieten manche Computerspiele eine sehr hohe Direktheit und Einbezogenheit. Durch aufwendige Implementierungen werden detailreiche, oft farbige Visualisierungen von realen und fiktiven Welten erreicht, auf die meist mittels kaum wahrnehmbarer Operatoren eingewirkt werden kann, und die höchste Reaktivität im Bereich von Sekundenbruchteilen zeigen. Die Eingaben wirken subjektiv meist sehr direkt, da die Aktivitäten über wenige

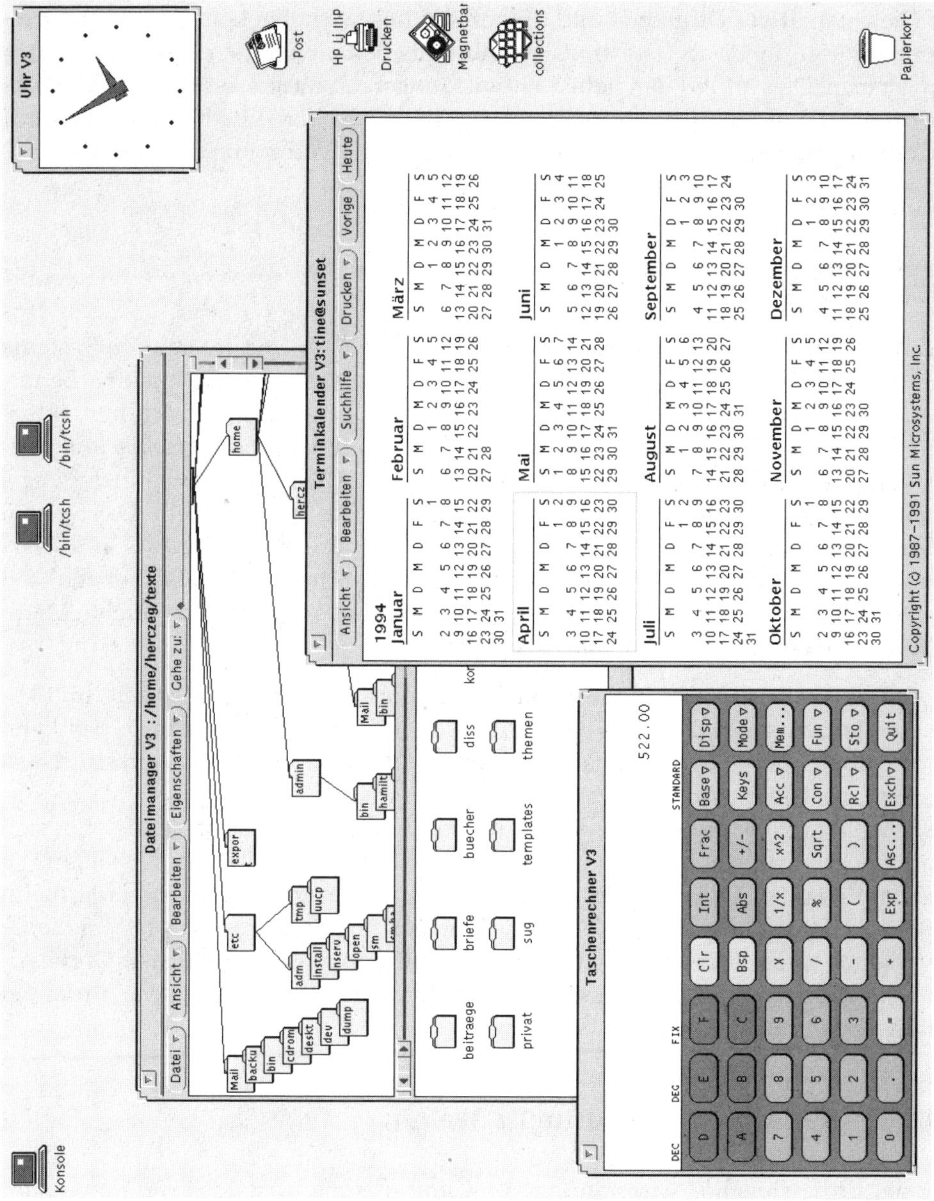

Abbildung 8.6: SUNSOFT OPENWINDOWS Desktop

Tasten oder am besten über spezielle Eingabegeräte ohne ständigen Wechsel des Eingabemediums ausführbar sind.

Die Qualität der Direktheit und Einbezogenheit wirkt bei kommerziellen Computerspielen mehr als Selektionskriterium als bei allen anderen kommerziellen Systemen. Dies erklärt den hohen Entwicklungstand dieses Aspekts der Mensch-Computer-Kommunikation. Allerdings sollte es weitere Qualtitätskriterien für Computerspiele geben, die sich regulierend auf die Verbreitung solcher Computeranwendungen auswirken.

8.5.6 Tutorielle Systeme

Zur Vermittlung von Lehrinhalten werden seit langer Zeit interaktive Systeme entwickelt. Neben den traditionellen tutoriellen Systemen, die mit den Benutzern einen vor allem textbasierten Dialog führen, wurden graphisch-interaktive Systeme entwickelt, die die Durchführung von ***simulierten chemischen und physikalischen Experimenten*** erlauben. Das System PLATO von CDC war in der Lage, auf direkt manipulative Weise derartige Lehrinhalte zu vermitteln. Das System STEAMER sollte mit der Funktionsweise eines Dampfgenerators eines Schiffes vertraut machen [Hollan et al. 84]. Systeme wie ELAB [Herczeg 88a, Böcker et al. 89] sind in der Lage, einem Benutzer elektrotechnisches Wissen durch direkte Manipulation eines Versuchsaufbaus zu vermitteln.

Da die Realisierung direkt manipulativer tutorieller Systeme sehr zeit- und kostenintensiv ist, ist die Verbreitung derartiger Systeme eher gering. Dies kann sich durch die breite Verfügbarkeit leistungsfähiger Computersysteme und besserer Entwicklungssoftware für graphisch-interaktive Anwendungen in Zukunft schnell ändern. Um die Akzeptanz tutorieller Systeme zu erhöhen, bietet es sich an, die Erfahrungen aus dem Bereich der Computerspiele heranzuziehen, um in Zukunft das spielerische Erlernen von schwierigen Sachverhalten zu fördern. Ein Beispiel dafür ist das System XPILOT von Stabell und Schouten, das das Trägheitsverhalten angetriebener Systeme (Raumschiffe) in unterschiedlichen Gravitationsfeldern demonstriert. Ähnliche Eigenschaften zeigen spielerische Varianten von Flugsimulatoren.

8.5.7 Simulierte und virtuelle Welten

Eine „professionelle" Ausprägung von Computerspielen sind ***Simulatoren*** zum Training der Bedienung von Fahrzeugen, Flugzeugen, Schiffen und Raumflugkörpern. Derartige Systeme wurden in den letzten Jahren mit beträchtlichem Aufwand und mit einem hohen Reifegrad entwickelt. So findet die Ausbildung von Piloten, Schiffskapitänen und Astronauten zu einem inzwischen hohen Anteil an derartigen Simulatoren statt. Hinzugekommen ist kürzlich auch die Simulation der sehr dynamischen Abläufe beim Fahren von Kraftfahrzeugen.

Ausgestattet mit den Erfahrungen aus solchen hochentwickelten Simulatoren, denkt man auch an die Bedienung (***Teleoperation***) weit entfernter Gerätschaften, wie zum Beispiel an die ferngesteuerte Durchführung einer medizinischen Operation oder an die Steuerung eines Roboters in unzugänglichen Umgebungen wie dem Meeresboden, auf fernen Planeten oder an Unglücksstellen wie radioaktiv verseuchten Kernkraftwerken. Hierbei wird das Simulationsmodell durch die ferngesteuerten, realen Geräte und Instrumente ersetzt. Diese Entwicklungen stecken zwar noch in den Anfängen, werden aber sicherlich in nicht allzu ferner Zukunft eine weitgehende Einsatzreife erreichen.

Aus den ursprünglichen Zielen entwickelte sich inzwischen der Wunsch, auch nicht-reale Welten (***Virtual Realities, Cyberspace***) zu simulieren und Menschen in diese Welten hineinzuversetzen [Shneiderman 92, Willim 92a, Willim 92b, Willim 92c]. Die Menschen[1] werden mittels besonderer Visualisierungs- und Audiotechniken (***brillenartiger Stereobildschirm (Head-Mounted Display) und Bildschirm-Kopfhörer (Eye-Phone)***) scheinbar in diese Welten hineinversetzt und bewegen sich darin. Ihre Bewegungen werden mittels besonderer Eingabegeräte wie ***Datenhandschuh (Data Glove)*** und weitergehend auch ganzer ***Datenanzüge (Datasuit)*** abgetastet und zur Steuerung der Visualisierungen verwendet. So wird beispielsweise das Herumfliegen auf einem anderen Planeten scheinbar möglich.

Die heute und in näherer Zukunft existierenden Systeme weisen eine Reihe von Schwächen auf. So sind die Auflösungen der Stereobildschirme am menschlichen Sehvermögen gemessen noch grob. Zukünftige Systeme müssen noch die ca. zehnfache Auflösung erreichen und werden die Lichtsignale wahrscheinlich direkt auf die menschliche Netzhaut projizieren. Da eine realistische Umwelt auch verschiedene körperlich spürbare Rückkoppelungen (Feedback) liefert, arbeitet man an Kräfterückkoppelungen (Effektoren) in den Datenhandschuhen und Datenanzügen beim Berühren und Bewegen von Gegenständen. Ein Prototyp wurde bereits als ***Feedback-Glove*** vorgestellt.

Durch solche simulierten und virtuellen Umgebungen wird das heute mögliche Höchstmaß an Direktheit und Einbezogenheit erreicht. Somit sind dies die heute am weitesten reichenden Formen direkter Manipulation. Da die Möglichkeiten noch lange nicht ausgeschöpft und die Zielsetzungen bei weitem noch nicht erreicht sind, werden wir an diesem Horizont der Mensch-Computer-Kommunikation in Zukunft sicherlich noch viele interessante Entwicklungen erleben. Wenn diese Entwicklungen auch nicht sofort den direkten Nutzen im Alltag zeigen werden, so können sie doch wertvolle Impulse auf die Entwicklung breit eingesetzer Computersysteme ausüben. Genau dasselbe war mit den ersten direkt manipulativen Systemen wie dem XEROX STAR und seinen Vorläufern in den 70er Jahren der Fall [Smith 77, Seybold 81, Smith et al. 82]. Sie hatten signifikanten Einfluß auf die Benutzungsschnittstellen heutiger PCs und Workstations.

---

[1] Man kann hierbei eigentlich nicht mehr von Benutzern reden, da der Werkzeugcharakter völlig verschwindet.

Kapitel 9

Hypermedia

Hypermedia ist ein Verfahren zur computerbasierten Organisation von Informationen in einem ***vernetzten Informationsraum***. Dieser Informationsraum kann mittels verschiedener ***Such- und Zugriffsstrategien*** interaktiv genutzt werden. Die Informationen sind dabei in kleine, überschaubare Informationseinheiten gegliedert und sind über Assoziationen miteinander vernetzt. Softwaresysteme, die solche Informationsräume realisieren, werden ***Hypermediasysteme*** genannt [Smith/Weiss 88, Woodhead 90, Bogaschewsky 92].

Die Informationen, die in einem Hypermediasystem verwaltet werden, können unterschiedlicher Gestalt sein. Am häufigsten ist dabei das Medium Text zu finden. Diese wichtige Spezialisierung von Hypermedia wird als Hypertext und die Systeme als ***Hypertextsysteme*** bezeichnet. Hypertext ist der Ausgangspunkt und die derzeit am weitesten entwickelte Hypermediaform. Andere, in Hypermediasystemen verfügbare Informationsformen sind vor allem Graphik, Audio und Video.

9.1 Entwicklungsgeschichte

Die Idee zu Hypermediasystemen geht bereits auf eine Publikation aus dem Jahr 1945 zurück [Bush 45]. Hier beschreibt Vannevar Bush, der damalige wissenschaftliche Berater des amerikanischen Präsidenten Roosevelt, das Konzept eines persönlichen Informationssystems, genannt MEMEX („a sort of mechanized private file and directory" [Bush 45]). Es blieb zunächst mangels geeigneter technischer Voraussetzungen bei der Idee.

Erst in den 60er Jahren gelang unter anderen Douglas Engelbart an der Stanford University die Realisierung eines Hypertextsystems [Engelbart 61, Engelbart 63]. Engelbart prägte den Begriff der „Notecards" für die Informationseinheiten, die es zu verwalten gilt. Notecards waren bei ihm, gemäß ihrer Bezeichnung, richtige Lochkarten, die eine Informationseinheit trugen. Diese Notecards sollten als Microdocumentation in einem persönlichen Informationsverwaltungssystem organisiert werden. Zunächst entwickelte Engelbart das System NLS und später das noch heute benutzte System AUGMENT. NLS ermöglicht den Zugriff auf eine hierarchische Struktur von Textfragmenten mit Hilfe von Informationsfiltern. Das System kann On-Line im Mehrbenutzerbetrieb verwendet werden.

Als weiterer Pionier im Bereich der Hypertextsysteme ist Ted Nelson zu nennen, der ebenfalls frühzeitig der Idee eines nach seiner Vorstellung weltweiten, elektronischen Informationssystems nachging, das Literatur und andere Informationen organisieren sollte [Nelson 81]. Diese Zielsetzung wurde in Form des Projekts XANADU verfolgt [Nelson 88].

In den 70er Jahren wurde in Form des Projektes ZOG [Robertson et al. 81] an der Carnegie-Mellon-University eine große und langfristig angelegte Anstrengung unternommen, ein umfangreiches und trotzdem effizientes Hypertextsystem zu entwickeln. Das System wurde 1982 auf dem Flugzeugträger USS CARL VINSON als schiffsweites Informations- und Managementsystem installiert und betrieben [Akscyn/McCracken 84]. Inzwischen liegt mit dem System KMS ein von ZOG abgeleitetes, generalisiertes und kommerzielles Rahmensystem vor, das mit Information gefüllt werden kann.

Mit der Verfügbarkeit graphikfähiger Rasterbildschirme und leistungsfähiger Arbeitsplatzrechner wurde bei XEROX das System NOTECARDS entwickelt [Halasz et al. 87, Halasz 88]. NOTECARDS sollten das Festhalten und Ordnen von Ideen unterstützen. Dazu gab es neben den eigentlichen Ideen-Karten auch noch Übersichtskarten (BrowserCard) und Organisationskarten (FileCard) zur hierarchischen Ordnung von Ideenkarten. NOTECARDS war eines der ersten Hypermediasysteme, bei dem reichhaltig Gebrauch von einem Fenstersystem und graphischen Darstellungen gemacht wurde. Das System wurde zu einem mächtigen, kommerziell verfügbaren System weiterentwickelt.

NOTECARDS waren sicherlich ein wichtiges Fundament für die Entwicklung des erstmals kommerziell weit verbreiteten Systems HYPERCARD von APPLE. HYPERCARD wird mit APPLE MACINTOSH Computersystemen vertrieben. Es erlaubt, auf einfache Weise kleine „Karten" mit textuellen und graphischen Informationen zu füllen und mittels einer speziellen Programmiersprache Aktionen mit den Darstellungen auf den Karten zu verbinden. Dies führt zu oft hochinteraktiven, direkt manipulativen Hypermedia-Anwendungen.

Hypermediasysteme sind nicht auf einen einzelnen Computer beschränkt. Mit dem frei verfügbaren System WORLD WIDE WEB (WWW, W3) lassen sich Hypermedianetze realisieren, die auf der ganzen Welt verteilt sind und über das INTERNET zugegriffen werden. Beim Durchsuchen dieses Hypermedianetzes mit dem Hypermediabrowser XMOSAIC spielt es, von Zugriffszeiten abgesehen, für den Benutzer keine Rolle, ob sich ein Hypermediaknoten auf dem eigenen oder auf irgend einem anderen Rechner der Welt befindet. WORLD WIDE WEB wurde vom Kernforschungszentrum CERN in Genf entwickelt. Der Browser XMOSAIC stammt vom Amerikanischen Zentrum für Supercomputing (NCSA).

Inzwischen gibt es auf dem Markt eine Vielzahl leerer ***Hypermedia-Shells*** und fertiger Hypermedia-Anwendungen. Trotz der schon langen Entwicklungsgeschichte dieser Interaktionstechnik ist mit einer Standardisierung der Hypermedia-Dialoge in absehbarer Zeit nicht zu rechnen. Die Gestaltungsmöglichkeiten sind dazu zu vielfältig und eine Bewertung und Bevorzugung bestimmter Varianten ist nur bedingt sinnvoll. Trotzdem kristallisieren sich gute Konzepte und Interaktionsmuster heraus, die in kurzer Zeit zu intuitiven und unmittelbar verständlichen Systemen führen.

9.2 Grundkonzepte

Alle Hypermediasysteme bedienen sich einiger weniger informationstechnischer Grundkonzepte: ***Frames***, ***Assoziationen*** und daraus entstehende ***Netze***. Ein Hypermediasystem besteht aus einem oder mehreren Netzen, die aus Informationsknoten bestehen, die mit anderen Informationsknoten über Assoziationen gekoppelt sind. Assoziationen werden bei Hypermediasystemen auch ***Hyperlinks*** genannt.

9.2.1 Frames

Die Knoten eines Hypermedia-Systems basieren auf sogenannten Frames. Frames sind Informationselemente, die Attribute (Eigenschaften) besitzen. Solche Attribute sind entweder auf den Inhalt des Knotens bezogene Eigenschaften (z.B. der Text des Knotens) oder Assoziationen zu anderen Knoten.

Frames sind Strukturelemente, die seit Jahren vielfältig im Bereich der Wissensrepräsentation entwickelt und verwendet werden. Es gibt spezielle Framesprachen (z.B. FRL [Roberts/Goldstein 77], KRL [Bobrow/Winograd 77]) und framebasierte Sprachen (KEE-UNITS [IntelliCorp 88]). Diesen Konzepten verdanken viele heute verwendete objektorientierte Programmiersprachen ihre Entstehung.

Hypermediaknoten entstehen in einer frameorientierten Programmiersprache aus der Ausprägung von Frames. Assoziationen werden durch Attribute realisiert, die Verweise auf andere Frames tragen.

9.2.2 Assoziationen

Im Präfix ***„Hyper"*** drückt sich das Vorhandensein einer ***zweiten Informationsebene*** über der eigentlichen Nutzinformationsebene aus. Diese organisatorische

Metaebene besteht vor allem aus ***gerichteten semantischen Assoziationen*** (Hyperlinks, Verweise, Bezüge) zwischen den Nutzinformationseinheiten. Diese gerichteten Assoziationen sind das wichtigste Grundkonzept von Hypermediasystemen. Ihr Nutzen und ihre Wirksamkeit gründet sich auf der psychologischen und vielleicht physiologischen Bedeutung von Assoziationen im menschlichen Langzeitgedächtnis [Kap. 4.3.3]. Die Assoziationen sind üblicherweise binäre, asymmetrische Relationen, d.h. gerichte Verweise von einem Informationselement auf ein anderes.

9.2.3 Semantische Netze

Wenn Frames mit formalisierten Inhalten versehen und mit bedeutungstragenden (semantischen) Assoziationen verbunden werden, entstehen semantische Netze.

Hypermediasysteme haben konzeptionell viel Ähnlichkeit mit semantischen Netzen [Abb. 9.1]. Sie sind allerdings bezüglich ihrer Knoteninhalte wenig formalisiert. Hypermediaknoten enthalten oft beliebigen Text oder Graphik. Semantische Netze werden oft zur Realisierung von Hypermedianetzen eingesetzt.

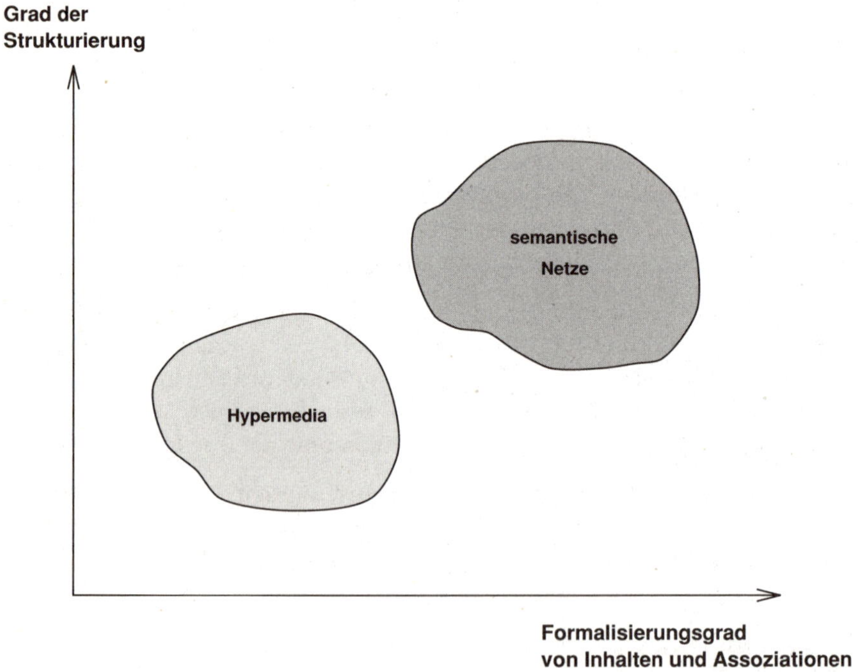

Abbildung 9.1: Hypermedia und semantische Netze (nach [Woodhead 90])

9.3 Such- und Zugriffsstrategien

Bei der Nutzung von Informationsräumen stehen vielfältige Such- und Zugriffsstrategien zur Verfügung. Für Hypermediasysteme werden charakteristischerweise die Verfahren Browsing, Exploration und Navigation verwendet. Andere, nachfolgend beschriebene Suchstrategien können durchaus zusätzlich verfügbar sein, da sie ebenfalls eine Reihe von Vorteilen aufweisen.

9.3.1 Browsing

Unter Browsing („Herumstöbern") versteht man meist die ***ziellose Suche*** durch Verfolgen von Assoziationen im Informationsraum. Die Ziellosigkeit drückt sich durch den Mangel einer Übersicht über den Suchraum und die momentane Suchposition aus. Gelegentlich konkretisiert sich ein Suchziel während der Suche. Die Suche wird praktisch ausschließlich durch Auswertung lokaler Information über verfolgbare Pfade aus der momentanen Suchposition heraus gesteuert [Abb. 9.2]. Der Einstieg in diese Art von Suche erfolgt meist durch Zufallsauswahl.

9.3.2 Exploration

Exploration ist ein wichtiges ***Suchverfahren in neuen, unbekannten Informationsräumen***. Es ist von der Vorgehensweise ähnlich wie Browsing, mit dem wichtigen Unterschied, daß Exploration häufig durch das ***systematische Ausloten*** von Alternativpfaden gekennzeichnet ist. Des weiteren besteht bei Exploration der Wunsch, die Struktur und wenn möglich den Inhalt des Informationsraumes möglichst umfassend kennenzulernen. Ist ein Informationsraum erst einmal erkundet, findet in Zukunft im wesentlichen Navigation statt. Der Benutzer entwickelt sich bei seiner Exploration die Übersichtsinformationen (Übersichtskarte) [Abb. 9.3]. Der Einstieg in explorative Suche erfolgt entsprechend der Vorgehensweise bei Browsing meist durch Zufallsauswahl.

9.3.3 Navigation

Navigation ist die ***zielorientierte Suche*** durch Verfolgen von Assoziationen zwischen Informationseinheiten. Das Suchziel wird durch globale ***Übersichtsinformationen*** (Übersichtskarte) über den Suchraum, die momentan erreichte Suchposition und relative Bewegungen von der momentanen Suchposition ausgehend angesteuert. Die relativen Bewegungen ergeben sich aus den möglichen Folgeinformationseinheiten, die von einem Punkt aus erreichbar sind, und von denen die wichtigsten in der Übersichtkarte ersichtlich sind [Abb. 9.4]. Der Einstieg in diese Art von Suche erfolgt meist mittels globaler Information.

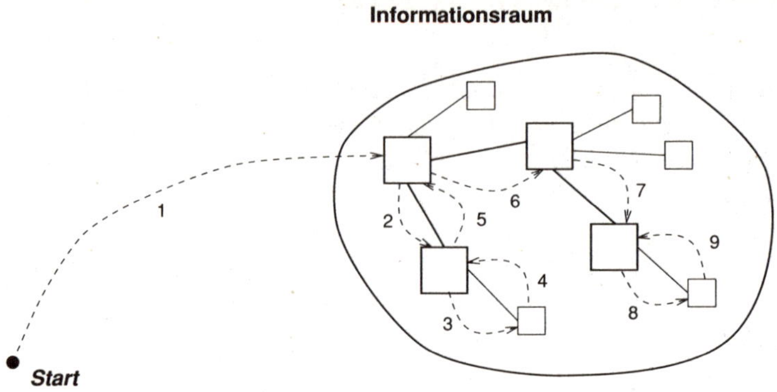

Abbildung 9.2: Browsing

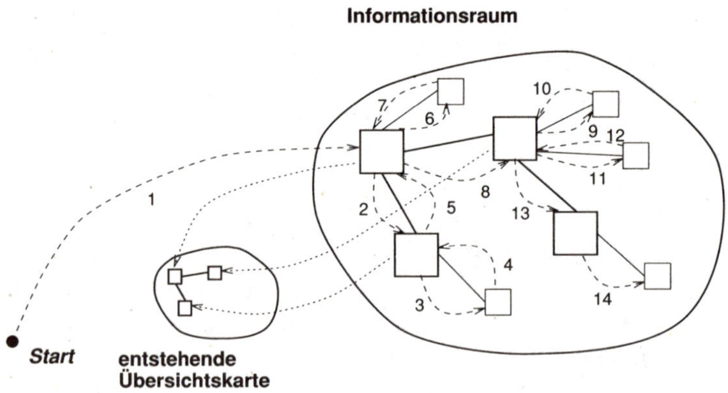

Abbildung 9.3: Exploration

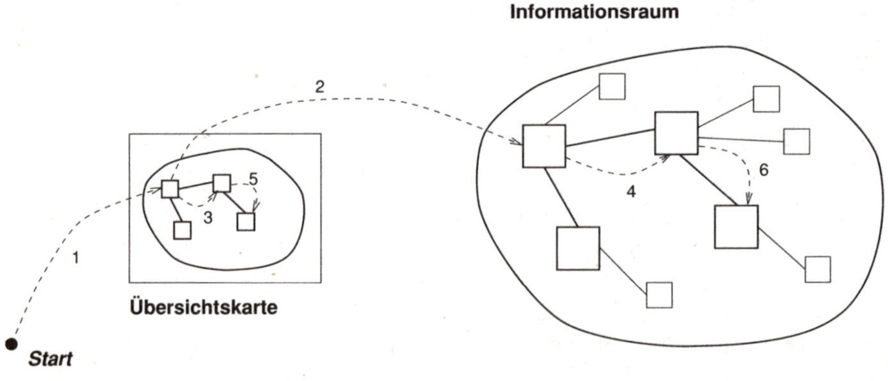

Abbildung 9.4: Navigation

9.3.4 Indexbasierte Suche

Bei der Suche mittels Index steht ein globales, mehr oder weniger detailliertes ***Inhaltsverzeichnis*** zur Verfügung [Abb. 9.5]. Das Inhaltsverzeichnis kann nach unterschiedlichen Kriterien sortiert sein. Häufig sind solche Inhaltsverzeichnisse alphabetisch, thematisch oder hierarchisch geordnet. Tauchen Suchbegriffe im Inhaltsverzeichnis nicht auf, hilft oft nur sequentielle und damit die ineffizienteste Form von Suche. Indexbasierte Suche ist im allgemeinen mit einem klaren Suchziel verbunden.

9.3.5 Musterbasierte Suche

Bei musterbasierter Suche wird eine Klasse von Suchzielen abstrakt beschrieben. Diese abstrakte Beschreibung kann als ein ***Filter*** oder eine Spezifikation der gesuchten Informationen angesehen werden [Abb. 9.6]. Ein Beispiel für musterbasierte Suche sind ***reguläre Ausdrücke*** in Text- und Betriebssystemen [Bsp. 2.6 u. 9.1].

In einem Hypermediasystem läßt sich auf diese Weise nach Textmustern oder anderen Strukturen im gesamten Informationsraum suchen.

> **Beispiel 9.1:**
> *So bedeutet beispielsweise der Ausdruck* `ls *.h` *im Betriebssystem* UNIX, *daß alle Dateien mit der Endung* `.h` *gelistet werden sollen. Das Zeichen* `*` *steht hierbei als abstrakte Beschreibung einer beliebigen Zeichenkette.* ◇

9.3.6 Anfragesprachen

Anfragesprachen (***Query Languages***) sind ***formale Sprachen***, die speziell auf die Belange von Datenbanksystemen zugeschnitten sind [Bsp. 2.7]. Sie erlauben die Formulierung eines Suchvorgangs durch die Spezifikation von Filtern und das Verfolgen von Verweisen meist auf der Basis relationaler Bezüge (Querybasierte Suche). Die Anwendung von Filtern kann dabei inkrementell erfolgen, so daß die gesuchte Information sukzessive ausgefiltert und extrahiert wird [Abb. 9.7].

Anfragesprachen sind eine ***Erweiterung musterbasierter Suche*** durch die Hinzunahme von Kontrollstrukturen und speziellen, vor allem relationalen Filteroperatoren. Unterschiede treten vor allem in der Komplexität der Formulierung von Mustern und Anfragen auf. Die Formulierung von Anfragen erfordert im Gegensatz zur Formulierung von Mustern Programmierfähigkeiten.

Anfragesprachen bieten sich bei Hypermediasystemen vor allem dann an, wenn Information systematisch aus dem Informationsraum extrahiert oder auf Konsistenz überprüft werden soll.

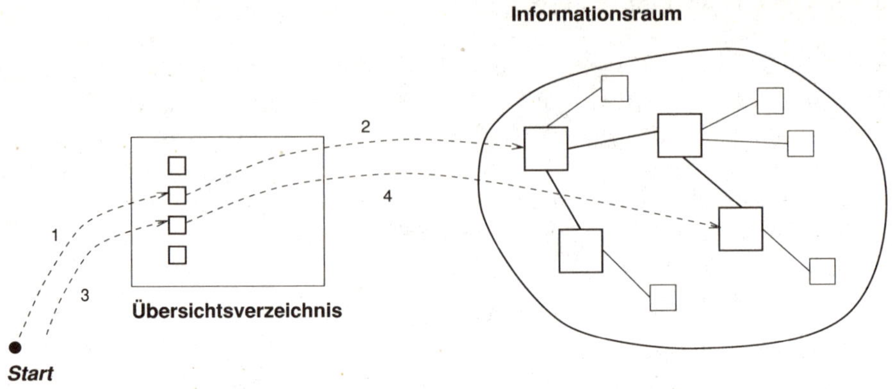

Abbildung 9.5: Indexbasierte Suche

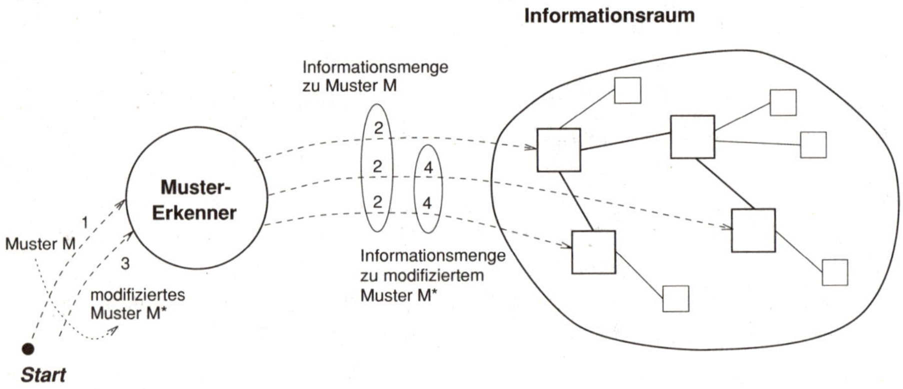

Abbildung 9.6: Musterbasierte Suche

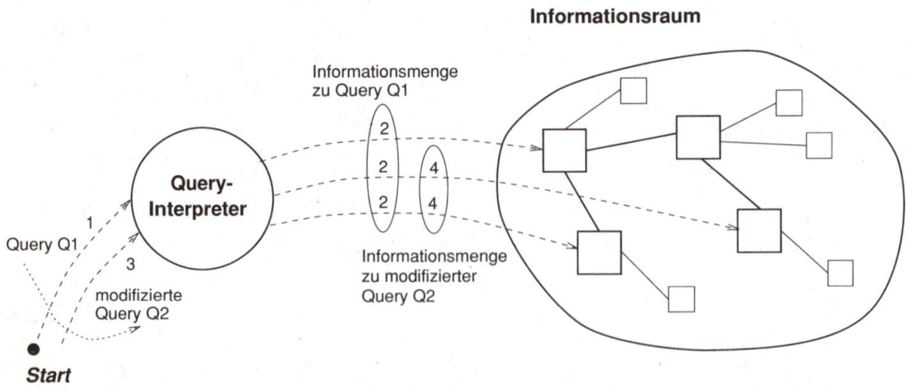

Abbildung 9.7: Querybasierte Suche

9.4 Dialogkonzepte

Es gibt keine einfachen Kriterien, um ein System als Hypermediasystem auszuweisen. Ähnlich wie bei direkter Manipulation [Kap. 8] haben wir es mit einer Reihe von Charakteristiken zu tun, die ein interaktives System „hypermedia-artig" erscheinen lassen. So läßt sich vor allem die Nutzung von Hypermediasystemen durch folgende Merkmale charakterisieren:

- nicht-lineares Lesen in einem vernetzten Informationsraum
- Suche durch Browsing, Exploration und Navigation
- selektionsorientierte Interaktionsformen

Die Dialogkonzepte, die bei Hypermediasystemen Anwendung finden, müssen auf diese Charakteristiken abgestimmt werden. Von besonderer Bedeutung ist die geeignete Wahl von Visualisierungen der Hypermediastruktur und von Selektionstechniken zur Auswahl des nächsten zu inspizierenden Knotens.

9.4.1 Selektion von Assoziationen

Ein wichtiger Vorgang beim Durchsuchen von Hypermedianetzen ist die Selektion der Assoziation bzw. des daraus resultierenden Folgeknotens. Dialogtechnisch stehen dabei eine Vielzahl von Methoden zur Verfügung. Die sinnvollste Methode hängt stark von der Interaktionsstruktur des jeweiligen Hypermediasystems ab.

Hypermediasysteme, die für einfache Textbildschirme realisiert wurden (z.B. das INFO-SYSTEM des Editors EMACS) stellen den aktuellen Knoten als eine oder mehrere Textseiten dar. Die wählbaren Assoziationen sind im Text durch Hervorhebung, Unterstreichung oder andere Informationscodierungen markiert. Die Auswahl erfolgt dann durch direkte Selektion der Assoziation mit einem Zeigeinstrument und einer entsprechenden Aktion (z.B. Doppelklick mit der Maus).

Alternativ kann durch textuelle Eingabe des Assoziationstextes, eventuell mit automatischer Komplettierung (***Completion***), die Assoziation ausgewählt werden. Auch das Anbieten eines Menüs (Pop-Up- oder stationäres Menü) mit möglichen auswählbaren Assoziationen ist eine sinnvolle und gebräuchliche Technik.

9.4.2 Orientierung in Hypermediastrukturen

Im Zusammenhang mit Hypermediasystemen wird häufig das Orientierungsproblem diskutiert. Es wird berichtet, daß Benutzer in größeren Hypermediasystemen schnell in einen ***Zustand der Desorientierung*** gelangen, in dem sie weder den Weg zurück noch einen sinnvollen Weg nach vorne finden. Dieses Problem ist nicht verwunderlich, und deshalb gibt es in den meisten Hypermediasystemen Vorkehrungen, um es zu vermeiden.

a) Netzsicht

Neben der eigentlichen lokalen Sicht aus einem Hypermediaknoten heraus ist es sinnvoll, dem Benutzer eine globale ***Übersichtsinformation (Übersichtskarte)*** über das Netz zu vermitteln. Dies ist vergleichbar mit einem Stadtplan oder einer Straßenkarte, die eine Übersicht über die wichtigsten Verkehrswege bietet. Diese Netzsicht erlaubt einem Benutzer, in Form von Navigation seine Erkundungen im Hypermediasystem zu planen und zu steuern, soweit es die Detaillierung der Übersichtskarte zuläßt [Kap. 9.3.3].

Beim Durchwandern des Hypermedianetzes hilft diese Übersichtskarte nur dann etwas, wenn der momentane ***Standort*** feststellbar ist. Dies kann durch Auffinden des momentan besuchten Knotens in der Karte erfolgen oder besser durch automatische, visuelle Markierung des Knotens in der Karte.

Eine Netzsicht kann auf verschiedene Art und Weise gefiltert oder anderweitig vereinfacht werden. Denkbar sind Darstellungen bestimmter Ebenen in hierarchisch geordneten Netzen. Andere Lösungen sind ***Netzausschnitte*** oder ***Fish-Eye-Sichten*** [Furnas 86], die das nähere Umfeld groß und detailliert darstellen, und mit steigendem Abstand vom aktuellen Knoten das Netz zunehmend kleiner und vereinfachter wiedergeben. Zu vermeiden ist in jedem Fall eine umfangreiche, vollständige Netzdarstellung, die nur ein Orientierungsproblem in ein anderes überführen würde.

b) Pfade

Ein anderes Hilfsmittel bei der Orientierung in Hypermedianetzen ist die Verwaltung des vom Benutzer durchlaufenen Pfades durch verschiedene Knoten des Netzes.

Anhand des einsehbaren Pfades (***Historie***) kann ein Benutzer feststellen, wie der aktuelle Knoten erreicht wurde. Eventuell erinnert sich der Benutzer an wichtige Entscheidungspunkte im Dialog, an denen interessante Alternativen verfügbar waren. Durch geeignete, interaktive Hilfsmittel („Lesezeichen") kann man dem Benutzer ermöglichen, zu diesen Entscheidungspunkten zurückzukehren, um eine andere Variante zu wählen und so eine andere Informationsregion zu erreichen [Kap. 13].

Das Zurückwandern im Pfad kann durch direkte Sprünge oder durch sequentielles Zurückgehen erfolgen. Beide Funktionen sind in unterschiedlichen Situationen sinnvoll.

c) Inhaltsverzeichnis

Viele Hypermediasysteme bieten als Orientierungshilfe ein strukturiertes Inhaltsverzeichnis (Index) an. Dies ist ein für Benutzer vertrautes Konzept, das den Zusammenhang von Hypermedia und Buch herstellt.

Durch mehrere Inhaltsverzeichnisse und eine entsprechende lineare Verkettung von Knoten gemäß dieser Inhaltsverzeichnisse kann man einem Benutzer mehrere buchartige Sichten auf ein vorhandenes Hypermedianetz darbieten. Durch eine `Next-Funktion` wählt das System den nächsten Knoten aus einer Menge erreichbarer Knoten aus.

Solche Sichten auf ein Hypermediasystem sind ein wichtiges Konzept zur ***Linearisierung*** von Hypermedianetzen. Auf diese Weise werden diese Informationsräume zu ***druckbaren Medien***. Ein wichtiges derartiges Anwendungsfeld ist das Erzeugen gedruckter Handbücher aus Hilfesystemen, die in Form von Hypermedianetzen vorliegen [Kap. 11.2.1] (z.B. das INFO-SYSTEM des Editors EMACS). Ähnliche Anforderungen entstehen beim Erzeugen von Video- und Audiosequenzen aus entsprechenden Hypermedianetzen.

d) Guided Tours

Eine wirkungsvolle Möglichkeit, Benutzern von Hypermediasystemen einen ***Überblick über den Informationsraum*** zu vermitteln, besteht in der Bereitstellung von Guided Tours [Väänänen 93]. Diese „geführten Rundgänge" durch eine Hypermedianetz sollten dem Benutzer vor allem die grundlegenden Bedienprinzipien vermitteln. Außerdem sollten sie die wichtigsten Pfade durch das Netz zeigen und kommentieren.

Eine solche Guided Tour kann durch Animationstechniken ähnlich wie ein Film ablaufen. Dabei kann der Benutzer immer wieder in das Geschehen einbezogen werden, indem man ihn auffordert, einfache Entscheidungen zu treffen und diese über die Eingabeperipherie mitzuteilen. Dabei wird der Benutzer über die erste Hürde gehoben, die meist darin besteht, daß erste Aktivitäten durchführt werden. Bei der Guided Tour können diese Aktivitäten sofort vom Hypermediasystem kontrolliert, korrigiert und gegebenenfalls noch einmal erklärt werden. Dies kann als eine Form ***aktiver Hilfe*** angesehen werden [Kap. 11.2.2].

9.4.3 Rücksprung zum Ausgangspunkt

Nahezu jedes Hypermediasystem erlaubt eine Rückkehr zum Ausgangspunkt der Suche (***Home-Operator***). Dies kann entweder ein exklusiver Knoten im Hypermedianetz sein oder der Einstiegspunkt, den der Benutzer bei der aktuellen Sitzung gewählt hat.

9.5 Autorensysteme

So wie die Nutzung von Hypermediasystemen besonderer Dialogformen bedarf, muß auch das ***Erstellen von Hypermediastrukturen und -inhalten*** geeignet unterstützt werden.

Grundsätzlich stehen zwei Vorgehensweisen im Vordergrund. Dies ist zum einen die Verwendung von Autorensprachen zur „Off-Line"-Erstellung und zum anderen die Verwendung interaktiver Editoren zur „On-Line"-Erstellung von Hypermedianetzen. Beide Verfahren haben Vor- und Nachteile, so daß sich nicht unbedingt eine davon als die einzige zukünftige Methode herauszukristallisieren scheint.

9.5.1 Autorensprachen

Autorensprachen für Hypermedia sind spezialisierte formale Sprachen, die eine große Ähnlichkeit zu Programmiersprachen oder zu ***Markup-Sprachen***[1] haben.

Beispiel für eine Autorensprache, die viele Elemente einer Programmiersprache besitzt, ist HYPERTALK, die zu APPLE's Hypermediasystem HYPERCARD gehört. Neben ihren Ähnlichkeiten zu einer prozeduralen Sprache wie PASCAL, besitzt HYPERTALK auch objektorientierte und natürlichsprachliche Elemente.

Eine andere Autorensprache ist das INFO-SYSTEM des Editors EMACS, das als Hilfesystem dient. Hier werden syntaktische Markierungen in den sonst normalen ASCII-Text eingebaut, die dann als Verweise auf andere Knoten interpretiert werden. Das EMACS INFO-SYSTEM stellt Textquellen dar, die mit dem Textformatiersystem TeX erstellt wurden.

Obwohl die Verwendung von Autorensprachen viel mit Programmierung im herkömmlichen Sinn zu tun hat, läßt sich die Nutzung solcher Sprachen durch die Verwendung einfacher Syntax und durch Programminterpreter leicht benutzbar gestalten. Im Prinzip werden dadurch auch Endbenutzer in die Lage versetzt, ihre eigenen Hypermediastrukturen zu definieren oder zu verändern. Trotzdem dürfte diese Technik besser für Programmierer oder Systemdesigner geeignet sein.

9.5.2 Editoren

Ein anderer Weg zur Erstellung von Hypermediasystemen orientiert sich an der Technik der ***direkten Manipulation*** [Kap. 8]. Hierzu bietet es sich an, ausgehend vom ohnehin vorhandenen Visualisierungssystem für die Hypermediastruktur

[1] Dokumentenbeschreibungssprachen

einen Netz- und einen Knoteneditor einzubinden, der es erlaubt, einfache Änderungen an einer bestehenden Hypermediastruktur vorzunehmen oder ein neues System zu erzeugen.

Ein ***Netzeditor*** dient zum Ändern und Erweitern der Hypermediastruktur. Zu diesem Zweck werden Operationen zum Kreieren und Löschen von Assoziationen und Knoten benötigt. Das Erzeugen von Assoziationen kann durch direkt manipulatives Verbinden zweier sichtbarer Knoten mittels einer zu benennenden Assoziation erfolgen.

Ein ***Knoteneditor*** dient zum Erstellen des zum Knoten gehörigen Informationsinhalts. Dies kann entsprechend der Ausprägung des Hypermediasystems textuelle, graphische oder andere Information sein.

Diese direkt manipulative Methode zur Erzeugung einer Hypermediastruktur ist insbesondere für Endbenutzer von Bedeutung, da sie ohne jegliche Art von Programmierung auskommt. Das Definieren komplexer Aktionen in einem Knoten, die bei Selektion des Knotens wirksam werden, kann hierdurch jedoch kaum geleistet werden. Hierzu ist in jedem Fall eine zumindest einfache Form der Programmierung nötig.

Ein System dieser Art ist CONCORDIA der Firma SYMBOLICS [Walker 88, Symbolics 88]. Es ist der Hypermedia-Editor zum SYMBOLICS DOCUMENT EXAMINER [Abb. 9.8], dem Hypermediasystem zum Lesen der GENERA-Systemdokumentation. Elemente der Darstellungen sind in diesem Fall Text, Graphik und Programmfragmente.

9.6 Anwendungsbereiche

Die Verwendbarkeit von Hypermediasystemen ist vielfältig. Wichtige Anwendungsbereiche von Hypermediasystemen werden im folgenden beschrieben.

9.6.1 Hilfesysteme

Hilfesysteme sind geradezu prädestiniert, um als Hypermediasysteme realisiert zu werden [Kap. 11.2.1]. Dies liegt vor allem an der logisch stark vernetzten Struktur von Hilfeinformationen, wie bereits aus den meisten Handbüchern ersichtlich ist. Diese enthalten vielfältige Querverweise zwischen den Abschnitten.

Ein weiterer Grund für die Realisierung von Hilfesystemen als Hypermediasysteme liegt an den beiden typischen Vorgehensweisen bei der Einarbeitung in neue Systeme:

1. Man sucht sich einen interessant scheinenden Einstiegspunkt und verfolgt mittels Browsing verschiedene Verweise auf benachbarte Informationen und lernt so ein System kennen.

2. Man hat durch ein vorliegendes Problem einen bestimmten Einstiegpunkt und sucht von dort aus mittels Navigation nach einer Lösung.

Im Zusammenhang mit Animation oder Video lassen sich sehr wirksame Hilfesysteme realisieren, wobei das Spektrum von einfachen Starthilfen für Computerbenutzer bis hin zu Reparaturanleitungen für Servicetechniker reicht.

9.6.2 Tutorielle Systeme

Verbindet man bei Hilfesystemen das Lesen der Hilfeinformation durch aktive Experimente mit dem zu erlernenden System, wobei die Initiative vom Benutzer oder vom Hypermediasystem ausgehen kann, so erhält man eine Art tutorieller Systeme.

Viele Hypermediasysteme wie APPLE's HYPERCARD ermöglichen es, beliebige Aktionen (Seiteneffekte) beim Durchwandern des Netzes auszulösen. Mit diesem Mechanismus lassen sich die tutoriellen Aktivitäten des Systems einbinden.

9.6.3 Dokumentationssysteme

Stark verwandt mit der Problemstellung bei Hilfesystemen ist die Situation bei Dokumentationssystemen. Hierbei steht weniger als bei Hilfesystemen die schnelle und einfache Hilfe im Vordergrund. Stattdessen ist die Suche und das Verfolgen von bestimmten Themen in umfangreichen Informationsbeständen von großer Bedeutung.

Den Anfang bei derartigen Systemen bildeten umfangreiche Dokumentationen von Betriebssystemen und Entwicklungsumgebungen (z.B. SYMBOLICS DOCUMENT EXAMINER). Neuere Systeme enthalten so viel Information, daß sie auf CD-ROMs als Datenträger aufbauen und einen relativ schnellen Zugriff (wenige Sekunden) auf Tausende von Textseiten erlauben. Ein Beispiel mit mehr als 15000 Seiten ist das SUNSOFT SOFTWARE ANSWERBOOK [Abb. 9.9]. Die auf dem Bildschirm dargestellte Information ist dabei identisch mit der gedruckten Dokumentation. Durch die Ausgabe der Information vorzugsweie auf POSTSCRIPT-Druckern kann sich der Benutzer jederzeit „Originale" der Dokumentation in Papierform herstellen. Dies wird beim Durcharbeiten größerer Dokumente dem Lesen auf dem Bildschirm vorgezogen.

Neben der Zeitersparnis für den Benutzer tritt eine erhebliche Kostenersparnis für die Softwarehersteller ein. Bei jedem neuen Software-Release (typischerweise jährlich) mußten Dutzende dicker Dokumentationsordner erneuert werden.

Zurückblickend läßt sich feststellen, daß die Realisierung von Dokumentationssystemen in den letzten Jahren sicher eine treibende Kraft für die Entwicklung von Hypermediasystemen war und vorerst auch bleiben wird. Hierbei wurden und werden viele wichtige neue Erkenntnisse für die dabei sinnvollen Interaktionstechniken gefunden.

9.6.4 Elektronische Lexika

Im Bereich des ***Elektronischen Publizierens*** bahnt sich ebenfalls eine wichtige Entwicklung an. Es werden in Zukunft Publikationen nicht nur in Papierform, sondern auch in elektronischer Form verfügbar sein.

Elektronische Publikationen müssen nicht zwangsläufig in vernetzter Hypermediaform vorliegen. Trotzdem wird man sich stark daran orientieren, weil die Techniken dazu inzwischen eine Funktionalität und Reife erreicht haben, die vereinfachte Lösungen, die nur auf lineares Lesen ausgelegt sind, nicht mehr attraktiv erscheinen lassen.

Eine besondere Bedeutung erlangt die Hypermediatechnik im Zusammenhang mit umfangreichen Lexika. Informationen in Lexika sind schon von ihrer Natur her in kleine Informationseinheiten zergliedert und durch textuelle Verweise stark miteinander vernetzt. Die Umsetzung in Hypermediasysteme kann dadurch teilweise automatisch erfolgen.

Die Verbreitung elektronischer Publikationen hängt in hohem Maße mit der Verfügbarkeit und Verbreitung standardisierter Hypermediasoftware und standardisierter optischer Speichersysteme zusammen. Hier gibt es zwar einsatzfähige Systeme, aber sicherlich noch Defizite in der Standardisierung und Verbreitung dieser Systeme.

9.6.5 Weitere Anwendungsgebiete

Es gibt eine Vielzahl weiterer, bereits absehbarer Anwendungsbereiche für Hypermediasysteme:

- Programmdokumentationen
- medizinische Informationsbestände
- juristische Texte
- Patente
- Reiseauskunftsysteme
- Projektplanungssysteme
- interaktives Hypervideo

Durch die zunehmende Verbreitung der Hypermediatechnik werden ständig neue Anwendungsfelder entdeckt und erschlossen werden. Auch die rapide technische Entwicklung auf dem Sektor persönlicher Computersysteme wird hierzu beitragen. Wegen der zu erwartenden starken Verbreitung und häufigen Nutzung privater und beruflicher Hypermediasysteme ist besonders auf die benutzergerechte Ausprägung dieser Systeme zu achten.

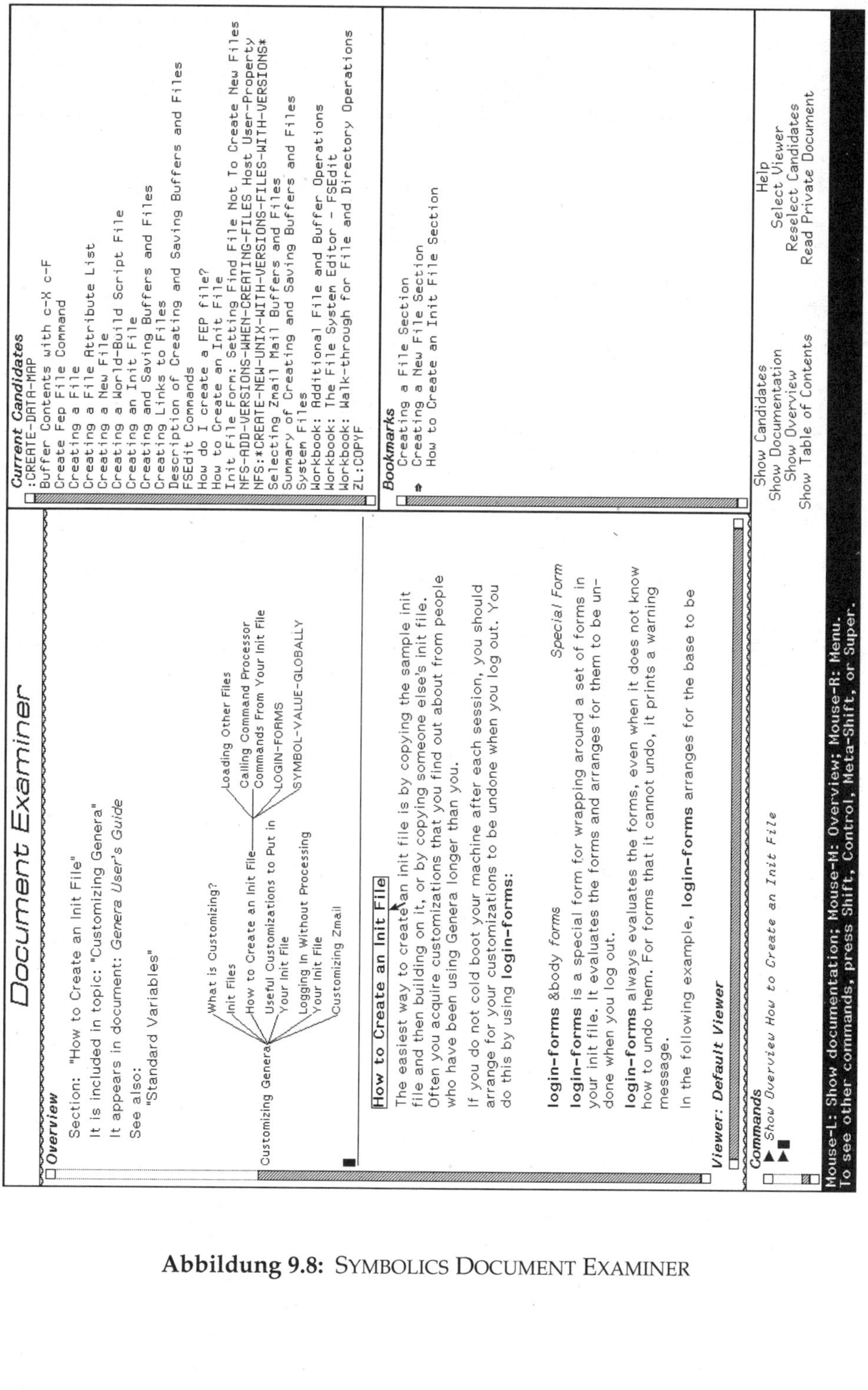

Abbildung 9.8: SYMBOLICS DOCUMENT EXAMINER

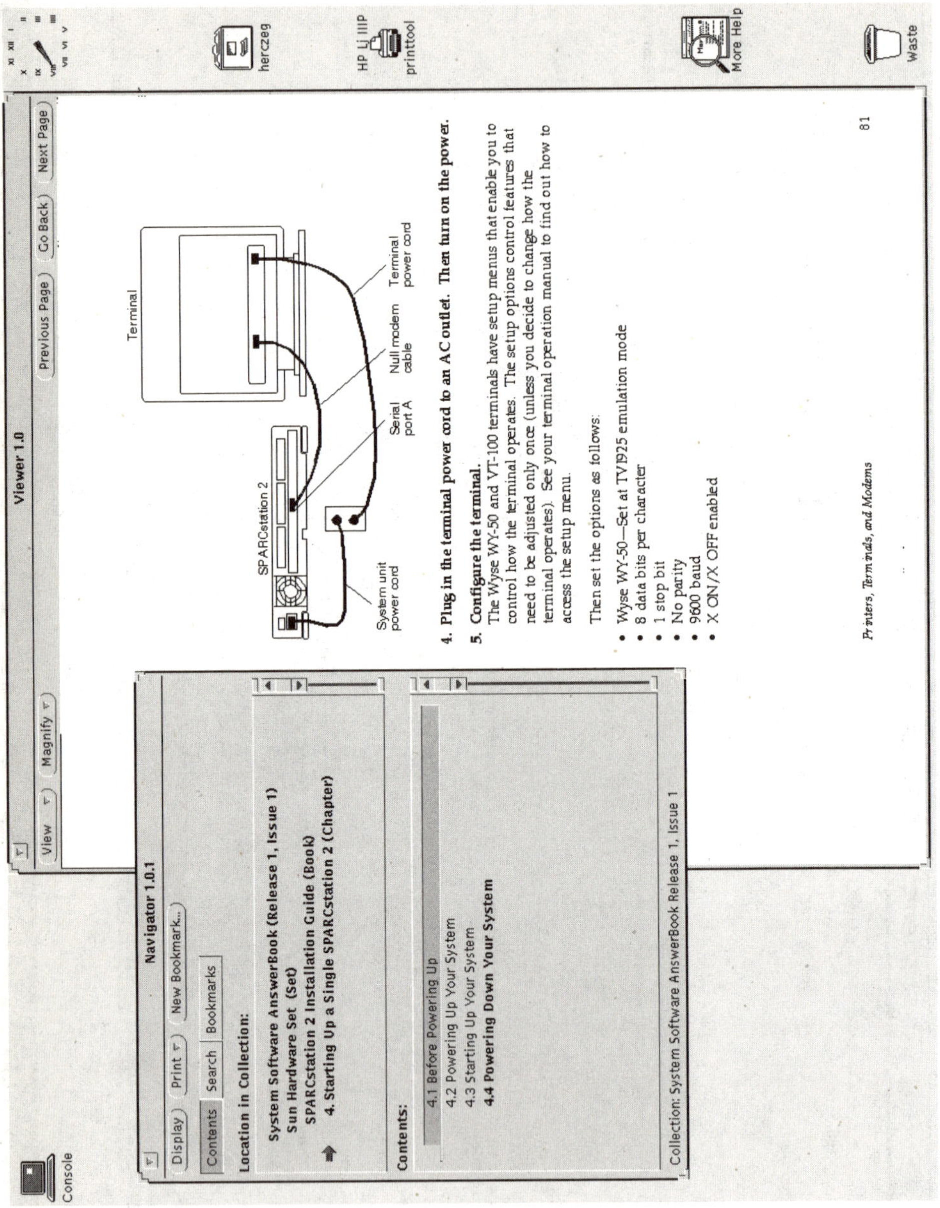

Abbildung 9.9: SUNSOFT SOFTWARE ANSWERBOOK

Kapitel 10

Multiple Aktivitäten

Wir sind es im täglichen Leben gewohnt, ständig mehrere Tätigkeiten praktisch gleichzeitig durchzuführen. Dies resultiert allein schon aus der Notwendigkeit, länger andauernde Tätigkeiten durch verschiedene kleinere Aktivitäten mit höherer Priorität zu unterbrechen, d.h. für einen kurzen Zeitraum stillzulegen. Darüber hinaus interagieren Aktivitäten häufig miteinander, so daß ihre notwendige Verzahnung einen ***ständigen Wechsel der Arbeitskontexte*** verlangt, oft unter Austausch diverser Informationen.

Eine echte Parallelität von Aktivitäten ist meist nicht oder nur sehr eingeschänkt möglich. Wir sind daher ständig damit beschäftigt, unsere Aktivitäten zu linearisieren, d.h. sie in eine Sequenz hintereinander ablaufender Tätigkeiten zu bringen. Dies erfordert einen beträchtlichen mentalen Aufwand, der sich insbesondere als hohe Belastung des Gedächtnisses niederschlägt.

Im Bereich der Computeranwendungen sind multiple Kontexte und Aktivitäten schon seit längerer Zeit, vor allem im Zusammenhang mit Betriebssystemen, ein wichtiges Thema. Erst seit jüngerer Zeit erkennt man die Notwendigkeit, diese Fähigkeiten von Computern dem Benutzer direkt zur Verfügung zu stellen und sie somit auch unter dessen Kontrolle zu bringen [Cypher 86]. In komplexen und semantisch reichhaltigen Anwendungsbereichen soll der Benutzer die Möglichkeit haben, mehrere Werkzeuge gleichzeitig zu steuern und somit mehrere Aktivitäten quasi gleichzeitig ablaufen zu lassen. Hierzu ist es notwendig, im Sinne einer ***Aktivitätenverwaltung*** Operatoren zum Aktivieren, Stillegen, Reaktivieren und Beenden von Werkzeugen bereitzustellen. Über diese Aktivitätenverwaltung hinaus soll es ermöglicht werden, die verschiedenen Aktivitäten in eigenen ***Ein- und Ausgabebereichen*** (logische Bildschirme, Fenster) zu lokalisieren und Informationen zwischen den Anwendungen bzw. Werkzeugen zu transferieren. Auf diese Weise können sich während eines Bildschirmarbeitstages komplexe Aktivitätsfolgen in mehreren Arbeitskontexten ergeben, die den gewohnten, nicht bildschirmgebundenen Aktivitätenprofilen des Alltags sehr nahe kommen [Abb. 10.1].

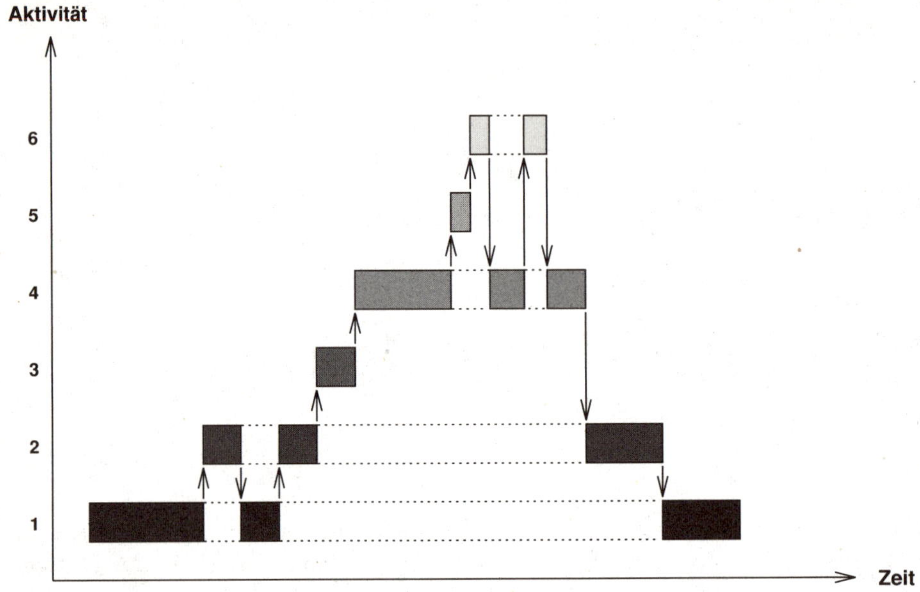

Abbildung 10.1: Beispiel eines Aktivitätenprofils mit 6 parallelen Aktivitäten

10.1 Eine Aufgabe und mehrere Werkzeuge

Oftmals ist zur Durchführung einer einzelnen Aufgabe die Nutzung mehrerer, weitgehend unabhängiger Werkzeuge notwendig. So kann beispielsweise das Organisieren eines Arbeitstreffens die Benutzung eines Kalenderprogramms, eines Postsystems und eines Textsystems erfordern.

Das erste Problem in derartigen Situationen ist die Problemzerlegung, d.h. die Identifikation von Teilaufgaben und ihren Abhängigkeiten. Die bereits erfolgte Lösung ähnlicher Aufgaben kann hier eine Schlüsselfunktion erfüllen.

Als nächstes müssen zu den Teilaufgaben geeignete Werkzeuge ausgewählt werden. Hilfreich kann hier vor allem die Bereitstellung eines für die Aufgabe vorbereiteten, geeigneten ***Werkzeugsortiments*** sein. Beispielsweise könnten für obiges Beispiel bereits vom System die Werkzeuge Kalender, Postsystem und Textsystem aktiviert und visualisiert werden, sobald der Benutzer den Typ der zu lösenden Aufgabe benannt hat.

Bei der Lösung der Teilaufgaben ist es notwendig, in den Werkzeugen Kontexte einfrieren zu können, um sie möglichst jederzeit unterbrechen zu können. So könnte das Eintippen eines Terminvorschlags im elektronischen Postsystem durch ein kurzes Inspizieren des Kalenders unterbrochen werden.

Zur effizienten Aufgabenbewältigung sowie zur optimalen Nutzung des Kurzzeitgedächtnisses ist es wichtig, schnell zwischen den Aktivitäten, d.h. zwischen den Werkzeugen, hin- und herschalten zu können. Ist der Aktivitätenwechsel zu aufwendig, so stört diese Tätigkeit die eigentliche Aufgabe und behindert oder verhindert deren effiziente Lösung.

Sind Teilaufgaben gelöst und entsprechende Teillösungen vorhanden, so müssen diese verknüpft werden können. Dazu müssen die Arbeitsergebnisse aus den einzelnen Werkzeugen „entnommen" und in andere integrierende Werkzeuge übergeführt werden. Hierbei sollte die interne Struktur der Ergebnisse weitgehend erhalten bleiben. So sollte es möglich sein, einen im Kalender eingetragenen Termin zu kopieren und zur Verbreitung in das Postsystem zu übertragen. Der Termin sollte dabei nicht zu einfachem Text degradiert werden, da ihn der Empfänger der Post wieder als entsprechende Struktur in seinen Terminkalender übertragen möchte.

Zur Übersicht über den Stand der Gesamtproblemlösung werden ebenfalls Hilfsmittel benötigt, die komplementär zur Problemzerlegung eine globale Überwachung und Zusammenführung der Arbeitsergebnisse erlauben. Für komplexe und zeitaufwendige Aufgaben wäre es deshalb hilfreich, vom System einen „roten Faden" an die Hand zu bekommen, an dem man sich bezüglich der entsprechenden Aufgabe vorwärts und, falls notwendig, auch rückwärts bewegen kann [Kap. 13].

10.2 Ein Werkzeug und mehrere Aufgaben

Andere Anforderungen entstehen, wenn ein Werkzeug für mehrere parallele Aufgaben oder Teilaufgaben benötigt wird. Für jede Aktivität muß dabei ein eigener ***Werkzeugkontext (Werkzeuginkarnation)*** verwaltet werden.

Der Grund für die Verwendung ein und desselben Werkzeugs für ähnliche Aufgaben liegt in einer anzustrebenden ***Uniformität von Werkzeugen (generische oder multimodale Werkzeuge)***. Durch eine solche Uniformität erspart sich ein Benutzer das Erlernen einer Vielzahl ähnlicher Werkzeuge mit unterschiedlichen Benutzungsschnittstellen. Typische Vertreter dieser Entwicklung sind ***Editoren***, die für die unterschiedlichsten Aufgaben in unterschiedlichen Modi zur Verfügung stehen [Kap. 2.3.3].

Wird ein Werkzeug für mehrere Aufgaben verwendet, so ist es notwendig, eine eindeutige Zuordnung einer Werkzeuginkarnation zur dazugehörigen Aufgabe herzustellen.

Bei der Verknüpfung von Resultaten verschiedener Teilaufgaben können solche generische Werkzeuge eine wichtige integrierende Funktion einnehmen. Zu diesem Zweck sollten sie Informationsspeicher bereitstellen, die von allen Kontexten her zugreifbar sind und den Austausch von Informationen zwischen den Kontexten erlauben.

10.3 Hilfsmittel

Wenn Benutzer simultane Aktivitäten ausführen, müssen sie einen beträchtlichen mentalen Aufwand zur Organisation der Aktivitäten leisten. Nimmt man ihnen einen Teil dieser mentalen Last durch Unterstützungssysteme ab, so können sie mit höherer Konzentration und Effizienz an der eigentlichen Problemlösung arbeiten.

10.3.1 Orientierung

Zur Orientierung über die laufenden Aktivitäten können verschiedene Hilfsmittel dienen. Dem Benutzer sollte in jedem Fall eine Übersicht über die laufenden Aktivitäten geboten werden [Bsp. 10.1].

Beispiel 10.1:
Eine Übersicht über die laufenden Aktiväten kann an der Benutzungsoberfläche des Gesamtsystems zum Beispiel durch eine Auflistung der „eingefrorenen" Werkzeuge erfolgen. Mit entsprechenden Kommandos können die Werkzeuge aktiviert, desaktiviert oder terminiert werden (z.B. `jobs` *und* `fg`, `bg`, `kill` *in UNIX).*

```
triton> jobs
[1]     Stopped  emacs einleitung.tex
[2]     Stopped  pageview einleitung.ps
[3]     Stopped  /usr/ucb/Mail
[4]   - Stopped  find texte -name *.tex -print > FOUND
[5]   + Running  backup
[6]     Stopped  calendar
[7]     Running  calctool
[8]     Running  latex einleitung.tex
triton>
```

◊

In Editoren findet man ähnliche Hilfsmittel, z.B. Listen der in Bearbeitung befindlichen Kontexte (Buffer) mit Auswahlmöglichkeit [Abb. 10.2] und Cut-and-Paste-Listen zum Einsetzen wiederverwendbarer Textfragmente.

10.3.2 Fenstersysteme

Fenstersysteme (***Windowsysteme***) visualisieren die verschiedenen Aktivitäten eines Benutzers in eigenen ***Darstellungs- und Eingabebereichen*** und halten die Arbeitskontexte somit für den Benutzer sichtbar, selektierbar und unterscheidbar.

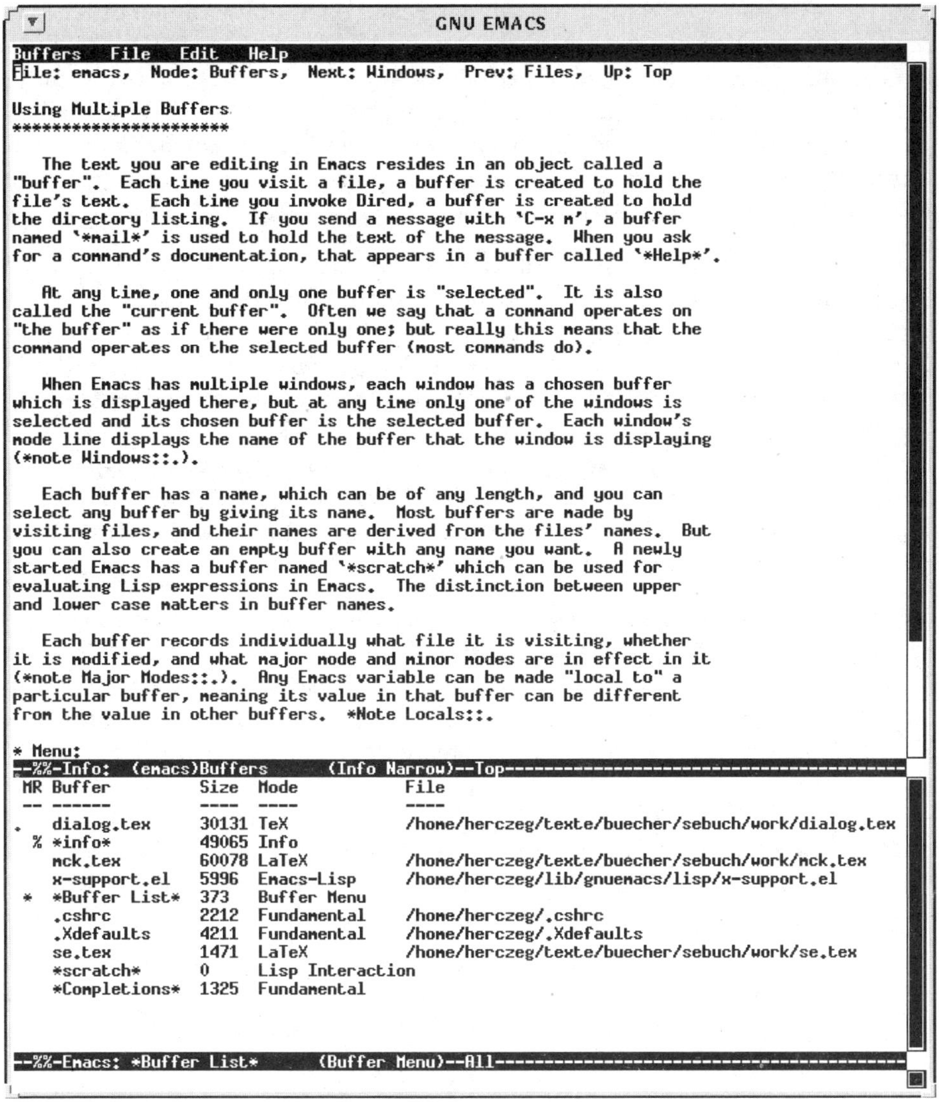

Abbildung 10.2: Kontext-Liste des Editors EMACS

Oftmals lassen sich Aktivitäten nicht einzelnen Fenstern, sondern allenfalls ganzen Gruppen von Fenstern zuordnen. Durch ***hierarchische Fenster*** und ***flexible Selektionsmethoden*** läßt sich diese erhöhte Komplexität wieder teilweise kompensieren. Dabei repräsentiert ein Fensterbaum, visualisiert durch ineinandergeschachtelte Fenster, eine komplexe Aktivität. Selektionen können außer durch eine Zeigehandlung auch mit Funktionstasten erfolgen, so daß die ständige Sichtbarkeit der einzelnen Fenster nicht unbedingt nötig ist. So werden auch vollständige Fensterüberlappungen einigermaßen handhabbar. Eine zusätzliche Hilfe bieten ***Piktogramme (Icons)***, die durch ihren geringen Platzbedarf auf dem Bildschirm als abstrahierte oder symbolisierte graphische Darstellungen beliebige Aktivitäten visuell repräsentieren können.

Fenstersysteme erlauben die Realisierung von Benutzungsschnittstellen, die es ermöglichen, zwischen den in Fenstern visualisierten Arbeitskontexten hin- und herzuwechseln sowie die Fenster in Größe und Position an sich verändernde Arbeitssituationen anzupassen. ***Windowmanager*** sind Hilfsmittel, die Basis-Fenstersysteme (z.B. X WINDOW SYSTEM, NEWS) um eine einheitliche Darstellung und Handhabung von Fenstern erweitern. Sie geben den Fenstern Randbereiche mit vielfältigen Funktionen zur Interaktion mit den Fenstern. Beispiele für Fensterumgebungen mit derartiger Funktionalität sind OSF/MOTIF und OPEN LOOK für UNIX-Workstations sowie FINDER für den APPLE MACINTOSH und der PRESENTATION MANAGER für PCs.

Windowmanager organisieren meist auch den Informationstransfer zwischen Fenstern. Als Basis zur Lösung dieser Datenaustauschmöglichkeiten kommen Konzepte wie ***Cut-and-Paste*** in Frage. Cut-and-Paste erlaubt das Kopieren von Datenelementen in einem Fenster (Kontext) und das Übertragen in ein anderes. Für einen mächtigeren Datentransfer sollten datentyp-sensitive Verfahren angewandt werden, die die syntaktische oder sogar die semantische Struktur der Anwendung ausnutzen und ein anwendungsgerechteres Selektieren und Übertragen von Informationsstrukturen erlauben. Ein Ansatz dafür bieten beispielsweise die PRESENTATION-TYPES in CLIM, wie sie bei der SYMBOLICS-Programmentwicklungsumgebung GENERA eingesetzt werden [Bsp. 10.2].

> **Beispiel 10.2:**
> *In der Abbildung 10.3 sehen wir einen Dialogausschnitt, bei dem der Benutzer kommandoorientiert den Editor aufruft. Bei der Eingabe des Namens der zu bearbeitenden Datei werden auf dem Bildschirm alle sichtbaren Dateinamen „maus-sensitiv". Fährt der Benutzer mit der Maus über solche Dateinamen, werden sie eingerahmt dargestellt. Durch Drücken eines Mausknopfes wird die selektierte Datei als Parameter des Editorkommandos eingesetzt. Durch Drücken eines anderen Mausknopfes über einem Dateinamen wird ein Menü aufgeblendet, das alle auf die Datei anwendbaren Operatoren zeigt, wie z.B. Edieren, Löschen und Umbenennen enthält.* ◊

```
Command: Login (user name) herczeg
Loading CASTOR:>herczeg>lispm-init.lisp.newest into package USER (really COMMON-LISP-USER)
Loading SYS:SITE;SYS.TRANSLATIONS.NEWEST into package USER (really COMMON-LISP-USER)
Loading SYS:SITE;ANT.TRANSLATIONS.NEWEST into package FILE-SYSTEM
Loading ANT:MAIN;NAMESPACE-PATCH.IBIN.NEWEST into package USER (really COMMON-LISP-USER)
Loading CASTOR:>herczeg>replex.translations.newest into package FILE-SYSTEM
Loading CASTOR:>herczeg>exit.translations.newest into package FILE-SYSTEM
Loading CASTOR:>herczeg>kee-addons.translations.newest into package FILE-SYSTEM
Loading CASTOR:>herczeg>kee>kee-init.ibin.newest into package KEE
Command: Edit File
```

Abbildung 10.3: Aktive GENERA PRESENTATION-TYPES

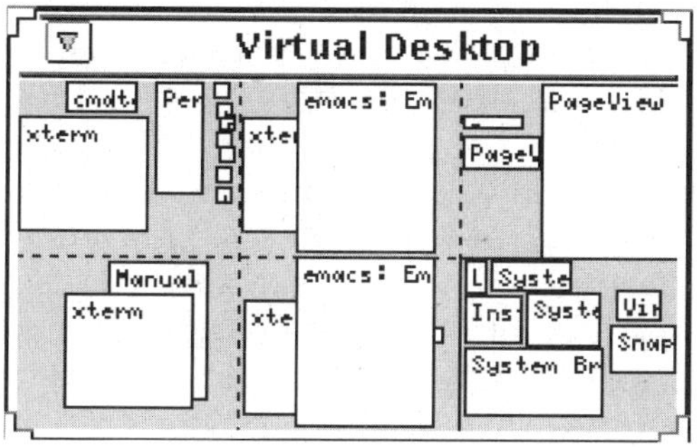

Abbildung 10.4: Virtual Desktop für SUNSOFT OPENWINDOWS

Für das Einbinden neuer Werkzeuge (Anwendungen) und Dateitypen besitzen manche Windowmanager eine spezielle Komponente, meist ***Binder*** genannt. Damit wird festgelegt, wie die Werkzeuge und Dateien visualisiert werden und mit welchen Werkzeugen Dateien im Normalfall bearbeitet werden. Dabei kann auch definiert werden, wie Dateien konvertiert werden müssen, bevor sie auf einen bestimmten Drucker geschickt werden.

Fenstersysteme führen oft zu überfüllten und unübersichtlichen Bildschirmen. Dieses Phänomen entsteht ganz ähnlich wie die Unordnung auf einem Schreibtisch, die sicher jeder kennt und für die es oft keine guten und dauerhaften Lösungsmöglichkeiten zu geben scheint. Dieses Problem spricht deshalb keinesfalls gegen Schreibtische oder Fensterssysteme, sondern dafür, daß weitere Hilfsmittel notwendig sind, um die Unordnung zu bändigen.

Ein inzwischen verbreitetes Hilfsmittel sind ***Virtual Desktops*** bzw. die dazugehörigen ***Virtual Windowmanager***, die in einem Fenster ein kleines Abbild einer Vielzahl logischer Bildschirme zeigen, die ihrerseits wieder viele Fenster enthalten können [Abb. 10.4]. Durch das Manipulieren der kleinen Abbilder im Virtual Desktop werden die richtigen Fenster bewegt und aktiviert. Virtual Desktops vergrößern also die verfügbare Desktop-Fläche und beseitigen damit einen häufigen Engpaß. Gegen eine grundsätzliche Neigung zu Unordnung sind jedoch auch sie kein Heilmittel.

Die Einschränkung von Fenstersystemen auf ganzseitige Fenster sowie ***Split-Screen-Techniken*** kann hier unter Aufgabe anderer Freiheiten einige Probleme verhindern. Bei Split-Screen-Techniken wird ein Fenster in nicht überlappende Unterfenster zerteilt [Abb. 10.5]. Bei mehreren ganzseitigen Fenstern geht man den drastischen Weg der vollständigen Überlappung. In beiden Fällen vermeidet man die leicht zum Chaos führende teilweise Überlappung von Fenstern. Diese Technik sollte vor allem bei sicherheitsrelevanten Aktivitäten Einsatz finden. Split-Screen-Techniken werden oft mit frei beweglichen Fenstern kombiniert [Abb. 10.6].

10.3.3 Generische oder multimodale Werkzeuge

Multimodale Werkzeuge sind in der Lage, mehrere Arbeitskontexte bereitzustellen. Ein Beispiel dafür ist der Texteditor EMACS. Er erzeugt beliebig viele sogenannter ***Buffer***, um Textbearbeitungskontexte zu verwalten und zu visualisieren [Abb. 10.2]. Dieser Texteditor existiert inzwischen in einer Fülle von Ausprägungen[1], so daß man inzwischen von einer Klasse EMACS-artiger Werkzeuge reden kann.

Bei EMACS werden für die einzelnen Buffer übergreifende Operatoren angeboten, die über alle Kontexte reichen, wie z.B. Textsuche oder Textersetzung in einer definierbaren Menge von Dateien. Dies ermöglicht die Verknüpfung von Aktivitäten über verschiedene Arbeitskontexte.

Die einzelnen Kontexte sind bei multimodalen Werkzeugen anwendungsspezifisch ausgestaltet. So werden bei EMACS mehrere ***Modi*** für verschiedene Programmiersprachen angeboten, um syntaxgesteuertes Edieren und dazugehörige Hilfsfunktionen anzubieten, wie das spezifische Einrücken von Programmen oder das Ändern von Tastenbindungen. Andere Modi unterstützen Aktivitäten wie das Lesen, Senden und Verwalten elektronischer Post sowie das Bearbeiten von Dateiverzeichnissen. Mittels einer speziellen Programmier- oder Spezifikationssprache kann EMACS für neue Anwendungen erweitert werden.

Multimodale Werkzeuge bieten einen einheitlichen Blick auf ähnliche Aufgaben, ohne die Unterstützung spezieller Aktivitäten zu behindern. Man kann sie deshalb auch als ***generische Werkzeuge*** bezeichnen.

10.3.4 Aktivitätenverwaltung

In fortgeschrittenen benutzerorientierten Systemen sollte eine spezielle Systemkomponente vorhanden sein, die die laufenden Aktivitäten des Benutzers kennt, dem Benutzer den Systemzustand erklärt und eventuell Unterstützung bei der

[1] z.B. GOSLING EMACS, FREE SOFTWARE FOUNDATION GNUEMACS, SYMBOLICS ZMACS, LUCID EMACS, Jonathan Payne's JOVE

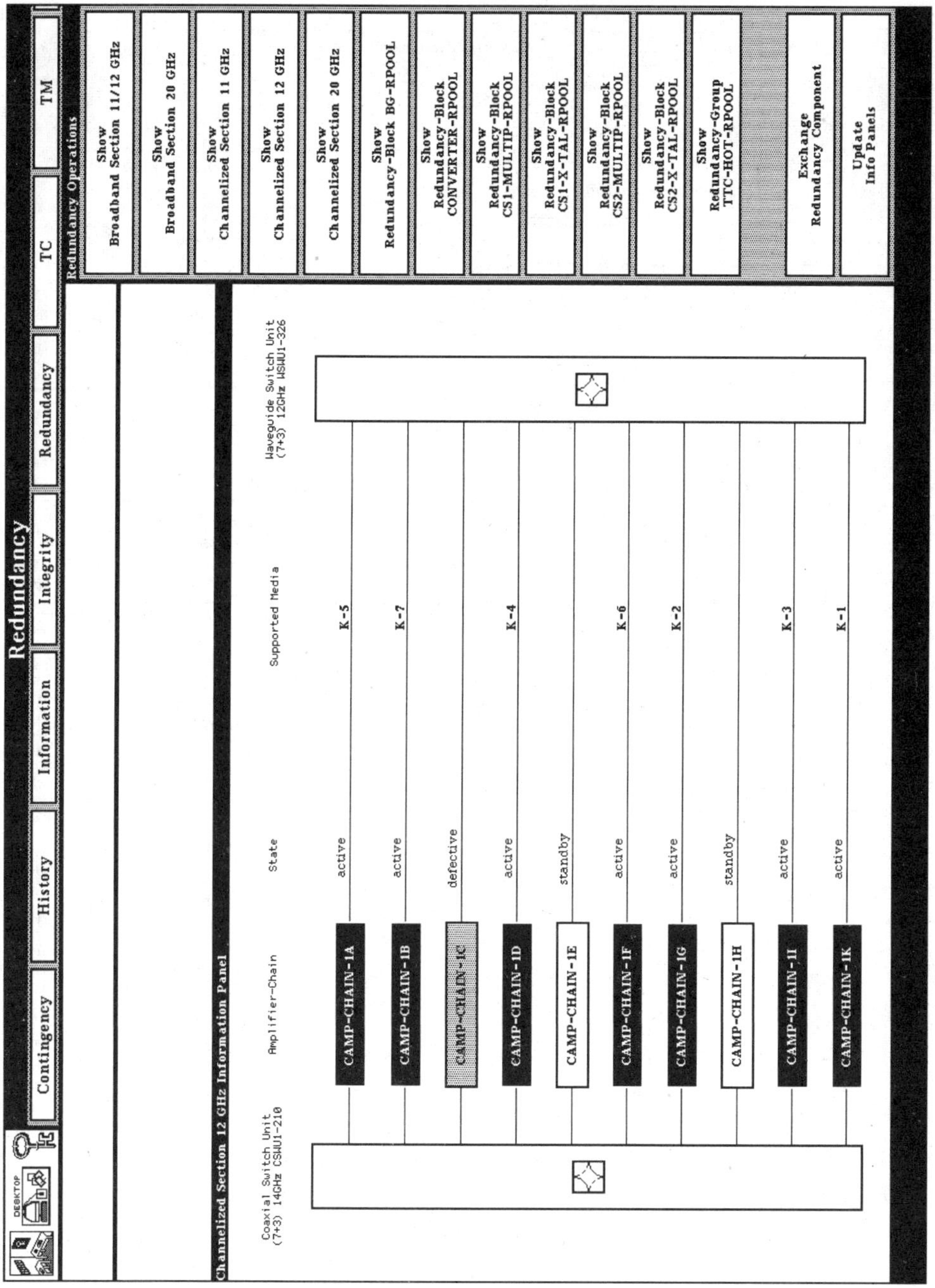

Abbildung 10.5: Beispiel für die Split-Screen-Technik (aus [Herczeg 93])

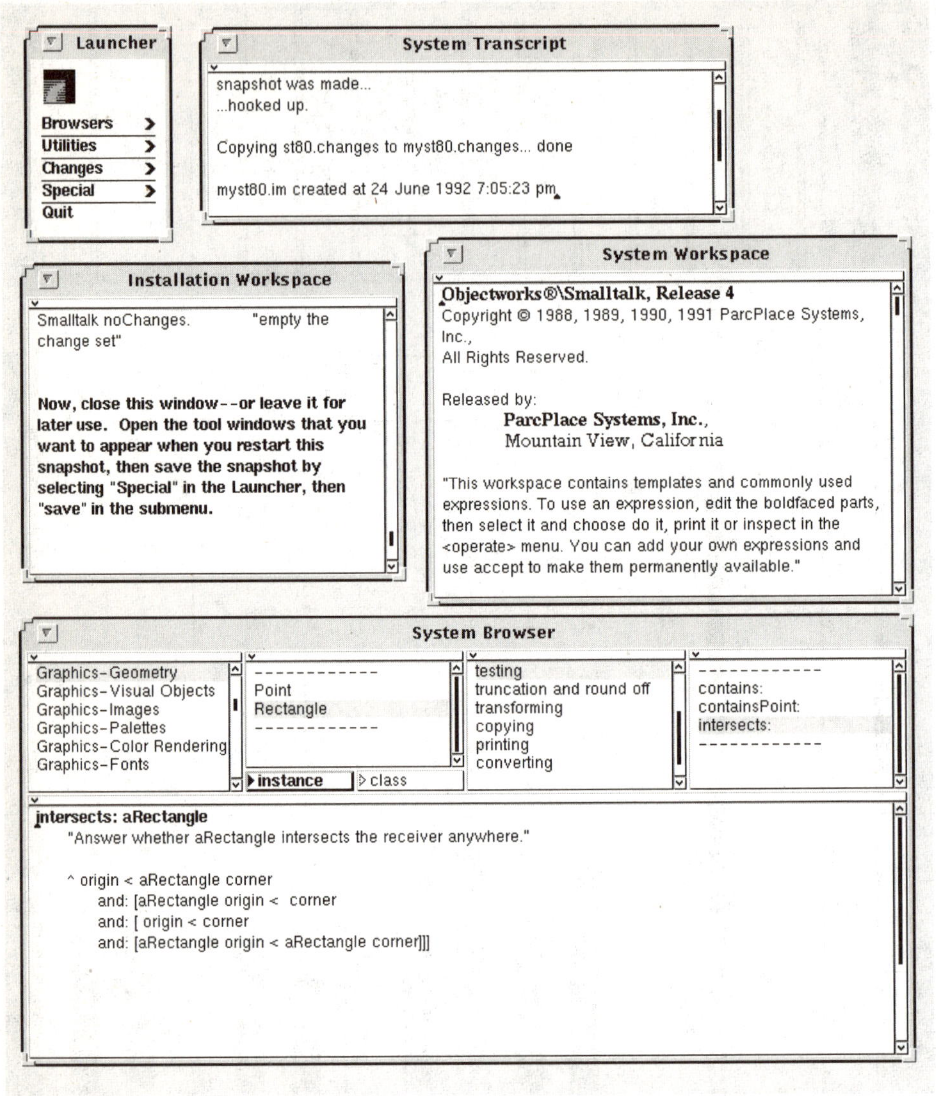

Abbildung 10.6: Beispiel für eine Mischung aus freien Fenstern und Split-Screen-Gestaltung bei SMALLTALK-80 von PARCPLACE

Auswahl der nächsten Aktion anbietet. Ein solche Systemkomponente sollte es jederzeit ermöglichen, den internen und den visualisierten Zustand aller Teilarbeiten für einen beliebigen Zeitraum einzufrieren und abzuspeichern, sofern dies von der Anwendung her sinnvoll und möglich ist.

Schwierigkeiten bereiten weiterhin vor allem die Einbindung von Aktivitäten, die außerhalb des Computersystems ablaufen, wie die Benutzung des Telefons, oder die Bearbeitung von Dokumenten in Papierform. Aktivitäten dieser Art können im allgemeinen trotz einer eventuellen engen logischen Verbindung mit Computeranwendungen nicht in einer einheitlichen Art und Weise zusammen mit den Computeranwendungen betrachtet und organisiert werden.

Eine Komponente zur Aktivitätenverwaltung ist auch der geeignete Ort zur Organisation des Informationstransfers zwischen den Aktivitäten. In ersten Ansätzen stellen dies Fenstersysteme mit ihren Windowmanagern heute bereit. Die Verbindungen zwischen den Aktivitäten befinden sich derzeit allerdings eher auf einem niedrigen Datenniveau (z.B. Textfragmente), anstatt auf der Ebene der für die Problemstellung relevanten Informationen (z.B. Termine, Adressen).

In jedem Fall ist es wichtig, die Werkzeuge bzw. Rahmensysteme von vornherein für die Handhabung multipler Werkzeuge bzw. Aktivitäten zu planen. Ein einfaches späteres Zusammenbinden verschiedener Werkzeuge zu einer anwendungs- und benutzergerechten Arbeitsumgebung wird im allgemeinen nicht möglich sein.

Kapitel 11

Interaktive Hilfe

Es gibt nur wenige Computersysteme, die ***unmittelbar verständlich*** sind, d.h. zu deren Benutzung praktisch keine Erklärungen erforderlich sind [Kap. 7.1.2]. In allen anderen Fällen ist zur sinnvollen Nutzung Unterstützung in Form von Erklärungen anzubieten. Diese Unterstützung kann unterschiedlicher Natur sein:

- *Schulung und Training* durch menschliche Experten
- *Handbücher* innerhalb oder außerhalb des Computersystems
- *interaktive Unterstützung* durch das Computersystem selbst

Systemkomponenten, die die interaktive Form der Unterstützung bieten, werden im folgenden *Hilfesysteme* genannt. Sie lassen sich folgendermaßen genauer definieren [Bauer 88]:

> „Als Hilfesystem soll jedes Programm bezeichnet werden, das bei der Benutzung eines interaktiven Systems durch explizite Erklärungen hilft:
>
> 1. Die Hilfe muß durch explizite Erklärungen erfolgen.
> 2. Der Problembereich, für den Hilfe gegeben wird, muß die interaktive Benutzung eines Computerprogramms betreffen.
> 3. Ein Hilfesystem ist selbst ein Computerprogramm."

Eine andere Definition lautet [Herczeg 86]:

> „Ein Hilfesystem ist eine Systemkomponente zur Analyse des aktuellen Systemkontextes mit folgenden Eigenschaften:

1. Es erklärt den Systemzustand, d.h. die vorhandenen Objekte (der Anwendung und des Dialogs), ihre Eigenschaften sowie ihre Relationen zu anderen Objekten.
2. Es erklärt die Systemfunktionalität, d.h. die verfügbaren sowie die aktuell möglichen Funktionen.
3. Die Erklärungen finden in einer zur vorhandenen Dialogsprache zusätzlichen Repräsentation statt."

Hilfe ist in diesem Sinn immer eine kontextabhängige Unterstützung des Benutzers. Nach der zweiten Definition sind beispielsweise ***Online-Manuals***, also computerbasierte Handbücher, die einen kontexunabhängigen Überblick über ein System geben, keine Hilfesysteme. Sie fallen eher in die Kategorie der ***Informations- und Schulungssysteme***.

Wie schon diese Definitionen erahnen lassen, sind Hilfesysteme eine facettenreiche Thematik, die nur durch eine sorgfältige Strukturierung greifbar wird. Dies gilt insbesondere für die Realisierung benutzergerechter Hilfesysteme. Hierzu muß eine klare Zielvorstellung ausgearbeitet werden. Wird dies versäumt, entstehen Unterstützungskomponenten, deren Einsatzzweck und Nutzen vom Benutzer selbst erdacht werden muß. Die Nutzung solcher undefinierter Hilfesysteme kann genauso schwierig werden, wie die Nutzung des Systems, deren Bedienung sie erleichtern sollen.

In den folgenen Abschnitten finden sich aus diesem Grund Beschreibungen der verschiedenen ***Klassifizierungs- und Gestaltungsdimensionen*** für interaktive Hilfesysteme:

1. Zielinformation
2. Initiative zur Aktivierung des Hilfesystems
3. Kontextbezug von Hilfeinformation
4. Individualität von Hilfeinformation
5. Hilfezeitpunkt
6. Benutzungsschnittstelle von Hilfesystemen
7. Integration von Hilfesystemen

Eine ausführliche Diskussion dieser Merkmale anhand von prototypischen Systemen findet sich in [Bauer et al. 87, Bauer 88, Bauer/Schwab 88]. Zur Gestaltung von Hilfesystemen siehe auch in Abschnitt 7.1.2 die Diskussion der DIN 66234 Teil 8 zur ***Selbstbeschreibungsfähigkeit*** von Dialogen.

11.1 Zielinformation

Zu Beginn ist die Frage zu beantworten, welche Information ein Hilfesystem dem Benutzer bereitstellen soll. In Anlehnung an das Kommunikationsmodell [Abb. 2.1] bieten sich die folgenden ***Informations-*** bzw. ***Kommunikationsebenen für Hilfeinformation*** an:

Intentionale Ebene: Erklärung des Anwendungsbereiches, der Aufgabenklassen und der Anwendungssituationen, die mit dem Anwendungssystem bearbeitet werden können. Hierbei kann auch beschrieben werden, welche Grenzen das System besitzt und wofür es daher nicht benutzt werden sollte. Der Kontextbezug ist hier die konkrete Anwendungssituation, in der sich der Benutzer bei Aktivierung des Hilfesystems befindet. Hier kann Hilfestellung bei der Bewertung der Situation und bei der Auswahl der möglichen Fort- oder Rücksetzungsmöglichkeiten geleistet werden.

Pragmatische Ebene: Erklärung der konkreten Anwendungsziele und der Verfahren (Prozeduren) zur Erreichung dieser Ziele. Hier kann der Benutzer auch kontextabhängig unterstützt werden, die erreichten Arbeitsergebnisse zu interpretieren und mit den Zielen bzw. der Zielerreichung in Bezug zu setzen.

Semantische Ebene: Erklärung der Objekte und Operatoren, die der Anwendungsbereich definiert, und wie diese vom System bereitstellt bzw. auf das System abgebildet werden können. Kontextabhängig kann der Benutzer unterstützt werden, die vorhanden Objektzustände zu erkennen und zu verstehen. Darüber hinaus kann der Benutzer informiert werden, welche Operatoren momentan zur Fortsetzung der Arbeit sinnvoll auf die vorhandenen Objekte anwendbar sind.

Syntaktische Ebene: Erklärung der syntaktischen Eingaberegeln zur Durchführung von Operationen und der Systemreaktionen bei Korrekturvorgängen oder Eingabefehlern. Kontextabhängig kann die Artikulation einer konkreten Operation unterstützt werden, indem das momentan relevante, syntaktische Umfeld berücksichtigt wird. So kann der Benutzer beispielsweise Hilfe zu den möglichen Parametern einer Operation erhalten, wenn er gerade beim Eingeben dieser Parameter ist.

Lexikalische Ebene: Erklärung des erlaubten Eingabealphabets sowie der Art und Weise, wie die Zeichen auszuwählen sind (z.B. Tastatur oder Zeigeinstrument). Bei einer konkreten Eingabesituation sollten genau die Zeichen angeboten werden, die momentan zulässig und sinnvoll sind.

Sensomotorische Ebene: Erklärung der physischen Eingabevorgänge zur Eingabe der Zeichen. Dies kann durch Beschreibung von Tastatur und Zeigeinstrument erfolgen. Bei Tastaturen und Tasten von Zeigeinstrumenten können die momentanen Belegungen gezeigt werden.

Die Hilfeinformationen auf den einzelnen Ebenen sollten mit der jeweils darunter- und darüberliegenden Ebene verzahnt werden.

Fragestellungen sind nicht nur horizontaler Natur (innerhalb einer Ebene), sondern häufig auch vertikaler Natur (quer durch alle Ebenen) sind. Ob den Benutzern die Strukturierung in solchen Ebenen transparent gemacht wird, hängt vom Ausbildungsstand der Benutzer ab. Es kann davon ausgegangen werden, daß naive Benutzer eine solche Differenzierung kaum verstehen, während langjährige, erfahrene Computerbenutzer solche Kommunikationsebenen möglicherweise längst identifiziert haben und eine entsprechende Strukturierung der Hilfeinformation zur Festigung ihres mentalen Modells verwenden können.

Erklärungen auf den verschiedenen Kommunikationsebenen ergänzen sich zu einer Gesamtsicht eines Anwendungssystems. Läßt man einzelne Ebenen weg, kann das nur dadurch gerechtfertigt werden, daß die Informationen anderweitig bereitgestellt oder vermittelt wurden. So werden die intentionale und die pragmatische Ebene meist über Schulungsmaßnahmen oder langjährige Ausbildungen vermittelt. Die sensomotorische Ebene hingegen wird durch praktische Übungen recht schnell erfaßt und im Rahmen der sensomotorischen Regulation automatisiert. Ein anderer Grund für das Weglassen von Erklärungsebenen in Hilfesystemen sind unmittelbar verständliche Systeme, deren Benutzung durch „natürliche Interaktionen" erfolgt, wie sie beispielsweise bei direkt manipulativen Systemen angestrebt werden [Kap. 8].

Eine ***ganzheitliche Hilfestellung*** ist trotzdem anzustreben, da das Wissen und die Fertigkeiten durch unregelmäßige oder seltene Systemnutzung schnell wieder schwinden oder durch Wechselwirkungen mit anderen benutzten Systemen verfälscht werden.

11.2 Initiative zur Aktivierung des Hilfesystems

Da Hilfesysteme auch nur eine besondere Form von Anwendungssystemen darstellen, können sie bezüglich der Kontrolle im Dialog klassifiziert werden. Besitzt der Benutzer die Kontrolle beim Aufruf und bei der Nutzung des Hilfesystems, spricht man von einem ***passiven Hilfesystem*** (benutzergesteuerter Dialog). Im Gegensatz dazu agieren ***aktive Hilfesysteme*** von sich aus und versuchen, dem Benutzer in kritischen Situationen zu helfen oder seine Effizienz bei beobachteter, ungeschickter Systemnutzung zu erhöhen (systemgesteuerter Dialog) [Kap. 7.1.3].

11.2.1 Passive Hilfesysteme

Nahezu alle existierenden Hilfesysteme müssen vom Benutzer explizit aktiviert werden. Dies geschieht im allgemeinen mittels einer speziellen Hilfetaste oder einem möglichst immer selektierbaren Interaktionselement am Bildschirm.

Passive Hilfesysteme waren anfangs meist software-technische Abbildungen von Handbüchern. Diese wurden dann als ***Online-Manuals*** bezeichnet. Hier blättert der Benutzer durch mehr oder weniger strukturierte Informationen, die die Bedienung des Anwendungssystems in unterschiedlichen Systematiken erklären. Diese Online-Manuals waren zunächst kaum vernünftig nutzbar, da längere Texte auf kleinen Bildschirmen unüberschaubar sind und das Lesen bei schlechter Auflösung, geringer Bildwiederholfrequenz oder Negativdarstellung äußerst anstrengend ist. Dies verbesserte sich etwas mit der Verwendung moderner, größerer Bildschirme, die meist Schrift in Positivdarstellung erlauben.

Bei guten passiven Hilfesystemen ist es möglich, mit unterschiedlichen Such- und Zugriffsstrategien auf die Hilfeinformation zuzugreifen. So ist oft Stichwortsuche möglich, oder das System bietet ***stark strukturierte Hilfetexte*** an [Kap. 9.3 u. 11.6].

Eine in den letzten Jahren entwickelte Form beliebig vernetzbarer und gelegentlich multimedialer Inhalte sind ***Hypertext-*** und ***Hypermediasysteme*** [Kap. 9]. Diese Technik ist prinzipiell zur Präsentation fast jeder Art von Information geeignet. Sie läßt sich insbesondere sehr gut für Hilfesysteme nutzen. Hierbei wird die Hilfeinformation textueller, graphischer und akustischer Art in einem vermaschten Netz aus Informationseinheiten repräsentiert. Der Benutzer navigiert durch dieses semantisch verzeigerte Netz und verfolgt die jeweils interessierenden Verweise weiter. Dies entspricht einer effizient nutzbaren Form moderner Lexika. Hypermediasysteme bieten neben einem Lese-Modus oft auch einen Schreib-Modus, um das Informationsnetz zu verändern, indem vorhandene Informationsinhalte modifiziert und Informationen eingefügt oder entfernt werden. Dies war bei den ersten derartigen Hilfesystemen von untergeordneter Bedeutung und wurde meist explizit ausgeschlossen. Inzwischen ist es technisch machbar und wünschenswert, Hilfesysteme durch persönliche Anmerkungen, Beispiele oder Erweiterungen wesentlich hilfreicher zu machen [Kap. 11.4].

Eine andere Variante passiver Hilfesysteme ist Verwendung ***natürlicher Sprache*** als Methode zur Formulierung von Anfragen durch den Benutzer [Lemke 88] [Kap. 6.1.3].

Passive Hilfesysteme werden auch in absehbarer Zeit die vorherrschende Form von Hilfesystemen sein. Sie bieten implementierungstechnisch die geringsten Probleme und sind eine für Benutzer gut nutzbare Informationsquelle.

11.2.2 Aktive Hilfesysteme

Während bei passiven Hilfesystemen der Benutzer die Initiative zur Aktivierung des Hilfesystems ergreift, schalten sich aktive Hilfesysteme selbständig in den Dialog ein [Schwab 89b] [Kap. 12.2.6]. Da dies nicht unmotiviert erfolgen darf, müssen diese Hilfesysteme den Dialog zwischen Benutzer und Anwendungssystem beobachten. Aufgrund bestimmter ***Benutzeraktivitäten, Ereignisse oder***

Situationen treten sie dann in Aktion. Damit dies möglich ist, müssen jeweils diverse Vorkehrungen im System getroffen werden.

Pragmatische Fehler: Eine Situation dieser Art ist beispielsweise die suboptimale Nutzung des Anwendungssystems durch ungeschickte, unnötig lange Aktionsfolgen. Probleme dieser Art lassen sich durch explizite Repräsentation von Prozeduren (Verfahren) erkennen.

Semantische Fehler: Logische Fehler, wie das Anwenden von Operatoren auf die falschen Objekte, fallen in diese Kategorie. Sie können durch explizite Repräsentation der Anwendungsbedingungen von Operatoren erkannt werden.

Syntaktische Fehler: Ein Fehler dieser Art ist die Eingabe von Parametern an der syntaktisch falschen Position bei der Formulierung einer Operation. Dies kann durch Parse-Funktionen mit expliziter Repräsentation der Eingabesyntax erkannt werden.

Lexikalische Fehler: Ein Fehler dieser Art ist die Verwendung unzulässiger Tasten. Diese Situationen werden durch Scan-Funktionen mit expliziter Repräsentation der zulässigen Eingabesequenzen (Tokens) erkannt.

Intentionale Fehler können zur Zeit nicht automatisch erkannt werden. Dazu wäre eine starke dialogtechnische Unterstützung der Problemdefinitions- und Problemzerlegungsphase notwendig. Auch die beschriebenen pragmatischen Fehler sind zur Zeit nur mit sehr hohem Aufwand in wenigen Anwendungsfällen erkennbar [Schwab 89a].

Bei allen Fällen aktiver Hilfe ist ein beträchtlicher Aufwand bei der Beobachtung und Analyse des Benutzerverhaltens zu erbringen. Für aktive Hilfe muß das System immer über ein explizites Modell S(S(A)) [Kap. 2.2] des Anwendungssystems auf der entsprechenden Kommunikationsebene verfügen.

Aktive Hilfesysteme auf den höheren Kommunikationsebenen als der syntaktischen Ebene stehen heute noch am Anfang ihrer Entwicklung. Für sie müssen aufwendige Mechanismen zur Wissensrepräsentation eingesetzt werden. Insbesondere die ***Planerkennung***, d.h. die Erkennung des vom Benutzer verfolgten Ziels, ist eine schwierige Teilproblematik. Hierbei muß das Hilfesystem in der Lage sein, aus durchgeführten Benutzeraktivitäten auf die Zielsetzung der Aktivitäten zu schließen und zu geeigneten Zeitpunkten die Initiative zu ergreifen, um Fehler zu verhindern, zu beseitigen oder die Problemlösung zu unterstützen.

Ein kontroverses Thema ist vor allem das Führen und Auswerten von Dialogprotokollen. Hier müssen die Anforderungen des ***Datenschutzes*** bei der ***Überwachung von Benutzeraktivitäten*** berücksichtigt werden.

11.3 Kontextbezug von Hilfeinformation

Hilfeinformation, die sich während der Systembenutzung nicht ändert, nennt man ***statische Hilfeinformation***. Entsprechend nennt man Hilfeinformation, die vom Zustand (Kontext) des Anwendungssystems abhängt, ***dynamische Hilfeinformation***.

11.3.1 Statische Hilfeinformation

Die erwähnten Online-Manuals sind typische Vertreter statischer Hilfesysteme. Sie geben zu jedem Zeitpunkt des Dialogs auf dieselbe Anfrage des Benutzers dieselbe Antwort.

So läßt sich das ***konzeptionelle Wissen*** über die einmal festgelegte Struktur und Funktionalität des Anwendungssystems gut durch ein statisches Hilfesystem darbieten.

Durch ihren fehlenden Kontextbezug kann statische Hilfeinformation leicht an den momentanen Problemen und Erwartungen des Benutzers vorbeigehen oder den Benutzer durch einen Informationsschwall überfordern. Aufgrund dieser Charakteristik wird statische Hilfeinformation trotz ihrer potentiellen Nützlichkeit oft nicht abgefragt. Leistungsfähige Zugriffsstrategien, die die aus der statischen Hilfeinformation benötigte Information herausfiltern, können teilweise Abhilfe schaffen [Kap. 2.3.3 u. 9.3].

11.3.2 Dynamische Hilfeinformation

Zur Erklärung von Systemeigenschaften, die vom Zustand des Anwendungssystems zum Zeitpunkt der Anfrage abhängen, dienen dynamische oder ***kontextabhängige Hilfesysteme***. Derartige Hilfen werden beispielsweise benötigt:

- bei änderbarer Funktionalität durch Umbenennen, Definieren oder Löschen von Operatoren
- bei Anfragen nach momentan ausführbaren Operationen
- bei Anfragen nach der speziellen Wirkung von Operatoren auf die momentan vorhandenen Arbeitsobjekte
- bei Anfragen nach Vorschlägen oder Möglichkeiten zur Fortführung der Arbeit, um ein bestimmtes Arbeitsziel zu erreichen
- falls Minimalantworten erwünscht sind, die gerade noch ausreichen, die Frage im momentanen Systemzustand zu beantworten

- bei Anfragen nach momentan in der Ausführung befindlichen Operationen
- falls Teile der Anfragen oder des Systemzustandes in die Antwort eingefügt werden sollen

Eine optimale Unterstützung von Benutzern ist nur durch kontextabhängige Hilfe erreichbar.

Solche Hilfesysteme kommen dem Informationsbedarf eines Benutzers entgegen und verhindern das langwierige, ermüdende Durchsuchen eines großen Informationsraumes. Die Wirksamkeit kontextabhängiger Hilfe hängt von der Spezifität der Dialog- und Anwendungssituation ab. Der Informationsraum kann daher nicht immer gleich stark einschränkt werden. Auch bei kontextabhängiger Hilfe sollte nicht verhindert werden, daß sich der Benutzer, wenn er dies wünscht, frei im Informationsraum bewegen kann.

Dynamische Hilfesysteme erfordern eine ausgeprägte Repräsentation des Anwendungszustandes. Sie müssen daher beim Entwurf des Anwendungssystems miteingeplant werden. Ein späteres Anhängen eines solchen Systems ist im allgemeinen nicht mit vertretbarem Aufwand und erhoffter Wirkung möglich.

11.4 Individualität von Hilfeinformation

Ein Hilfesystem gibt üblicherweise benutzerunabhängig ***einheitliche Hilfe***. Besser wäre es in vielen Fällen, die Hilfeinformation dem Informationsbedürfnis jedes einzelnen Benutzers anzupassen, um somit ***individuelle Hilfe*** zu bieten [Kap. 12].

11.4.1 Einheitliche Hilfe

Die meisten Hilfesysteme besitzen keine Information über den momentanen Benutzer. Sie geben somit jedem Benutzer in derselben Situation dieselbe Information aus. Dies führt oft dazu, daß Benutzer Hilfe erhalten, die sie bereits erhalten haben, und Hilfe, die für sie wichtig wäre, nicht angeboten bekommen.

11.4.2 Individuelle Hilfe

Benutzer unterscheiden sich in ihren Erfahrungen mit einem bestimmten Anwendungssystem. Sie unterscheiden sich vor allem in den Hilfeleistungen, die sie in einer Sitzung bereits abgerufen haben bzw. noch nicht kennen. Sie haben auch persönliche Präferenzen in der Darstellung und im Umfang von Hilfeinformation.

Es ist unbedingt anzustreben, diese individuellen Unterschiede zwischen Benutzern auch in der Ausgabe von Hilfeinformation zu berücksichtigen, um individuelle Hilfe zu bieten.

Dies erfordert allerdings, daß das System auf Wissen über den Benutzer S(B(A)) [Kap. 2.2] zugreifen kann. Man spricht von einem ***Benutzermodell***, das sich im System befindet und das zum Teil vom Benutzer oder einer anderen Person vorgegeben und zu einem anderen Teil vom System selbst erzeugt und modifiziert werden kann. Bei Hilfesystemen kann man durch ***benutzergesteuerte Erweiterungen*** auch eine gewisse Individualisierung der Hilfeinformation erreichen [Kap. 11.2.1].

11.5 Hilfezeitpunkt

Aktiviert der Benutzer das Hilfesystem oder erkennt das System eine Situation, bei der Hilfestellung nötig ist, so kann die Hilfe entweder unmittelbar (***synchrone Hilfe***) oder zu einem beliebigen späteren Zeitpunkt (***asynchrone Hilfe***) gegeben werden.

11.5.1 Synchrone Hilfe

Bei nahezu allen Hilfesystemen wird die Hilfe sofort bei Anfrage des Benutzers oder bei Erkennung einer entsprechenden Situation gegeben, bei der Hilfestellung geboten ist. Dies ist im allgemeinen auch sinnvoll, da für den Benutzer der Bezug der Hilfe zur Dialogsituation dann einigermaßen sicher hergestellt werden kann. Kontextabhängige Hilfe muß immer synchron ausgegeben werden, da nur so ein für den Benutzer nachvollziehbarer ***Kontextbezug*** möglich ist.

11.5.2 Asynchrone Hilfe

In gewissen Situationen kann es sinnvoll sein, die Ausgabe von Hilfeinformation zu verzögern. Dies ist insbesondere bei aktiven Hilfesystemen der Fall, bei denen das System die Hilfe initiiert. Je nach Wichtigkeit der Hilfeinformation kann es durchaus günstiger sein, den Benutzer seine momentanen Aktivitäten zu Ende führen zu lassen. Selbst eine kurze Störung kann zum Verlust von im Kurzzeitgedächtnis befindlichen Plänen und Informationen führen [Kap. 4.3.2].

Hilfeinformationen zur allgemeinen Verbesserung der Nutzung eines Systems können durchaus auch gesammelt, am Ende einer Dialogsitzung bereitgestellt und bei Bedarf ausgegeben werden.

11.6 Benutzungsschnittstelle von Hilfesystemen

Hilfesysteme sind selbst eine Art Anwendungssystem und benötigen natürlich auch eine Benutzungsschnittstelle zur Kommunikation mit den Benutzern. Hier kommt wieder das volle Spektrum von Methoden zum Bau von Benutzungsschnittstellen zum Tragen. Im folgenden sollen einige für Hilfeinformation besonders wichtige Punkte skizziert werden.

11.6.1 Abfrage von Hilfe

Bei passiven Hilfesystemen muß der Benutzer eine Anfrage an das Hilfesystem stellen, um es aufzurufen. Hierbei gibt es verschiedene Methoden, die unterschiedlich genaue Formulierungen abverlangen und zu unterschiedlichen Informationsmengen führen [Kap. 6]. Zur Selektion von Hilfeinformation aus einem ***Hilfeinformationsraum*** können alle Techniken zum Filtern von Information Einsatz finden [Kap. 2.3.3 u. 9.3].

a) Stichwörter

Eine verbreitete Art, nach Hilfe zu fragen, ist die Verwendung von Stichwörtern, die mit der gesuchten Information assoziiert werden. Hier können mehr oder weniger genaue Textfragmente oder Stichwortlisten verwendet werden. Die Assoziationen können zur Individualisierung des Hilfesystems auch vom Benutzer eingerichtet oder erweitert werden.

b) Navigation in Hilfeinformation

Besitzt die Hilfeinformation eine hierarchische Struktur, so kann diese dem Benutzer in steuerbarer Tiefe dargeboten werden.

Ist die Struktur eher netzartig, so kann das Hilfesystem als Hypermediasystem aufgebaut werden [Kap. 9]. Diese Technik ist fast immer anwendbar. Dabei sollte jedoch auf ein möglichst einfach bedienbares Hypermediasystem Wert gelegt werden, um den Benutzer nicht zusätzlich durch eine hohe Komplexität beim Nutzen des Hilfesystems zu belasten. In Zweifelsfällen ist auf nicht unbedingt nötige Funktionen des Hypermediasystems zugunsten einfacher Bedienbarkeit zu verzichten.

c) Menüs

Zur Auswahl von Hilfeinformation in kleinem Umfang kann ein einfaches Menüsystem benutzt werden. Bei hierarchisch strukturierten Menüs sollten die einzelnen Menüs eher groß als klein gewählt werden, um eine unübersichtliche Tiefe zu vermeiden. Menüs dürfen dazu auch mehrspaltig sein. Bei Erklärungen zu Objekt-Operator-Konzepten (objektorientierte Modellierung) empfiehlt es sich, zuerst Objekte, dann Operatoren anzubieten. Bei Operator-Objekt-Konzepten (funktionale Modellierung) sollte umgekehrt verfahren werden.

d) Natürliche Sprache

Die Verwendung natürlicher Sprache als Eingabemedium bietet sich bei Hilfesystemen besonders an [Kap. 6.1.3]. Dies liegt einerseits daran, daß die Gegenstandswelt (die Anwendung) stark eingeschränkt ist und die Sprache somit ebenfalls beschränkt werden kann. Andererseits bevorzugen Benutzer besonders in hilfebedürftigen Situationen naturgemäß die Freiheit der Formulierung in natürlicher Sprache vor der Verwendung einer formalen, fehlerträchtigen Anfrageform. Dies gilt insbesondere für unerfahrene Benutzer.

Eine Gefahr bei natürlichsprachigen Hilfesystemen besteht wie bei allen natürlichsprachigen Systemen in der Überschätzung der Spracherkennungsfähigkeit des Systems. Mißerfolge können beim Benutzer leicht in Frustration resultieren und den Nutzen des Hilfesystems völlig zunichte machen. Solche Probleme lassen sich vermeiden, wenn Fähigkeiten und Grenzen eines solchen Hilfesystems offengelegt werden.

Natürlichsprachige Anfragen können auch mit einer Gruppe von Menüs, die Satzfragmente anbieten, formuliert werden. So vermeidet man das eben genannte Problem und verhindert darüber hinaus Tippfehler, die zum Scheitern einer nahezu korrekten Anfrage führen können.

11.6.2 Darstellung von Hilfe

Um Hilfe darzustellen, kann man prinzipiell alle Möglichkeiten nutzen, die für Informationsdarstellung existieren [Kap. 5 u. 6]. Auch hier sind einfache Darstellungsformen zur Vermeidung von Interpretationsproblemen vorzuziehen.

a) Hilfetexte

Die häufigste Form von Hilfeinformation sind Texte. Dabei ist folgendes zu empfehlen (siehe auch in Abschnitt 7.1.2 die Empfehlungen der DIN 66234 Teil 8 zur Selbstbeschreibungsfähigkeit):

- der Hilfetext sollte gut gegliedert sein und möglichst nicht in gleichförmigen Textblöcken dargeboten werden (Formatierung ohne Randausgleich)
- Hilfetexte sollten so kurz wie möglich sein
- wichtige Textteile sollten hervorgehoben werden
- der Hilfetext sollte sachlich formuliert werden; der Benutzer sollte auch bei fehlerhaften Eingaben nicht verbal angegriffen oder gemaßregelt werden
- in den Hilfetexten sollten übliche Fachbegriffe aus dem zugehörigen Fachgebiet verwendet werden
- die Hilfetexte sollten in einer für den jeweiligen Benutzer verständlichen Sprache abgefaßt sein

b) Graphische Darstellungsformen

Wenn es möglich und sinnvoll ist, sollten neben Texten auch graphische Darstellungen ausgegeben werden. Dies kann zum Beispiel in Form von netzartigen Plänen oder von Baumdarstellungen erfolgen, wenn strukturelle Informationen gegeben werden sollen. Außerdem können fotographische Darstellungen und Videosequenzen bei gegenständlichen Informationen aus der realen Welt eingesetzt werden, zum Beispiel Erklärungen zur Bedienung von Computerperipherie oder anderen Geräten.

c) Ort der Darstellung

Die Hilfeinformation sollte in ***eigenen Darstellungsbereichen*** (z.B. eigenen Fenstern) ausgegeben werden, die die Arbeitsinformation möglichst nicht überdecken. Falls eine Überdeckung nicht zu vermeiden ist, sollte zwischen Arbeits- und Hilfeinformation einfach und schnell hin- und hergewechselt werden können.

Die Position und Größe der Darstellungsbereiche für Hilfeinformationen sollte vom Benutzer gewählt und verändert werden können. Geeignete Voreinstellungen und eine sinnvolle Begrenzung der Individualisierung sollte das System vorgeben.

11.7 Integration von Hilfesystemen

Hilfesysteme können software-technisch eng in das Anwendungssystem eingebunden sein (***integriertes Hilfesystem***) oder als modulare Komponenten ausgegliedert sein (***anwendungsunabhängiges Hilfesystem***).

11.7.1 Integrierte Hilfesysteme

Die beste Art von Hilfe erreichen Hilfesysteme, die eng mit dem Anwendungssystem verknüpft sind. Dabei können die spezifischen Eigenheiten und Details eines Anwendungssystems im Hilfesystem Niederschlag finden. Als Folge der engen Integration muß ein derartiges Hilfesystem für jedes neue Anwendungssystem wieder neu entwickelt werden. Dies führt zu speziellen Benutzungsschnittstellen solcher Hilfesysteme, oft in Anlehnung an die Benutzungsschnittstelle des zugehörigen Anwendungssystems. Bei der Nutzung mehrerer Anwendungssysteme bedeutet dies für den Benutzer auch das Bedienen mehrerer unterschiedlicher Hilfesysteme. Das erhöht den Lernaufwand bei der Einführung neuer Anwendungssysteme und steigert die Gefahr von Fehlern bei der Nutzung dieser Systeme.

11.7.2 Anwendungsunabhängige Hilfesysteme

Hilfesysteme können als eigenständige Systemkomponenten realisiert werden, die von mehreren unterschiedlichen Anwendungssystemen angesteuert werden. Dies schränkt zwar die Anpassung eines Hilfesystems an die Eigenheiten und Erfordernisse eines bestimmten Anwendungssystems deutlich ein. Auf der anderen Seite aber entwickeln sich solche Systeme durch die häufigere Nutzung zu vertrauten Systemen, die gern, effizient und weitgehend korrekt benutzt werden. Die Wiederverwendbarkeit solcher anwendungsunabhängiger Hilfesysteme führt zu einer Kostenersparnis bei der Entwicklung von Anwendungssystemen und erhöht damit die Chance erheblich, daß Hilfesysteme überhaupt bereitgestellt werden.

Aus den genannten Gründen sind anwendungsunabhängige Hilfesysteme speziellen, integrierten Hilfesystemen vorzuziehen.

Kapitel 12

Individualisierung

Bedingt durch Unterschiede in den Kenntnissen, Fähigkeiten und Präferenzen der Benutzer sowie durch die Vielgestaltigkeit von Aufgaben kann ein Dialogsystem nicht von vornherein optimal gestaltet werden. Erst eine bestimmte Arbeitssituation und ein bestimmter Benutzer definieren genauere Anforderungen und Randbedingungen für eine bestimmte Ausgestaltung einer Benutzungsschnittstelle.

Eine Form der Anpassung von Benutzungsschnittstellen ist die Anpassung durch den Benutzer selbst. Man spricht hierbei auch von ***adaptierbaren Benutzungsschnittstellen*** oder ***Adaptierbarkeit***. Der Benutzer ergreift die Initiative und verändert durch entsprechende Hilfsmittel die mit Freiräumen versehenen Eigenschaften der Benutzungsschnittstelle. Dies ist die häufigste Form von Individualisierung.

Eine andere Form ist die Anpassung der Benutzungsschnittstelle durch den Computer. Man spricht hierbei von ***adaptiven Benutzungsschnittstellen*** oder ***Adaptivität***. In diesem Fall beobachtet das System den Benutzer und versucht, sich an diesen anzupassen. Diese Form der Individualisierung befindet sich noch in einem frühen Entwicklungsstadium.

12.1 Gestaltungsdimensionen

Bevor die Vorgehensweisen zur Gestaltung von Benutzungsoberflächen diskutiert werden können, sind die für die Gestaltung geeigneten ***Eigenschaften einer Benutzungsschnittstelle*** zu betrachten. Eine hilfreiche Orientierung liefern hier wieder die verschiedenen ***Ebenen der Mensch-Computer-Kommunikation*** [Kap. 2.1].

Intentionale Ebene: ***Veränderung der Aufgabenstruktur.*** Derartige Gestaltungen verändern das organisatorische Umfeld und fallen aus dem hier betrachteten Rahmen der Individualisierung einzelner Computersysteme heraus.

Pragmatische Ebene: ***Veränderung von Prozeduren.*** Das Definieren und Verwenden von Aktionssequenzen (Makros) ist eine Anpassung eines Systems auf dieser Ebene, um Arbeitsabläufe (Verfahren) effizienter zu gestalten. Auch das Gruppieren von Werkzeugen in Desktop-Systemen oder andere Vorgehensweisen, um Arbeitsumgebungen zu schaffen, sind Gestaltungsvorgänge auf der pragmatischen Ebene.

Semantische Ebene: ***Veränderung der Arbeitsobjekte.*** Solche Änderungen sind beispielsweise das Festlegen von Voreinstellungen (Defaults) bei Objektattributen, die sich wiederum bei der Eingabe in Formularen auswirken, indem das System den Voreinstellungswert nimmt, wenn der Benutzer keinen anderen Wert eingibt.

Syntaktische Ebene: ***Veränderung der Interaktionsformen.*** Beispiel dafür ist die Entscheidung, ob Kommmando- oder Menüeingabe verwendet werden soll. Hier könnte auch definiert werden, ob eine objektorientierte Interaktion[1] oder eine funktionsorientierte Interaktion[2] stattfinden soll. Auch die Festlegung von Zahlenformaten oder Zeitformaten ist eine syntaktische Anpassung.

Lexikalische Ebene: ***Veränderung der Informationscodierung.*** Hierzu zählen beispielsweise die Auswahl von Farben, Positionen von Bildschirmobjekten (Icons, Fenster), Auswahl von Schriftformen (Fonts), Gestaltung von Piktogrammen (Icons) und die Zuordnung von logischen Namen zu Objekten und Operatoren (auch Anpassung an Landessprachen).

Sensomotorische Ebene: ***Veränderung von Eigenschaften der Ein- und Ausgabegeräte.*** Hierzu zählen die Anpassung von Bildschirmparametern, wie Helligkeit und Kontrast, aber auch die physikalische Plazierung des Bildschirms. Bei den Eingabegeräten gehören dazu typischerweise die Tastenbelegung sowie die software-technische Anpassung der Wirkung von Zeigeinstrumenten. Bei der Verwendung einer Maus kann beispielsweise der maximale Verzögerungszeitraum für Mehrfachklicks sowie die Skalierung der Mausbewegung verändert werden.

Es gibt auf jeder Ebene viele weitere Beispiele an Gestaltungsmöglichkeiten. Eine genauere Betrachtung muß für jede spezifische Anwendung sowie für spezifische Benutzereigenschaften durchgeführt werden. All diese Gestaltungsmöglichkeiten auf den verschiedenen logischen Ebenen der Kommunikation können gleichzeitig verfügbar sein. Sie müssen jedoch gesondert untersucht und im allgemeinen

---

[1] zuerst Auswahl von Objekten, dann von anzuwendenden Operatoren

[2] zuerst Auswahl der Operation und dann der zu bearbeitenden Objekte

über verschiedene Individualisierungsmethoden, wie im nächsten Abschnitt beschrieben, angeboten werden.

12.2 Verfahren zur Individualisierung

Es steht ein breites Spektrum an Verfahren zur Individualisierung von Benutzungsschnittstellen zur Verfügung. Im Vordergrund sollen Verfahren stehen, die es erlauben, daß nach Fertigstellung eines Systems die Individualisierung vom Benutzer oder vom Computersystem selbst durchgeführt wird. Von einer Individualisierung durch einen Programmierer soll hier abgesehen werden, obwohl die Übergänge von der benutzerorientierten Individualisierung zur Programmierung fließend sind [Kap. 12.3].

12.2.1 Physikalische Anpassungen

Auf der sensomotorischen Ebene, d.h. auf der Ebene der physischen Aktivitäten und sensorischen Prozesse können eine Vielzahl physikalischer Individualisierungen stattfinden. Typische Anpassungen sind:

- Anpassung des ***Bildschirmarbeitsplatzes*** durch Anpassung von Arbeitsstuhl, Arbeitstisch und Positionierung der Computerperipherie [Kap. 15.1]

  Die Verstellbarkeit all dieser Arbeitsplatzobjekte muß gewährleistet sein, da dieser Anpassungsprozeß aufgrund gravierend unterschiedlicher Benutzereigenschaften (z.B. Körpergröße, Sehvermögen) unbedingt durchgeführt werden muß.

- Anpassung der ***Bildschirmcharakteristik*** durch manuelles Verstellen von Helligkeit und Kontrast mittels Drehreglern

  Die Verstellung solcher Bildschirmeigenschaften muß an der Front oder an der leicht erreichbaren Seite des Bildschirms möglich sein. Verstellmöglichkeiten an der Rückseite des Bildschirms sind nicht akzeptabel, da eine Anpassung mehrmals täglich aufgrund wechselnder Beleuchtungssituationen nötig werden kann.

- Anpassung der ***Lautstärke*** der Lautsprecher durch manuelle oder softwaretechnische Regler

12.2.2 Benutzerprofile

Eine einfache Form von Individualisierung findet man bei vielen Anwendungssystemen. Es ist die Festlegung von Eigenschaften auf der sensomotorischen und lexikalischen Ebene eines Systems durch sogenannte ***Benutzerprofile***. Der Benutzer hat die Möglichkeit, Systemparameter mit Hilfe spezieller interaktiver Anpassungsprogramme [Abb. 12.1] oder durch Beschreibungen in spezifischen Dateien anzupassen [Bsp. 12.1]. Diese Beschreibungen werden beim Start des Systems gelesen und gestalten das System in der vom Benutzer gewünschten Form.

Der Benutzer optimiert das System entsprechend seinen jeweiligen Anforderungen oder Präferenzen [Kap. 2.3.3]. Die Anpassungen erfolgen meist synchron zur Entwicklung der Erfahrung des Benutzers und spiegeln somit den Grad seiner Erfahrungen wider.

Das Ändern solcher Benutzerprofile sollte leicht durchzuführen sein. Die Inhalte der Benutzerprofile sollten mit einer einheitlichen Sprache und Systematik oder graphisch-interaktiv gestaltet sein. Die durch das X WINDOW SYSTEM eingeführte Systematik in der `.Xdefaults`-Datei ist ein Versuch, unterschiedliche Anwendungssysteme mit einer einheitlichen Beschreibungsform zu handhaben [Bsp. 12.1]. Das Ziel sollten jedoch weniger komplexe formale Beschreibungssysteme sein, sondern einfache, am besten deiktische Interaktionsformen [Abb. 12.1].

Beispiel 12.1:
Beispiel für einen Teil eines Benutzersprofils aus der `.Xdefaults`-Datei für das X WINDOW SYSTEM

```
xterm*font: -*-lucida-medium-r-*-*-13-*-*-*-*-*-*-*
xterm*scrollKey:                           true
xterm*saveLines:                           10000
xterm*visualBell:                          true
xterm*scrollBar:                           true
xterm*background:                          #fdf3f91eeffb
OpenWindows.SunViewKeys:                   true
OpenWindows.Mouseless:                     false
OpenWindows.SetInput:                      followmouse
OpenWindows.ScrollbarPlacement:            right
OpenWindows.PopupJumpCursor:               True
OpenWindows.WorkspaceColor:                #e3f7dc
OpenWindows.IconLocation:                  right
OpenWindows.SelectDisplaysMenu:            False
OpenWindows.DragRightDistance:             100
OpenWindows.MultiClickTimeout:             4
OpenWindows.Beep:                          never
OpenWindows.WindowColor:                   #c5cdd8
```

◇

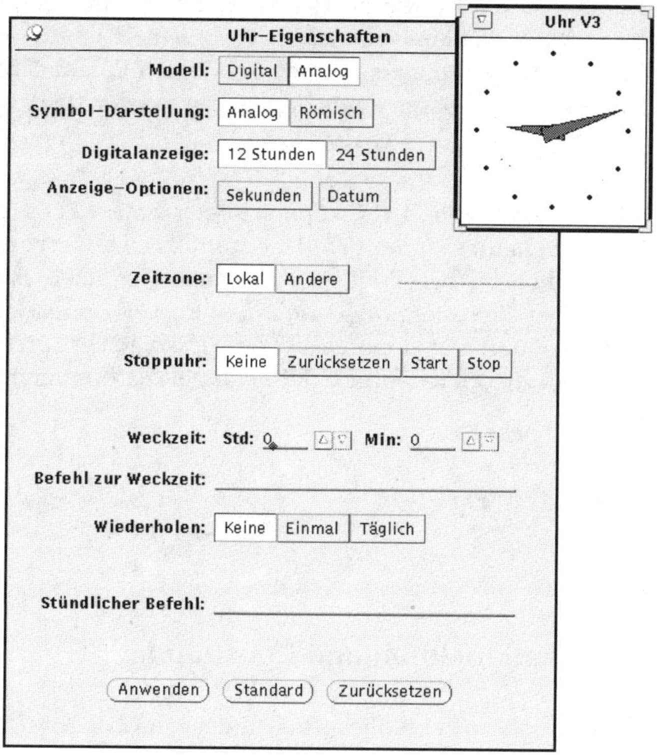

Abbildung 12.1: Beispiel des Benutzerprofils für eine Bildschirmuhr in SUNSOFT OPENWINDOWS

12.2.3 Voreinstellungen

Auf der semantischen Ebene sind Anpassungen der Anwendungswelt, d.h. der Objekte und Operatoren, an die Aufgaben eines Benutzers und an spezifische Arbeitssituationen anzustreben. Derartige Anpassungen sind dementsprechend anwendungsspezifisch. Allgemeine Methoden kristallisieren sich vor allem im Zusammenhang mit der Festlegung von Voreinstellungen (***Defaults***) von Objektattributen heraus [Kap. 2.3.3]. Diese Voreinstellungen spielen vor allem bei Formularen (Masken) eine wichtige Rolle. Dort soll es möglich sein, daß ein Benutzer für beliebige Formularfelder Standardinhalte vorgeben kann, die vom System immer dann verwendet werden, wenn der Benutzer keine spezifischen Werte eingibt. Diese Voreinstellungen können in die Formulare eingesetzt werden und werden beim zukünftigen Aufblenden der Formulare sichtbar. Sind die Inhalte vom Benutzer günstig gewählt, so kann sich für Routinearbeiten eine erhebliche Effizienzsteigerung und Entlastung des Benutzers ergeben.

Andere Voreinstellungen sind vordefinierte Parameter für Operationen. Beispielsweise können in vielen Betriebssystemen `Aliases` für Kommandos definiert werden, die Kommandos mit einigen, immer benötigten Parametern definieren. Nur zusätzliche Parameter müssen dann eingegeben werden [Bsp. 12.2].

Beispiel 12.2:
In der C-SHELL `CSH` *von* UNIX *können sogenannte* `Aliases` *definiert werden. So kann sich der Benutzer zum Beispiel vor versehentlichem Löschen oder Überschreiben von Dateien schützen, indem er dem Lösch-, dem Umbenennungs- und dem Kopierkommando standardmäßig den Paramater zur interaktiven Rückfrage vor Löschungen mitgibt. Zu dem Zweck redefiniert der Benutzer die Kommandos:*

```
alias rm 'rm -i'
alias mv 'mv -i'
alias cp 'cp -i'
```

◇

12.2.4 Tabellenkalkulatoren und Constraints

Eine spezielle Form von Individualisierung findet man bei ***Tabellenkalkulatoren (Spreadsheets)*** [Kap. 8.5.3]. Hierbei definiert der Benutzer mehr oder weniger komplexe mathematische Ausdrücke, die die Berechnungsvorschrift für ein Tabellenfeld aus anderen Tabellenfeldern darstellt [Bsp. 8.5]. Dies ist eine einfache Form von Programmierung durch den Benutzer. In gewissem Sinn modelliert sich ein Benutzer damit eine eigene Anwendung, so daß wir hiermit eine sehr weitreichende Form der Individualisierung vorfinden. Eine Verallgemeinerung von Tabellenkalkulationssprachen sind sogenannte ***Constraints***, die allgemeine Abhängigkeiten zwischen Variablen bzw. Objektattributen beschreiben [Bsp. 12.3].

Beispiel 12.3:
Constraints verknüpfen zwei oder mehrere Objekte über Gleichungen miteinander. So könnte man die Position zweier Fenster durch Constraints beschreiben:

```
XPos-Fenster2 = XPos-Fenster1 + Breite-Fenster1 + 5
Breite-Fenster1 = 400
XPos-Fenster1 = Variabel
XPos-Fenster2 = Variabel
```

Wenn sich nun die Position eines dieser beiden Fenster ändert, wird die Position des anderen Fensters aus dem Constraint errechnet. Da

`XPos-Fenster1` und `XPos-Fenster2` als „variabel" definiert sind und `Breite-Fenster1` fest ist, läßt sich die Gleichung in beiden Richtungen auflösen. ◊

12.2.5 Makros

Beim routinierten Bearbeiten von Aufgaben tauchen häufig immer wiederkehrende Aktionssequenzen auf [Kap. 13.3]. Diese Tatsache kann man sich zunutze machen, indem diese Sequenzen in Form von Makros zu neuen, höherwertigen Operatoren aggregiert werden.

Makros können von einfachen Aktionssequenzen bis hin zu parametrisierten Operationen mit vielfältigen Kontrollstrukturen reichen. Der Übergang von der einfachen Anpassung durch Vergabe eines Namens für eine Reihe von Aktionen bis hin zum abstrakten Funktionskonzept und damit zur Programmierung ist fließend. Eine Zwischenstellung zwischen Makros und Programmiersprachen stellen ***Skriptsprachen*** dar, die interpretativ abgearbeitet werden und das Übersetzen und Binden von Programmen nicht erfordern. Beispiele dafür sind die verschiedenen ***Shells*** unter UNIX und anderen Betriebssystemen.

Ansätze der Programmierung durch den Benutzer werden unter dem Begriff ***Endbenutzerprogrammierung*** diskutiert [Myers 93, Gray et al. 93]. Hierbei ist zu empfehlen, eher einfache Konzepte anzubieten, die häufig eingesetzt werden, anstatt für seltene Fälle komplexe Programmiertechniken vorzugeben [Kap. 6.1.2].

12.2.6 Adaptivität

Die Individualisierung einer Benutzungsschnittstelle lädt dem Benutzer zusätzliche Arbeit auf. Es können neue Probleme mit entsprechenden Individualisierungsdialogen auftreten. Die Gestaltung von Systemen erfordert darüber hinaus auch Wissen über die angebotenen Gestaltungsdimensionen. Kann der Benutzer mit diesen Freiräumen nicht umgehen, kann er die Qualität einer Benutzungsschnittstelle auch verschlechtern anstatt sie zu verbessern. Durch die Einführung derartiger Unterstützungskomponenten wächst die Komplexität des zu bedienenden Systems.

Eine Idee, die seit längerer Zeit diskutiert und untersucht wird, ist die Anpassung eines Systems an den Benutzer durch das System selbst. Man spricht hierbei von ***adaptiven Benutzungsschnittstellen***. Zu diesem Zweck muß ein System „Wissen" über die Gestaltungsdimensionen und ihre Wirkungen besitzen, d.h. es muß Wissen über sich selbst besitzen. Derartiges Wissen haben wir als S(S(A)) bezeichnet, als die Selbstreflexion eines Systems [Kap. 2.2]. Soll das System in der Lage sein, sich an Anwendungssituationen anzupassen, muß es den Anwendungsbereich, seine Phasen und besondere Zustände kennen. Dies ist im Prinzip durch das S(A) beschrieben, jedoch ist dies üblicherweise eine „compilierte Form" von Wissen (übersetzte Programme), die nicht als Quelle der hier angedachten Anpassungsvorgänge dienen können. Für adaptive Systeme muß der Anwendungsbereich explizit beschrieben werden [Bsp. 12.4], wie dies bei wissensbasierten Systemen (z.B. Expertensystemen) der Fall ist.

Für die Individualisierung von zentraler Bedeutung ist das Wissen eines Systems über den Benutzer. Dies haben wir als S(B(A)) bezeichnet [Kap. 2.2]. Das System baut sich, ähnlich wie bei aktiven Hilfesystemen [Kap. 11.2.2], ein Modell vom Benutzer auf. Genaugenommen sind aktive Hilfesysteme eine spezielle Form adaptiver Systeme, nämlich solche, die sich in ihren Hilfestellungen auf spezifische Benutzer einstellen. Die Adaptivität kann jedoch auch andere Formen annehmen. Einige diskutierte Möglichkeiten sind:

- Automatische Korrektur von Tippfehlern und Ergänzung von Rechtschreiblexika bei häufiger Verwendung dort nicht enthaltener Wörter.
- Anpassung von Voreinstellungen (Defaults) in Formularfeldern, in Abhängigkeit des Arbeitskontextes oder statistischer Häufigkeiten.
- Sortierung von Menüeinträgen nach der Häufigkeit ihrer Auswahl. Die am häufigsten ausgewählten Einträge stehen am Beginn des Menüs [Mitchell/Shneiderman 89].
- Anpassung von Menühierarchien in einer Weise, daß die häufig benötigten Dialoge (z.B. bestimmte Formulare) über einen kurzen Selektionsweg erreicht werden [Trevellyan/Browne 87].
- Anpassung von Helligkeit, Kontrast und verwendeter Farbpalette an die Beleuchtung des Arbeitsumfeldes. Farben besitzen in Abhängigkeit von der Beleuchtungssituation unterschiedliche Wirkungen. Benutzer kennen diese Wirkungen üblicherweise nicht, da sie durch komplexe physiologische Randbedingungen entstehen.
- Reduktion der Skalierung von Bewegungen mit Zeigeinstrumenten, wenn vom System häufig Fehlselektionen des Benutzers beobachtet werden.
- Verlängerung der Zeitintervalle zwischen Doppelklicks bei Verwendung einer Maus, wenn vom System häufig versehentliche mehrfache Einzelklicks statt Doppelklicks beobachtet werden.

Adaptive Systeme verletzen zu einem unterschiedlichen Grad einen zentralen Grundsatz für die Dialoggestaltung, nämlich die ***Erwartungskonformität***, d.h. die ***Konsistenz*** von Benutzungsschnittstellen [Kap. 7.1.4]. Dies läßt sich dadurch entschärfen, daß der Benutzer über jede automatische Änderung des Systems informiert und eventuell um Zustimmung gebeten wird. Dadurch kann wieder eine Erwartungshaltung entstehen, die mit dem sich verändernden Systemverhalten konsistent ist. Auch der schwierigeren Erlernbarkeit adaptiver Systeme gegenüber statischen Systemen läßt sich durch Maßnahmen begegnen. So kann eine kurze adaptive Phase im Rahmen einer initialen Nutzung des Systems durchlaufen werden, die zu einer groben, aber hilfreichen Anpassung führt. Nach dieser Grobanpassung geht das System dann in die Phase über, in der der Benutzer das System adaptiert. Die Umschaltung von der Adaptivität ind die Adaptierbarkeit kann entweder benutzergesteuert oder systemgesteuert in Abhängigkeit von bestimmten Leistungsmerkmalen erfolgen [Trevellyan/Browne 87].

Die Realisierung adaptiver Systeme steckt noch in den Kinderschuhen. Auch die Spezifikation adaptiver Systeme wirft einige Probleme auf, die mit den bekannten Mitteln nur unzulänglich behandelt werden können [Browne et al. 86]. Nur durch vielfältige Experimente mit Prototypen lassen sich die technisch möglichen und aus Benutzersicht nützlichen Einsatzfelder herausfinden. Auch die aufwendige Implementierung von Benutzermodellen und explizit repräsentierter Anwendungsfunktionalität sind Hindernisse. Durch verbesserte Software-Techniken und ein besseres Verständnis dieses Potentials an Individualisierung werden diese Probleme geringer werden, so daß für die Zukunft erwartet werden kann, daß adaptive Systeme in benutzergerechter Form Realität werden.

Beispiel 12.4:
Bei explizit repräsentierten Systemen, wie zum Beispiel bei Expertensystemen, hat das System unter anderem Zugriff auf Objektattribute, deren Voreinstellungen (Defaults), Wertebeschränkungen und Abhängigkeiten zu anderen Objektattributen. Bei expliziter Modellierung kann ein System beispielsweise den Default eines Attributs ändern, wenn es aufgrund statistischer Analysen festgestellt hat, welches der am häufigsten benötigte Wert ist. Falls ein interaktives, adaptives System einen solchen Default ändert, muß es dies dem Benutzer mitteilen oder in der entsprechenden Situation sichtbar machen. ◇

12.3 Stufen der Individualisierung

Die unterschiedlichen Gestaltungsformen verlangen vom Benutzer unterschiedliche Fähigkeiten. Während das graphisch-interaktive Einstellen einiger Parameter einer Darstellung einfach und oft unmittelbar verständlich ist, erfordert das Definieren von Makros unter Verwendung von Kontrollstrukturen bereits einfache Programmierkenntnisse.

Die verschiedenen Gestaltungsformen gehen leider nicht nahtlos ineinander über. Dadurch entsteht beim Übergang von einer Gestaltungsform in die nächst komplexere Form eine vom Benutzer wahrnehmbare Sprungstelle bezüglich der erforderlichen konzeptionellen Kenntnisse [Abb. 12.2] (vgl. [Myers 93]).

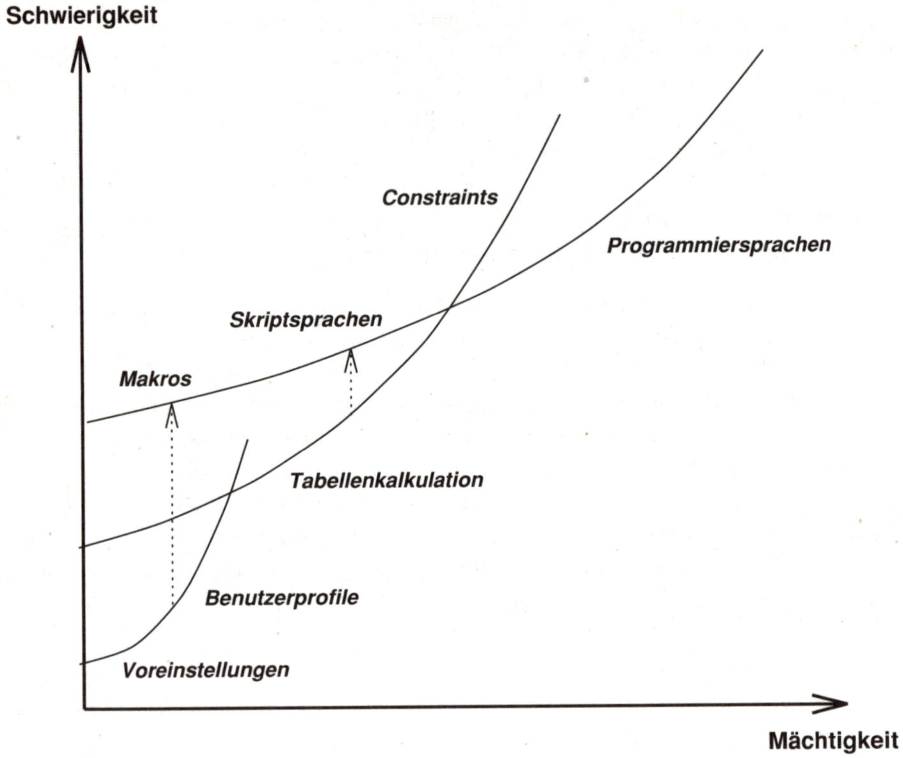

Abbildung 12.2: Relation zwischen Mächtigkeit und Schwierigkeit von Gestaltungsformen

Kapitel 13

Dialoghistorie

Ein Mensch-Computer-Dialog hat die Eigenschaft, „Geschichte zu machen", d.h. er durchläuft eine Folge von Zuständen. Die meisten Aspekte einer Benutzungsschnittstelle beschäftigen sich mit der Gegenwart oder der Zukunft des Dialogs. Es ist aus verschiedenen Gründen jedoch wichtig, daß der Benutzer in seinem Dialog mit dem Computer auch auf vergangene Dialogereignisse zurückgreifen kann.

Die ***Dialoghistorie*** kann für den Benutzer in vielfältiger Weise nutzbar gemacht werden:

1. als Erinnerungshilfe an ausgeführte Aktionen zur Analyse des aktuellen Systemzustandes sowie zur Planung des weiteren Dialogablaufs (***Dialogprotokoll***)
2. zur wiederholten Initiierung identischer oder leicht veränderter Aktionen (***Again-Funktion***)
3. zur Definition von Aktionsprozeduren (***Makros***)
4. zur Auswahl von rückgängig zu machenden, bereits ausgeführten Aktionen (***Undo-Funktion***)
5. zur Auswahl von wiederauszuführenden, rückgängig gemachten Aktionen (***Redo-Funktion***)
6. zur Analyse der Benutzeraktivitäten für automatische Hilfe (***aktive Hilfe*** [Kap. 11.2.2])
7. zur Analyse der Benutzeraktivitäten für eine automatische Anpassung des Systems an den Benutzer (***Adaptivität*** [Kap. 12.2.6])

Nicht nur der Benutzer, auch das System selbst greift bei allen diesen Aktivitäten auf die Dialoghistorie zu. Die Dialoghistorie wird auf diese Weise zum dynamischen Bestandteil des Modells S(S(A)) [Kap. 2.2]. Das System hält sich auf diese Weise Information, wie der aktuelle Systemzustand zustande gekommen ist. Genauso wird die Dialoghistorie dynamischer Bestandteil des Modells S(B(A)). Das System hält hierbei die Information, welche Aktivitäten ein bestimmter Benutzer während einer bestimmten Sitzung durchgeführt hat.

In den folgenden Abschnitten werden die ersten fünf der genannten Nutzungsformen der Dialoghistorie diskutiert. Die entsprechende Funktionalität läßt sich zu einer sogenannten ***Historykomponente*** im System zusammenfassen. Diese besitzt, ähnlich wie die Unterstützungskomponente „Hilfesystem", den Charakter eines eigenen Anwendungssystems und sollte fester Bestandteil eines jeden interaktiven Systems sein.

13.1 Dialogprotokoll

Das automatische Führen eines detaillierten Dialogprotokolls stellt sowohl für den Benutzer als auch für das System selbst eine wichtige spätere Informationsquelle dar. Es kann dienen:

- zur ***Kontrolle der ausgeführten Aktionen*** bei kritischen Aufgaben (z.B. bei umfangreichen Löschaktivitäten)
- zur ***Rückverfolgung von Fehlern*** (z.B. um einen Tastenausrutscher in einem Editor rückzuverfolgen oder die Ursache einer unerwarteten Wirkung zu analysieren)
- zur ***Planung des weiteren Dialogs*** (z.B. kann durch die Feststellung, wieviele Aktionen bereits durchgeführt wurden, abgeschätzt werden, wie lange die Bearbeitung einer Aufgabe noch dauern könnte)
- als ***rechtliche Referenz (Journal)*** bei sicherheitsrelevanten Aktionen (z.B. bei Buchungssystemen oder Prozeßleitständen)

Dialogprotokolle können auf verschiedenen Kommunikationsebenen des Dialogs geführt werden [Abb. 2.1]. Die hierfür geeigneten Ebenen sind:

Semantische Ebene: Protokoll der initiierten, objektbezogenen Operationen im Anwendungssystem (z.B. Duplizieren eines bestimmten Objekts)

Syntaktische Ebene: Protokoll auf der Ebene der Interaktionstechniken (z.B. Auswahl eines bestimmten Menüelements oder Eingabe einer bestimmten Kommandozeile)

Lexikalische Ebene: Protokoll des elementaren Eingabestroms aus Einzelzeichen und Zeigepositionen (z.B. Eingabe eines bestimmten Zeichens über die Tastatur oder Drücken einer Maustaste auf einer bestimmten Bildschirmposition)

Je höher die Protokollebene liegt, desto verständlicher ist das Dialogprotokoll für den Benutzer, da es leichter mit den Aufgaben und Intentionen in Verbindung zu bringen ist. Mit zunehmender Semantik wird es jedoch weniger aufschlußreich, was bestimmte durchgeführte systembedingte Interaktionsschritte angeht. So gibt ein Protokoll auf syntaktischer Ebene keine Auskunft über die lexikalischen Eingabeformen, so daß beispielsweise nicht mehr ersichtlich ist, ob eine Menüauswahl mittels eines Zeigeinstruments oder durch Tastatureingabe erfolgt ist. In einem Protokoll auf semantischer Ebene ist nicht einmal mehr nachvollziehbar, mit welcher Interaktionsform (z.B. Menüauswahl oder Kommando) eine Aktion im Anwendungssystem aktiviert wurde.

Werden Informationen auf verschiedenen Ebenen des Dialogs benötigt, so müssen mehrere Protokolle geführt werden, deren Elemente durch Markierungen gegenseitig verzahnt sind und so einander zugeordnet werden können.

13.2 Again-Funktion

Oftmals bestehen beträchtliche Teile von Dialogen aus mehr oder weniger abgewandelten ***Wiederholungen von Aktionen***. Ist das Initiieren dieser Aktionen mit einem hohen Eingabeaufwand verbunden, so kann der Dialog durch Unterstützungsfunktionen wesentlich verkürzt und damit beschleunigt werden.

Die einfachste Unterstützung ist das Angebot an den Benutzer, Aktionen aus dem Dialogprotokoll auszuwählen und diese wiederholen zu lassen. Eine solche Funktion soll als Again-Funktion bezeichnet werden.

Häufig sollen Aktionen nicht identisch, sondern mit geringfügigen Modifikationen erneut durchgeführt werden. Hierzu ist es sinnvoll, solche Schritte aus dem Dialogprotokoll auswählen und ändern zu können. Dieses Verfahren wird bei vielen Kommandosprachen erfolgreich angewendet. Sein wirklicher Nutzen hängt direkt vom Komfort und vom Zeitverhalten bei der Auswahl und der Modifikation der zugrunde liegenden Aktion ab.

Eine Again-Funktion ist eine für alle deskriptiven Interaktionsformen [Kap. 6.1] geeignete Unterstützungsfunktion, die leicht zu realisieren ist und bei guter Gestaltung einen hohen Nutzen zeigt. Seitens der Benutzer besteht hierbei nicht nur eine hohe Akzeptanz, sondern geradezu die Erwartung einer solchen Funktion.

13.3 Makros

Häufig wiederholen sich ganze Aktionssequenzen in derselben oder leicht abgewandelten Form. Aus diesem Grund sollte man dem Benutzer ermöglichen, beliebige Abschnitte aus einem Dialogprotokoll auszuwählen und diese unter einem beliebigen Symbol oder Namen abzulegen. Eine solche abgelegte Aktionssequenz wird oft Makro oder ***Kommandoprozedur*** genannt.

Die einzelnen Elemente von Makros sollten bei Bedarf änderbar sein. Außerdem sollte der Benutzer aus einem definierten Makro Aktionen entfernen und neue Aktionen einfügen können.

Einen kaum überschätzbaren Nutzen erhalten Makros, wenn sie parametrisiert werden können. Dies erlaubt dem Benutzer, ***neue Sprachebenen*** einzuführen, die individuelle Arbeitsabläufe bestmöglichst unterstützen. Auch die Einführung einfacher Kontrollstrukturen, wie bedingte Anweisungen (`IF`), Schleifenkonstrukte (z.B. `FOR <Zähler> DO ...`, `WHILE <Bedingung> DO ...`) und andere, erhöhen die Nützlichkeit von Makros. Sowohl bei der Verwendung von Parametern als auch bei Kontrollstrukturen muß allerdings ein Grundverständnis des mathematischen Funktionsbegriffs oder von Programmierung vorausgesetzt werden. Solche Voraussetzungen treffen auch in Zukunft für die Mehrzahl der Benutzer sicherlich nicht zu.

Wie die Again-Funktion stellen auch Makros eine relativ einfach realisierbare Technik dar. Ausprägung und Mächtigkeit von Makros sind von den Kenntnissen der Benutzer abhängig. Daher sollte dem Anbieten dieser Technik, wenn möglich, eine Benutzeranalyse vorausgehen [Kap. 3.1.2].

13.4 Undo-Funktion

Ein Arbeitsablauf verläuft selten direkt von der Ausgangssituation zum gewünschten Resultat. Häufig werden Arbeitsschritte ausgeführt, deren Wirkungen nicht beabsichtigt sind oder im nachhinein als ungünstig, nutzlos oder falsch erkannt werden. In diesem Fall wünscht sich der Benutzer die Möglichkeit, diese Aktionen rückgängig machen (stornieren) zu können. Dieses ***Zurückkehren zu einem Systemzustand der Vergangenheit des Dialogs*** wird üblicherweise ***Undo*** genannt [Nievergelt 83, Herczeg 86].

Bei ***Design-***, ***Konstruktions-*** und ***Planungsaufgaben*** entstehen durch die Ausführung von Anwendungsoperationen ständig Systemzustände, die nicht dem Arbeitsziel bzw. der Intention des Benutzers entsprechen. Durch das Verwerfen solcher nicht erwünschter Zustände wird der Arbeitsprozeß geradezu angetrieben. Auch hier wäre es unangebracht, von Fehlern zu sprechen.

Manchmal möchte ein Benutzer erkunden, was eine bestimmte Operation in einem bestimmten Kontext bewirkt. Hat der Benutzer die Gewißheit, jede mit dem System ausgeführte Operation wieder rückgängig machen zu können, so kann er mit dem System experimentieren, ohne befürchten zu müssen, irreparable Veränderungen am System zu verursachen. Man kann dies als ***exploratives Erlernen*** eines Systems bezeichnen [Herczeg 83, Paul 93]. Der Benutzer hat bei derartigen Explorationen meist kein festes Arbeitsziel im Sinn. Deshalb ist „Fehler" auch hier nicht die richtige Bezeichnung für eine Aktion, die zu einem unerwarteten oder unerwünschten Systemzustand führt.

Gelegentlich gelangt man bei der Arbeit mit Computersystemen in unerwünschte Systemzustände, die nicht auf fehlerhafte Systembedienung zurückzuführen sind, sondern auf Systemfehler. Solche Fehler sind typischerweise Programmier- oder Hardwarefehler, die manchmal zum Verlust wichtiger Datenbestände führen. Einen früheren Systemzustand erreichen zu können, wird dann von besonderer Bedeutung sein.

All diese Situationen verlangen, die Wirkung einer getätigten Aktion wieder beseitigen zu können. Es gibt eine Vielzahl von Realisierungs- und Interaktionsmodellen für Undo (***Undo-Techniken***), die höchst anwendungsspezifisch sind. Was höherentwickelte Undo-Techniken jedoch gemeinsam haben, ist die Notwendigkeit, das System mit Wissen über den Dialogablauf und über Zustandsänderungen zu versorgen (***Dialoghistorie***) sowie Verfahren zur Neutralisierung von Funktionsausführungen (z.B. ***Restaurationsfunktionen*** oder ***inverse Funktionen***) bereitzustellen. Darüber hinaus ist es angebracht, einen Teil dieses Wissens dem Benutzer zugänglich zu machen, damit dieser den Zustand beschreiben kann, zu dem zurückgekehrt werden soll.

Es lassen sich viele ***Typen von Undo-Funktionen*** mit unterschiedlicher Wirkung und Handhabung unterscheiden:

Retract-Undo: Retract-Undo [Gordon et al. 84] stellt den Zustand des Systems vor Ausführung der letzten Operationen wieder exakt her. Das Undo selbst kann nicht wieder rückgängig gemacht werden, da auch die Dialoghistorie wieder restauriert wird.

Travel-Undo: Travel-Undo [Gordon et al. 84] wirkt wie Retract-Undo, mit der Ausnahme, daß die Dialoghistorie nach dem Undo derjenigen vor dem Undo entspricht. Dieses Undo kann durch eine Redo-Funktion selbst wieder rückgängig gemacht werden.

Recall-Undo: Recall-Undo [Gordon et al. 84] ist auf sich selbst anwendbar. Es erweitert die Dialoghistorie und kann mit sich selbst wieder rückgängig gemacht werden.

Checkpoint-Undo: Checkpoint-Undo stellt den zu einem früheren Zeitpunkt explizit abgespeicherten Zustand (Checkpoint, Freezing-Point, Wiederaufsetzpunkt) des Systems wieder exakt her. Das Undo selbst kann im allgemeinen nicht wieder rückgängig gemacht werden, da auch die Dialoghistorie wieder restauriert wird. Wird vor dem Checkpoint-Undo ein neuer Wiederaufsetzpunkt eingerichtet, so kann dieser natürlich jederzeit wieder erreicht werden.

Direct-Undo: Direct-Undo erlaubt die Selektion einer von anderen Aktionen unabhängigen Aktion aus der Dialoghistorie und macht diese rückgängig. Dieses Undo kann wieder rückgängig gemacht werden, wenn die Dialoghistorie beim Undo erhalten bleibt.

Truth-Maintenance-Undo: Truth-Maintenance-Undo erlaubt die Selektion einer beliebigen Aktion aus der Dialoghistorie und macht diese und alle daraus resultierenden Konsequenzen rückgängig. Truth-Maintenance-Undo kann im allgemeinen nicht wieder rückgängig gemacht werden, da die Wirkung von abhängigen Aktionen von ihrer genauen Reihenfolge abhängt. Bei unabhängigen Aktionen kann es wieder rückgängig gemacht werden, wenn die Dialoghistorie außerhalb des Truth-Maintenance-Mechanismus liegt.

Retract-, Travel-, Checkpoint-, Direct- und Truth-Maintenance-Undo bezeichnet man als ***Metafunktionen***, d.h. Funktionen, die außerhalb der Anwendungsfunktionalität liegen. Wären sie Anwendungsfunktionen, so müßten sie auf sich selbst anwendbar sein. Diese Selbstanwendbarkeit trifft nur für das Recall-Undo zu.

In den Abbildungen 13.4 bis 13.7 des Beispiels 13.2 findet sich eine Darstellung der Wirkung von Checkpoint-Undo. In den Abbildungen 13.1, 13.2 und 13.3 finden sich Beispiele für die Wirkung der drei Undo-Varianten Retract-, Travel- und Recall-Undo. Die Bezeichnungen Z0-Zn stehen dabei für Systemzustände, f0-fn für Anwendungsfunktionen. Der doppelte Kreis markiert den jeweils eingestellten Systemzustand.

Bei Retract-, Travel- und Recall-Undo geht man davon aus, daß zum Undo einer Aktion aus der Geschichte des Dialogs alle danach ausgeführten Aktionen auch rückgängig gemacht werden. Die Datenkonsistenz (Integrität) des Systems bleibt damit gewahrt. Soll gezielt nur eine bestimmte Aktion storniert werden, aber die Wirkungen aller nachfolgenden Aktionen erhalten bleiben, so muß geprüft werden, ob diese davon unabhängig sind. Ist dies der Fall, so kann die bestimmte Aktion storniert werden. Besteht diese Unabhängigkeit nicht, so würde ein einfaches Zurücknehmen der Aktion zur Dateninkonsistenz des Systems führen. Die Technik dieses Direct-Undo wird in wenigen Systemen oder Programmiersprachen und dort auch nur ansatzweise unterstützt (z.B. INTERLISP). Eine Untersuchung der Randbedingungen findet sich in [Klein 85].

Das Feststellen der Unabhängigkeit von Aktionen oder das Wiederherstellen eines konsistenten Systemzustandes bei der Stornierung einer Aktion aus einer Gruppe unabhängiger Aktionen wird bei herkömmlicher Realisierung von

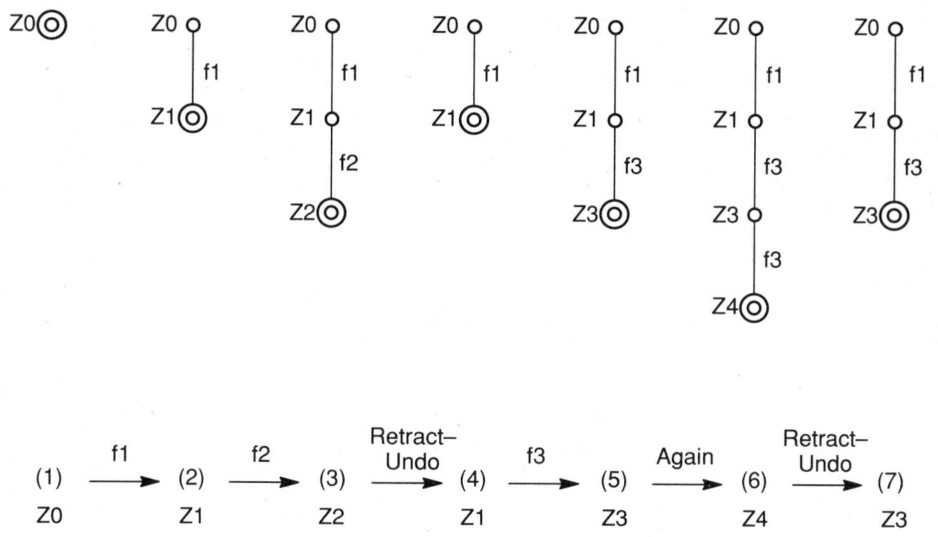

Abbildung 13.1: Beispiel für die Wirkung von Retract-Undo

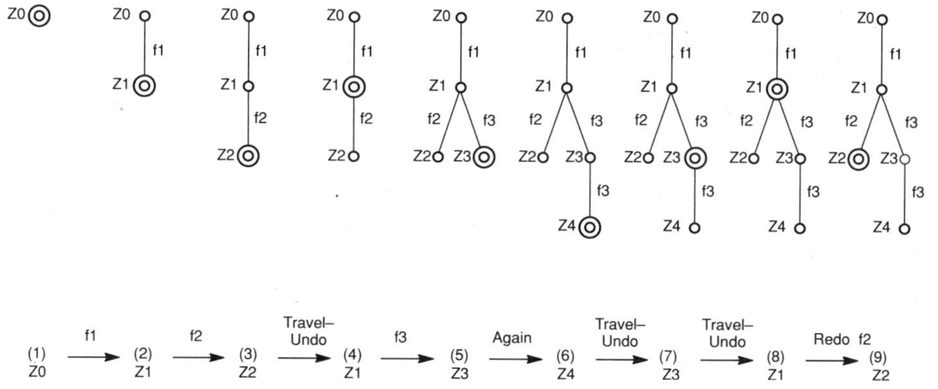

Abbildung 13.2: Beispiel für die Wirkung von Travel-Undo

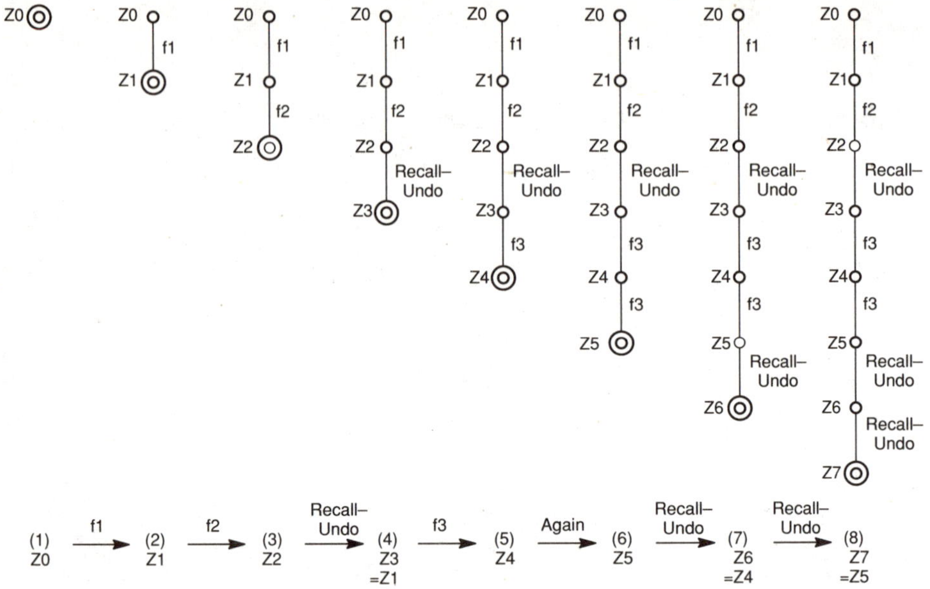

Abbildung 13.3: Beispiel für die Wirkung von Recall-Undo

Direct-Undo dem Benutzer überlassen. Hierdurch entsteht bei dieser prinzipiell nützlichen Undo-Funktion eine beträchtliche kognitive Last für den Benutzer. Entwicklungen im Rahmen von Programmiertechniken der Künstlichen Intelligenz bieten die Möglichkeit, diese Verwaltung vom System durchführen zu lassen. Derartige Verwaltungskomponenten nennt man ***Truth-Maintenance-Systeme (TMS)*** [Barr et al. 82, Charniak/McDermott 85]. Im Gegensatz zu den drei Undo-Techniken Retract-, Travel- und Recall-Undo, deren Vorgehensweise als ***Chronological Backtracking***[1] bezeichnet wird, ermöglichen TMS sogenanntes ***Dependency-Directed Backtracking***[2], hier ***Truth-Maintenance-Undo*** genannt. Ein TMS sorgt dafür, daß bei der Stornierung einer Aktion alle von dieser Aktion abhängigen Zustände wieder konsistent gemacht werden.

Besitzt das Anwendungssystem eine ***hierarchische Struktur***, so kann man die Undo-Funktion an diese Struktur anpassen [Herczeg 83]. Die Undo-Funktion wirkt dann jeweils auf der aktuellen Systemebene. So ist es möglich, innerhalb einer Ebene jede durchgeführte Aktion wie bei anderen Undo-Techniken rückgängig zu machen. Nach Rückkehr in die übergeordnete Systemebene kann dann durch Undo eine Folge von untergeordneten Aktionen (Subaktionen) mit einem einzigen Undo-Schritt storniert werden [Bsp. 13.1]. Eine solche hierarchisch wirkende Undo-Funktion erlaubt einen problemangepaßten Umgang mit der Dialoghistorie und verhindert eine unübersichtlich lange Dialoghistorie.

[1] chronologisches Stornieren
[2] abhängigkeitsgesteuertes Stornieren

Beispiel 13.1:
In einer Artikelstammverwaltung könnten beispielsweise bei der Aktion `Eintragen Artikel`, *die innerhalb dieser Aktion ausgeführten Subaktionen wie* `Eintragen Artikelnummer`, `Eintragen Artikelbezeichnung`, `Eintragen Lieferant` *usw. durch Undo einzeln storniert werden. Nach Abschluß der Aktion* `Eintragen Artikel`, *d.h. nach Rückkehr in die höhere Systemebene, könnte durch ein Undo die gesamte Abfolge der Subaktionen in einem Schritt rückgängig gemacht werden.*

```
Eintragen Lieferant
        Eintragen Lieferantennummer
        Eintragen Name
        Eintragen Adresse
                Eintragen Ort
                Eintragen Strasse
                Eintragen Telefonnummer
        Eintragen Ansprechpartner
                Eintragen Name
                Eintragen Abteilung
                Eintragen Telefonnummer
Eintragen Artikel
        Eintragen Artikelnummer
        Eintragen Artikelbezeichnung
        Eintragen Lieferant
        Eintragen Lagerbestand
```

◇

Die Realisierung von ausgeprägten Undo-Techniken findet man meist nur in prototypischen Anwendungssystemen [Herczeg 83, Bauer et al. 91, Koller et al. 91, Paul/Foks 91, Paul 93]. Eines der wenigen, seit langer Zeit intensiv genutzten Systeme mit Undo-Funktionalität ist der Editor EMACS. Eine dem Undo ähnliche Funktionalität bieten ***transaktionsorientierte Systeme*** wie Datenbanksysteme mit ihrer ***Rollback-Fähigkeit***. Die Undo-Funktion ist bei diesen Systemen allerdings üblicherweise nicht für den Endbenutzer, sondern für die Systemadministratoren verfügbar.

Für zukünftige Systeme ist zu hoffen, daß Undo-Fähigkeiten von vornherein beim Systemdesign berücksichtigt werden. Der große Nutzen dieser Unterstützungstechnik dürfte inzwischen unbestritten sein. Dabei sollten jedoch die einfacher verständlichen Undo-Techniken (Checkpoint-, Retract- und Travel-Undo) zum Einsatz kommen, da bei Verunsicherung der Benutzer bezüglich der genauen Wirkungsweise der Undo-Technik der größte Teil des Nutzens wieder verlorengeht.

Beispiel 13.2:
In diesem Beispiel soll gezeigt werden, wie sich aus der Sicht des Benutzers eine Dialoghistorie darstellen kann. Das Beispiel stammt aus dem System EXPLORE *[Paul/Foks 91, Paul 93]. Die Dialoghistorie wird dort als* ***Interaktionshistorie*** *bezeichnet.*

Gehen wir davon aus, daß der Benutzer eine Arbeitsaufgabe zum Abschluß gebracht hat. Er möchte nun eine neue Aufgabe in Angriff nehmen, bei der er Operatoren benutzen muß, deren Wirkung er nicht genau kennt. Da er seine bisherige Arbeit nicht gefährden will, setzt er einen Wiederaufsetzpunkt. Dieser ist in Abbildung 13.4 als Schneeflockensymbol visualisiert. Die vorhergehenden Aktionen sind als Sequenz anderer, anwendungsspezifischer Piktogramme visualisiert.

Der Benutzer führt nach Definieren des Wiederaufsetzpunkts einige Aktionen durch [Abb. 13.5].

Der Benutzer stellt fest, daß ihn die Aktionen dem gewünschten Ziel nicht wie beabsichtigt näher gebracht haben. Er bricht die experimentelle Aktionssequenz ab und kehrt zum Wiederaufsetzpunkt zurück. Durch Selektion des Schneeflockensymbols wird der Systemzustand automatisch auf den Zustand zurückgesetzt, wie er beim Definieren des Wiederaufsetzpunkts existiert hatte [Abb. 13.6].

Der Benutzer setzt nun seine Arbeit ausgehend vom wieder restaurierten Zustand fort. Die wirksame Dialoghistorie wird durch die gestrichelte Linie mittels der Funktion `Aktuellen Pfad anzeigen` *visualisiert [Abb. 13.7]. Die experimentelle Schleife liefert keinen Beitrag zum aktuellen Systemzustand und könnte mittels der Funktion* `Flurbereinigung` *aus dem Interaktionsgraphen entfernt werden.*
◇

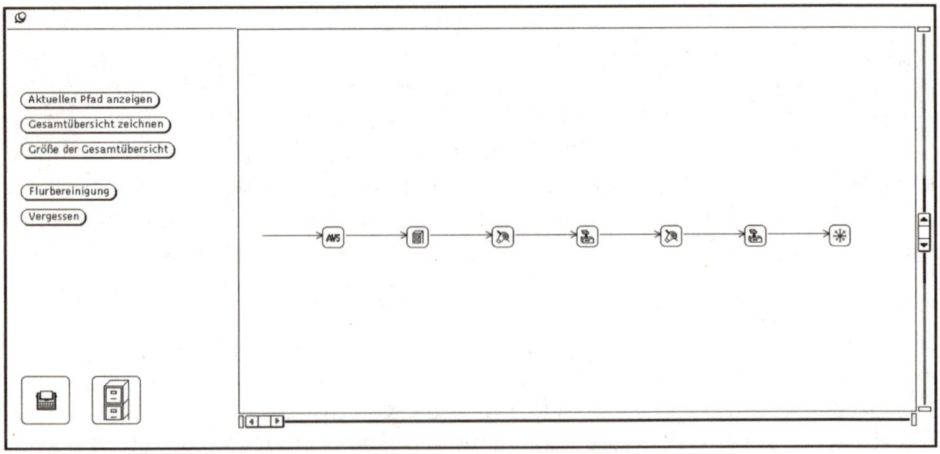

Abbildung 13.4: Visualisierte Dialoghistorie mit Wiederaufsetzpunkt

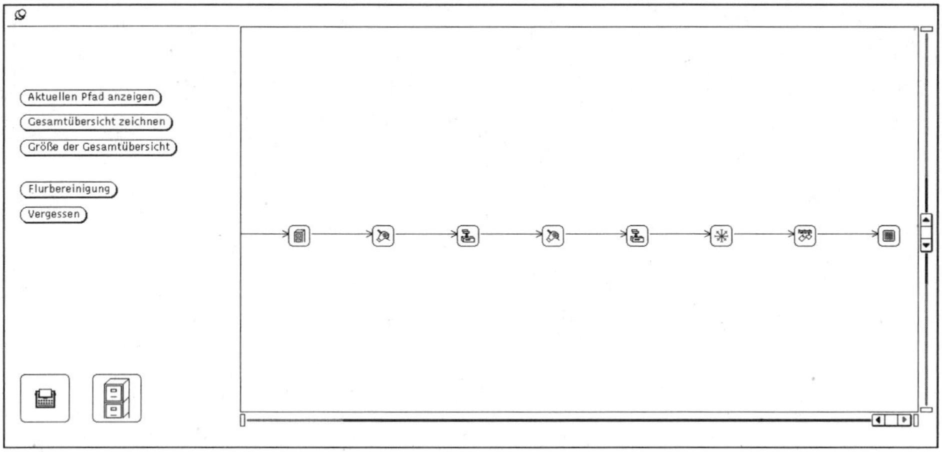

Abbildung 13.5: Visualisierte Dialoghistorie nach weiteren Aktionen

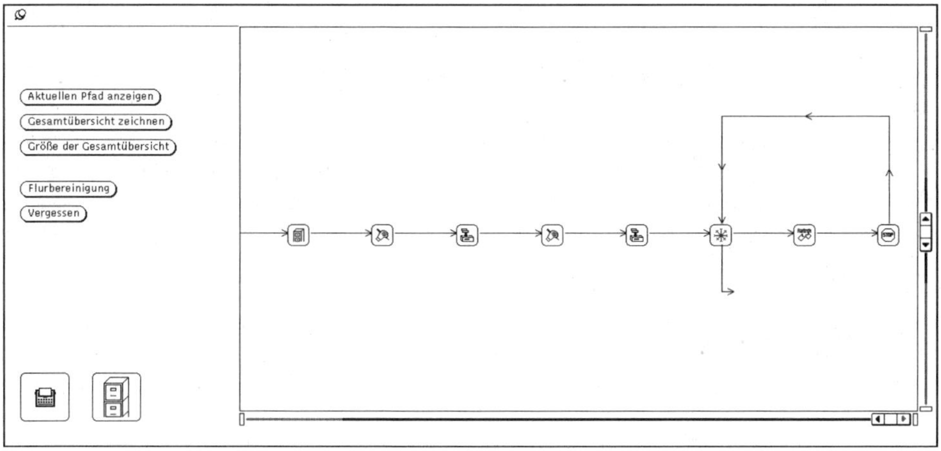

Abbildung 13.6: Visualisierte Dialoghistorie nach Rücksetzen auf den Wiederaufsetzpunkt

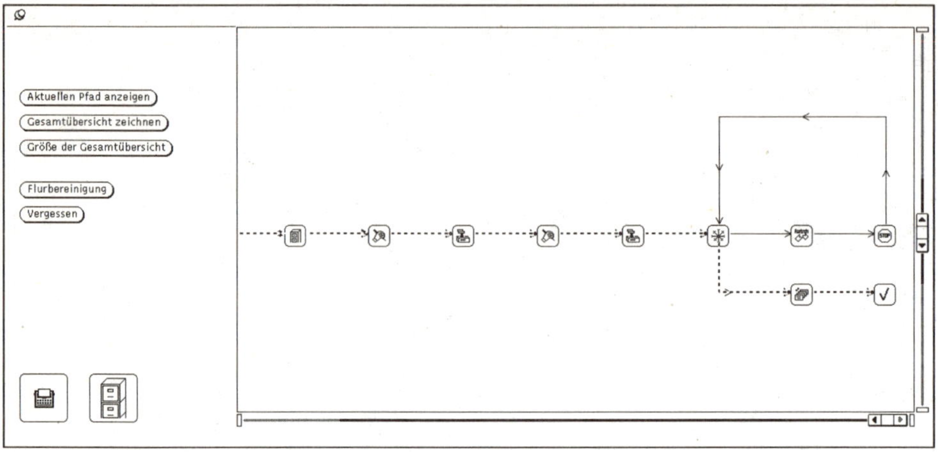

Abbildung 13.7: Visualisierte Dialoghistorie nach neuen Aktionen

13.5 Redo-Funktion

Redo ist das Wiederausführen von Aktionen, die durch Undo storniert wurden. Es läßt sich nur dann verwirklichen, wenn die Dialoghistorie beim Undo erhalten bleibt, d.h. es muß eine Form von Travel-Undo realisiert werden. Beim Recall-Undo entspricht der Redo-Funktion die Undo-Funktion selbst. Die Dialoghistorie entwickelt sich beim Travel-Undo nach dem Undo durch das Ausführen neuer Aktionen zu einer Baumstruktur. Dies erhöht die Komplexität beträchtlich, sowohl in der Implementierung als auch für den Benutzer. Beim Redo muß der Benutzer zum Ausdruck bringen, welcher Ast des Dialogprotokolls erneut durchlaufen werden soll, falls er an einem Punkt der Dialoghistorie angelangt ist, von dem aus in der Vergangenheit verschiedene Folgeaktionen initiiert wurden. ***Trotzdem ist Travel-Undo mit zugehöriger Redo-Funktion das ideale Gespann an Funktionalität, um vor allem explorative Aufgaben wie Design, Konstruktion und Planung zu unterstützen.***

Beispiele für eine derartige Realisierung mit einer graphischen Visualisierung der Baumstruktur zur Auswahl finden sich in [Rathke 88, Bauer et al. 91]. Der Benutzer kann durch Zeigen den gewünschten Systemzustand auswählen.

Kapitel 14

Zeitverhalten interaktiver Systeme

Treten im Verhalten interaktiver Systeme unerwartete ***Verzögerungen*** auf, so werden viele Benutzer verunsichert, verärgert oder gar frustriert. Derartige Verzögerungen sind vor allem lange ***Antwortzeiten*** und lange ***Darstellungszeiten*** bei der Informationsausgabe. Neben Unzufriedenheit können Verzögerungen auch zu einer erhöhten Fehlerrate bei der Systembenutzung führen.

Zu schnelle Systemreaktionen können auf der anderen Seite aber auch bewirken, daß die Benutzer zu hastig arbeiten. Dies wiederum führt zu schlechtem Lernerfolg, zu oberflächlichem Lesen der Systemausgaben, zu Eingabefehlern sowie zu unüberlegten Aktionen. Die Arbeit mit dem Computer kann auf diese Weise zu Streß und Distreß führen.

14.1 Zeitabschnitte einer Interaktion

Ein ***Dialog-*** oder ***Interaktionsschritt*** läßt sich, wie in Abbildung 14.1 dargestellt, in mehrere unscharf definierte Zeitabschnitte oder Phasen zerteilen [Shneiderman 92]:

Eingabezeit: Zeitraum zwischen dem Beginn und dem Abschluß einer Benutzereingabe. Die Eingabezeit wird oft vereinfachend als Zeitpunkt und nicht als Zeitraum angenommen.

Ausgabezeit: Zeitraum zwischen dem Beginn und dem Abschluß einer Systemausgabe. Die Ausgabezeit des Systems wird wie die Eingabezeit des Benutzers oft vereinfachend als Zeitpunkt und nicht als Zeitraum angenommen.

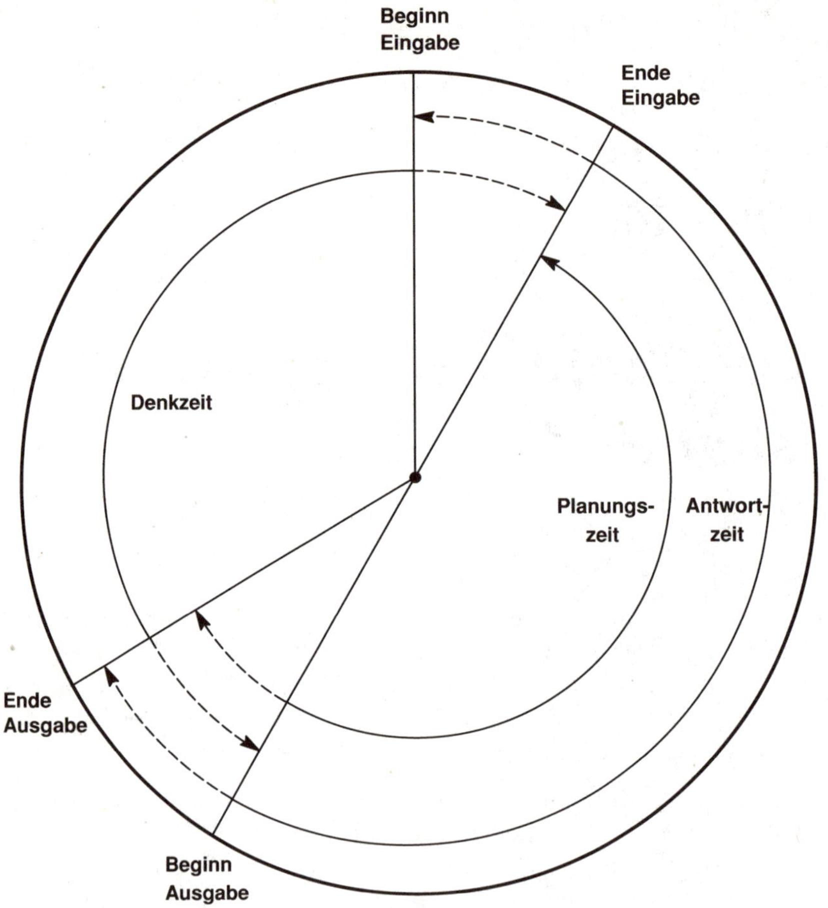

Abbildung 14.1: Zeitabschnitte eines Interaktionsschritts

Antwortzeit: Zeitraum zwischen der Benutzereingabe und der daraus resultierenden Systemausgabe. Da Benutzereingabe und Systemausgabe in Wirklichkeit Zeiträume sind, hat man es bei der Antwortzeit mit einem nur unscharf definierbaren Begriff zu tun.

Denkzeit: Zeitraum zwischen der Systemausgabe und der Benutzereingabe. Auch hier hat man es wegen Eingabe- und Ausgabezeiträumen mit einen unscharfen Begriff zu tun. Der Benutzer überlegt sich während diesem Zeitraum den nächsten Arbeitsschritt.

Planungszeit: Zeitraum vom Ende der Benutzereingabe bis zur Systemausgabe. In diesem Zeitabschnitt plant der Benutzer das weitere Vorgehen in Abhängigkeit vom erwarteten Erfolg oder Nichterfolg der laufenden Aktion.

Aufgrund der Unschärfen und vieler Abhängigkeiten lassen sich diese Zeiten nur schwer messen. Weitere Schwierigkeiten bei Zeitmessungen bringen hard- und software-technische Einflüsse, wie z.B. parallele Prozesse und Verzögerungen in Rechnernetzen. Trotzdem lassen sich statistische Werte dieser Zeiträume für bestimmte Anwendungssysteme und Anwendungssituationen finden.

14.2 Kognitive Randbedingungen

Grundsätzlich müßte es möglich sein, mit Hilfe von kognitiven Modellen des menschlichen Denkens und Verhaltens, Aussagen zu zeitlichen Randbedingungen interaktiver Systeme zu treffen. Beispielsweise sollten sich daraus die systembedingten und damit durch die Realisierung eines Systems beeinflußbaren Größen ***Antwortzeit*** und ***Ausgabezeit*** ableiten lassen. Auf dieser Grundlage ließen sich Richtlinien erstellen, Systeme planen und Vorhersagen des Benutzerverhaltens ableiten. Da die existierenden kognitiven Modelle noch sehr grob und unvollständig sind, sind wir im wesentlichen auf Erfahrungen durch Benutzerexperimente (Evaluationen) angewiesen. Trotzdem lassen sich einige wichtige, kognitionspsychologische Aussagen zur Gestaltung des zeitlichen Systemverhaltens machen [Shneiderman 92].

14.2.1 Einflüsse des Gedächtnisses

Das menschliche Gedächtnis und insbesondere das Kurzzeitgedächtnis hat einen erheblichen Einfluß auf das günstigste Zeitverhalten [Kap. 4.3]. Sind die Antwort- oder Ausgabezeiten zu lang, besteht die Gefahr, daß der Benutzer seine eigentlichen Arbeitsziele ganz oder teilweise vergißt. Die vom System gelieferten Resultate lassen sich dann nicht mehr oder nur noch unzulänglich mit den Intentionen und Zielen des Benutzers in einen Zusammenhang bringen.

Bei der Planung von Aktivitäten und ihrer schrittweisen Durchführung ist es immer wieder notwendig, Teilergebnisse oder Teilpläne im ***Kurzzeitgedächtnis*** zu halten. Bei der Nutzung eines interaktiven Computersystems muß meist nach jedem Arbeitsschritt auf die Reaktion des Systems gewartet werden, bevor der nächste Schritt bestimmt und durchgeführt werden kann. Ist der Zeitverzug zu groß, werden Teilpläne oder Teilergebnisse vergessen. Wie Studien gezeigt haben, können schon Zeiten zwischen 0.1 und 0.5 Sekunden zu lang sein. Dies resultiert aus der Tatsache, daß das Kurzzeitgedächtnis bei Ablenkungen schon innerhalb solch kurzer Zeiträume flüchtig ist [Kap. 4.3.2].

Andererseits werden Fehler bei zu schnellem Arbeiten gemacht. Das stark begrenzte Kurzzeitgedächtnis mit ca. 7 Chunks wird dann von Information überflutet. Die Zeit zum Transfer von Information aus dem Kurzzeitgedächtnis ins ***Langzeitgedächtnis*** mit ca. 8 sec/Chunk [Kap. 4.3.3] ist nicht mehr vorhanden.

Der Benutzer beginnt, unvollständig zu planen, vergißt Teilergebnisse und Teilziele, bis er schließlich nur noch intuitiv oder zufällig arbeitet.

Zusammenfassend kann man davon ausgehen, daß es ein für das menschliche Gedächtnis günstiges Zeitverhalten eines Systems gibt [Kap. 14.4].

14.2.2 Einflüsse des Problemlöseverhaltens

Mit dem Anstieg der Anwortzeiten steigt auch die ***Angst der Benutzer vor Fehlern***, da die Behebung der Fehler entsprechend lange dauert. Die Arbeitsgeschwindigkeit wird als Folge davon oft verringert. Die Behebung von Fehlern wird ebenfalls verlangsamt, was die gesamte Arbeitsleistung zusätzlich verringert. Wenn Antwortzeiten und Ausgabezeiten kürzer werden, passen sich Benutzer meist an den ***Systemtakt*** an. Sie verstehen dann die Ausgaben nicht mehr vollständig, generieren unvollständige Pläne und machen mehr Fehler.

Hohe Arbeitsleistung, niedrige Fehlerraten und ein hohes Maß an Zufriedenheit können nur dann auftreten, falls:

- der Benutzer ein ausreichendes Verständnis des Anwendungsbereiches B(A) besitzt [Kap. 2.2]
- der Benutzer ein angemessenes und transparentes Modell des Anwendungssystems B(S(A)) besitzt [Kap. 2.2]
- der Grad der Zielerreichung ersichtlich ist
- wenig Angst vorhanden ist
- Fehler vermieden werden oder eine einfache Fehlerbeseitigung möglich ist
- die Problemlösung ohne Verzögerungen ausgeführt werden kann
- Ablenkungen ausgeschaltet sind

Man sieht vor allem in den letzten beiden Punkten den Einfluß von Zeitaspekten. Zusätzlich zu diesen Faktoren [Shneiderman 92] können die folgenden ***Präferenzen von Benutzern*** eine Rolle bei der Wahl des günstigsten Zeitverhaltens spielen:

- Anfänger bevorzugen es, langsamer zu arbeiten als Experten
- bei geringer Tragweite potentieller Fehler bevorzugen es Benutzer, schneller zu arbeiten
- leicht verständliche, einfache Tätigkeiten werden gerne schneller ausgeführt

- Benutzer erwarten von einem System ein Zeitverhalten, das sie von früheren Erfahrungen mit demselben oder einem anderen Systemen her kennen

All diese Faktoren sind schwer einzuschätzen. Sie zu genau zu quantifizieren, ist nicht möglich. Trotz dieser Schwierigkeiten lassen sich diese Faktoren bei der Gestaltung interaktiver Systeme berücksichtigen, indem man sie qualitativ berücksichtigt, in bestimmten Situationen durch Evaluationen prototypischer Systeme statistisch quantifiziert und negativen Auswirkungen durch gutes Zeitverhalten des Systems gegensteuert. Dies gilt zunächst für die systembedingten Zeitabschnitte ***Ausgabezeit*** und ***Antwortzeit***.

14.3 Ausgabezeit

Die ***Ausgaberate*** alphanumerischer Bildschirme läßt sich in Zeichen pro Sekunde (characters per second, cps) angeben. Die Ausgaberaten variieren an Computersystemen von 30 cps bis einige 1000 cps. Die Ausgabezeit errechnet sich demgemäß als Quotient der Anzahl der ausgegebenen Zeichen und der Ausgaberate.

Bei niedrigen Ausgaberaten kann der Benutzer den Text während der Ausgabe mitlesen. Bei hohen Ausgaberaten wird der Text einer Bildschirmseite in Bruchteilen einer Sekunde ohne für den Benutzer feststellbare Verzögerung dargestellt.

Experimente haben u.a. ergeben, daß die für Benutzer besten Ausgaberaten bei etwa 30 cps und der unverzögerten Ausgabe liegen [Tombaugh et al. 85]. Bei Ausgabe von etwa 30 cps waren die Benutzer in der Lage, die ausgegebenen Texte synchron zur Ausgabe ohne Anstrengung mitzulesen. Sie konnten dabei die Ausgaben sofort und vollständig erfassen, verstehen und verarbeiten. Bei der sehr schnellen und für den Benutzer subjektiv unverzögerten Ausgabe sind die Benutzer auf eine andere Strategie übergegangen und haben die Lesegeschwindigkeit selbst bestimmt. Die Benutzer scheuen sich dann auch nicht davor, in Texten hin- und herzublättern, da sie keine Verzögerungen befürchten müssen. Dies ist besonders dann günstig, wenn nicht die gesamte Ausgabe von Interesse ist. Bei dazwischen liegenden Ausgaberaten neigen die Benutzer dazu, ihre Lesegeschwindigkeit der Ausgaberate anzupassen, die dazu jedoch zu hoch ist. Dies führt zu stark fehlerträchtiger Bildschirmarbeit [Abb. 14.2].

In umfangreichen Experimenten mit einem Timesharing-System hat man festgestellt, daß bei einer Steigerung der Ausgaberate von 10 cps auf 30 cps die ***mittlere Denkzeit*** von 2.3 auf 1.4 Sekunden zurückgegangen war [Cotton 78]. Die Benutzer haben also ihre Arbeitsgeschwindigkeit bei höherer Ausgaberate deutlich erhöht. Des weiteren zeigte sich, daß die Benutzer bei höherer Ausgaberate längere Ausgaben angefordert haben.

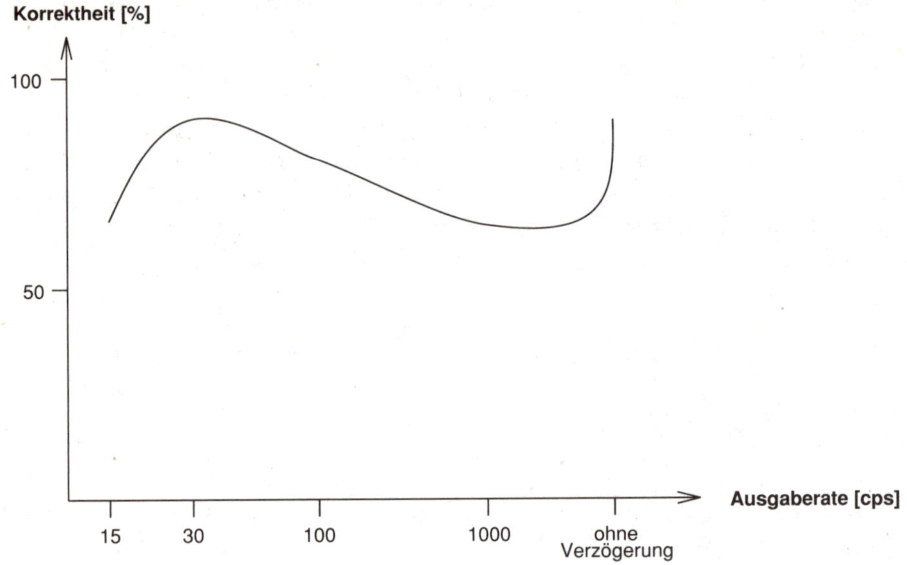

Abbildung 14.2: Qualitative Abhängigkeit zwischen Korrektheit der Interaktion und der Ausgaberate (nach quantitativen Experimenten in [Tombaugh et al. 85])

14.4 Antwortzeit

Die günstigste Antwortzeit ist eine Größe, die sich nicht unabhängig von bestimmten Benutzern und Anwendungsfällen festlegen läßt. Für viele Anwendungssituationen mag eine Antwortzeit von 2–4 Sekunden eine gute Faustregel sein. Es gibt aber Situationen, in denen eine solche Verzögerung untragbar wäre, wie z.B. beim Eintippen eines Zeichens in einem Texteditor.

Es gibt eine Vielzahl von Parametern und nicht quantifizierbaren Einflüssen auf die Antwortzeit:

1. ***Frühere Erfahrungen mit demselben oder ähnlichen Systemen verursachen Erwartungen beim Benutzer.***

   Ist die Antwortzeit unerwartet lang, so werden Benutzer ungeduldig und unzufrieden. Die Akzeptanz des Systems und die Arbeitsleistung nimmt dabei ab. Ist die Antwortzeit unerwartet kurz, so werden die Benutzer skeptisch, ob alles korrekt abgelaufen ist. Es werden dann oft Fehler im System oder eine falsch initiierte Aktion angenommen.

   Benutzer können Abweichungen von etwa 10% bei Antwortzeiten von 2–4

Sekunden feststellen. Störend werden im allgemeinen Abweichungen von mehr als 50% der üblichen Antwortzeit empfunden.

2. ***Persönliche Präferenzen und kognitive Leistungsmerkmale bestimmen die untere und obere Grenze der Antwortzeit.***

   Anfänger akzeptieren eher längere Antwortzeiten als erfahrene Benutzer. Andere bestimmende Faktoren sind Alter, Stimmung, Gesundheitszustand, Tageszeit, momentane Belastung und der kulturelle Hintergrund.

3. ***Zeitkritische Aktivitäten beschränken die Antwortzeit nach oben.***

   Bei manchen Anwendungen darf die Antwortzeit eine bestimmte Schwelle nicht überschreiten. Derartige Anwendungen sind beispielsweise Aktionen in Editoren, bei der Überwachung und Steuerung von Prozessen sowie direkt manipulative Aktivitäten. Die erforderlichen Antwortzeiten liegen dabei meist unter der Grenze von einer Sekunde.

4. ***Rechnerleistung, Rechnernetze und der algorithmische Rechenaufwand beschränken die Antwortzeit nach unten.***

   Derartige technische und problembedingte Randbedingungen begrenzen die Möglichkeiten oftmals in einer Weise, die es unmöglich macht, ein für den Benutzer befriedigendes Antwortzeitverhalten zu erreichen. In solchen Fällen ist es wichtig, den Benutzer von diesen Restriktionen und ihren Gründen in Kenntnis zu setzen. Dies kann entweder im Rahmen der Schulung oder durch interaktive Systemmeldungen erfolgen. Diese Information unterstützt die Bildung eines tragfähigen und befriedigenden mentalen Modells B(S(A)) vom System [Kap. 2.2].

Sofern es aufgrund der technischen und wirtschaftlichen Randbedingungen möglich ist, sollten Antwortzeiten im allgemeinen möglichst unter 4 Sekunden, im Idealfall unter 1 Sekunde liegen. Längere Zeiten können zwar akzeptabel sein, sie müssen jedoch für den Benutzer im voraus oder während des Dialogs transparent begründet werden.

Bei länger dauernden Systemaktionen können durch textuelle Systemmeldungen oder spezielle Indikatoren interaktive Zustandsmeldungen über den Ausführungszustand der Aktionen gegeben werden. Eine wichtige Rolle spielen dabei sogenannte ***Progress-Indicators***, die die noch abzuwartende Ausführungszeit des Systems im Verhältnis zur Gesamtausführungszeit visualisieren. Dies können graphische Darstellungen laufender Uhren (auch Sanduhren) und anderer Instrumente sein (Beispiele siehe bei [Myers 85]).

Wie bereits bezüglich kognitiver Randbedingen festgestellt [Kap. 14.2], gibt es für eine bestimmte Aufgabe und einen bestimmten Benutzer eine ***günstige Antwortzeit***, die es dem Benutzer ermöglicht, seine präferierte Arbeitsgeschwindigkeit ungestört aufrechtzuerhalten [Abb. 14.3]. Antwortzeiten, die wesentlich unter oder aber vor allem über dieser günstigen Zeit liegen, führen zu mehr Fehlern und Unzufriedenheit.

Bei der Untersuchung des Antwortzeitverhaltens hat sich außerdem gezeigt, daß die ***Denkzeit*** etwa linear mit der Antwortzeit ansteigt, d.h. daß Benutzer bei langsameren Systemen länger vor ihren Aktivitäten nachdenken als bei schnelleren Systemen. Langsamere Systeme haben demnach einen doppelt negativen Einfluß auf die Produktivität der Benutzer.

Zeitaspekte sind immer ein Ansatzpunkt für Leistungsmessungen. Die ***Produktivität eines Benutzers*** sollte allerdings keinesfalls in Interaktionen (Transaktionen) pro Zeiteinheit gemessen werden, sondern in ***korrekt ausgeführten Aufgaben pro Zeiteinheit***. Auf diese Weise kann sich durchaus herausstellen, daß eine günstige Antwortzeit länger als die technisch mögliche Antwortzeit ist. Derzeit gibt es allerdings immer noch deutlich mehr Probleme mit zu langen als mit zu kurzen Antwortzeiten. Dies kann sich in Zukunft durch die weiteren Leistungssteigerungen von Computern am Arbeitsplatz leicht ändern.

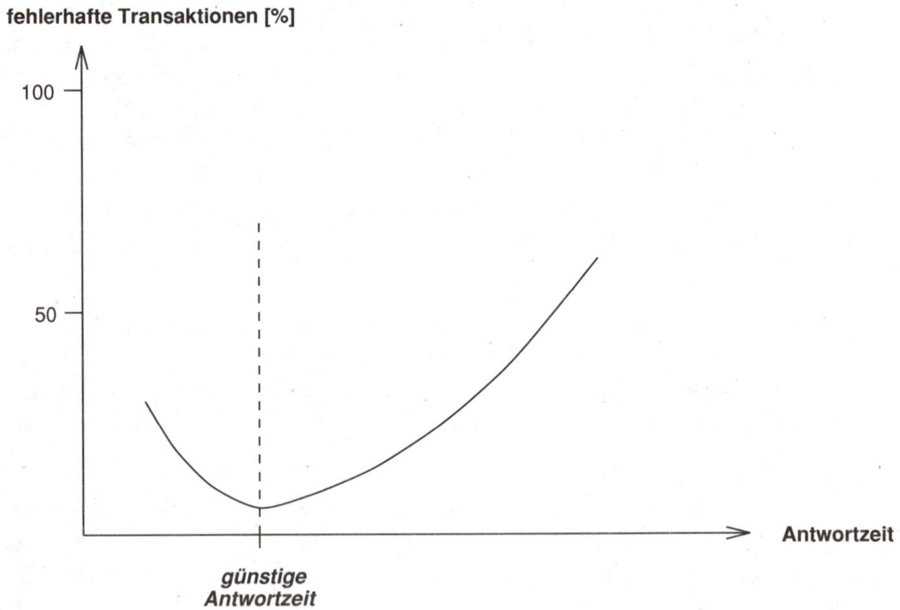

Abbildung 14.3: Qualitativer Verlauf fehlerhafter Interaktionen in Abhängigkeit von der Antwortzeit (nach [Shneiderman 92])

Kapitel 15

Hardware-Ergonomie

Die benutzergerechte Gestaltung von Computersoftware ist nur eine Komponente bei der Realisierung ergonomischer Computerarbeitsplätze. Eine weitere Komponente ist die ***benutzergerechte Gestaltung von Bildschirmarbeitsplätzen***. Die Gestaltungsgrundsätze beziehen sich hierbei auf den Arbeitsplatz in einem räumlichen und organisatorischen Umfeld. Dieser Arbeitsplatz setzt sich im allgemeinen zusammen aus Arbeitstisch, Bürostuhl, Bildschirm, Tastatur und eventuell vorhandenen Zeigeinstrumenten. Andere periphere Geräte (z.B. Drucker, Scanner) und herkömmliche Arbeitsmittel (z.B. Taschenrechner, Notizbuch, Kalender) müssen bei häufiger Benutzung in die Arbeitsplatzgestaltung miteinbezogen werden.

15.1 Bildschirmarbeitsplatz

Bei der ***Gestaltung des Bildschirmarbeitsplatzes*** sind vielfältige, gestalterische Fragestellungen zu beantworten:

- Gestaltung und Anordnung von Arbeitstisch und Bürostuhl
  (siehe DIN 4549, DIN 4551, DIN 4552, DIN 66234 Teil 6)

- Anordnung der Computerperipherie sowie anderer Arbeitsmittel auf dem Arbeitstisch

- Aufteilung des Arbeitsraumes

- Beleuchtung des Arbeitsraumes [Abb. 15.1 u. 15.2]

- Klima des Arbeitsraumes

Starre Vorschriften zur Gestaltung eines Bildschirmarbeitsplatzes sind grundsätzlich weder möglich noch sinnvoll. Die zufriedenstellende Gestaltung wird wesentlich durch die folgenden, stark variierenden Einflußgrößen bestimmt.

- Art der Tätigkeit
- Arbeitshaltung
- Arbeitsumfeld
- Arbeitsabläufe
- für die Arbeit notwendiger Kontakt zur Umwelt
- Art und Qualität der Computerperipherie
- Häufigkeit der Benutzung der Computerperipherie

Bei der ***Anordnung der Arbeitsmittel*** können die folgenden Empfehlungen als Leitfaden dienen (in Anlehnung an DIN 66234 Teil 6; siehe auch [Grandjean 87]):

1. das Arbeitsmittel, zu dem der häufigste Blickkontakt besteht, zentral anordnen
2. das Arbeitsmittel, zu dem am häufigsten gegriffen wird, in den günstigsten Greifraum legen
3. die Sehabstände zu den Arbeitsmitteln, die am häufigsten betrachtet werden, angleichen
4. den Bildschirm so plazieren, daß die Darstellungen bei normaler Arbeitshaltung gut sichtbar sind; die meist günstigste Entfernung liegt bei etwa 500 mm (450–600 mm); der oberste Darstellungsbereich sollte unter Augenhöhe liegen [Abb. 4.2]
5. störende Lichtreflexe ausschalten
6. zu großen Kontrast (Leuchtdichteunterschiede) zwischen den Sehobjekten vermeiden
7. die Tastatur so positionieren, daß der Abstand zwischen Tischvorderkante und Mitte der ersten Tastenreihe etwa 100 mm beträgt; der Abstand der mittleren Buchstabenreihe vom Fußboden sollte etwa 750 mm betragen oder sie sollte auf Höhe des waagrecht ausgestreckten Unterarms liegen
8. den Kontakt zur Umwelt gewährleisten

Bei den ***Beleuchtungsverhältnissen*** ist folgendes zu empfehlen (in Anlehnung an DIN 66234 Teil 7):

Allgemeinbeleuchtung:	300 lx–500 lx
Arbeitsplatzbeleuchtung:	500 lx–1000 lx
Helligkeitskontrast:	1:3 bis max. 1:10 (mittl. Leuchtdichten)

Abweichungen von diesen Werten sind in manchen Situationen nicht zu vermeiden. Dies betrifft zum Beispiel den Helligkeitskontrast bei der Verwendung von Negativdarstellung auf Bildschirmen. Die angegebenen Werte sollten daher als Empfehlungen verstanden werden, die erfahrungsgemäß die Belastungen des Sehvermögens minimieren.

Zur Vermeidung von Lampenflimmern sind Leuchtstofflampen in Drehstromschaltung zu betreiben. Spiegelungen auf den Bildschirmen sind zu vermeiden. Dies kann durch die Anordnung von Lampen [Abb. 15.1] und durch eine geeignete Raumaufteilung erreicht werden (siehe DIN 66234 Teil 7). Hinweise zur Beleuchtungsplanung finden sich auch in DIN 5034 Teil 1 sowie in DIN 5035 Teil 1 und Teil 2. In Abbildung 15.2 werden die kritischen Ausstrahlwinkel für Reflex- und Direktblendung dargestellt. Reflexblendung kann auftreten, wenn Lampen hinter dem Bildschirmarbeitsplatz einen Leuchtkegel mit einem Winkel von mehr als $\pm 50^o$ besitzen. Direktblendung kann auftreten, wenn Lampen einen Leuchtkegel zwischen $\pm 45^o$ und $\pm 85^o$ besitzen.

Auch das ***Raumklima*** kann die Arbeitsbedingungen entscheidend beeinflussen. Die wichtigsten Parameter sind:

Raumtemperatur:	20–26° C
Rel. Luftfeuchtigkeit:	40–60%
Luftbewegungen:	$< 0{,}15$ m/s

Die direkte Wärmeabstrahlung von Heizkörpern oder Geräten sollte möglichst gering sein. Die Abluft von Geräten darf nicht unter Tische, in Ecken oder zu benachbarten Arbeitsplätzen geleitet werden.

Die ***Geräusche*** im Raum sollten, abhängig von der Tätigkeit, die folgenden Geräuschpegel nicht überschreiten:

konzentriertes Arbeiten:	$<$ 55 dB(A)
Routinearbeiten:	$<$ 70 dB(A)

Die Gerätegeräusche sollten nicht höher als 5 dB(A) über dem Hintergrundgeräusch liegen. Dies wird von den Lüftern heutiger „Arbeitsplatzrechner" meist weit übertroffen.

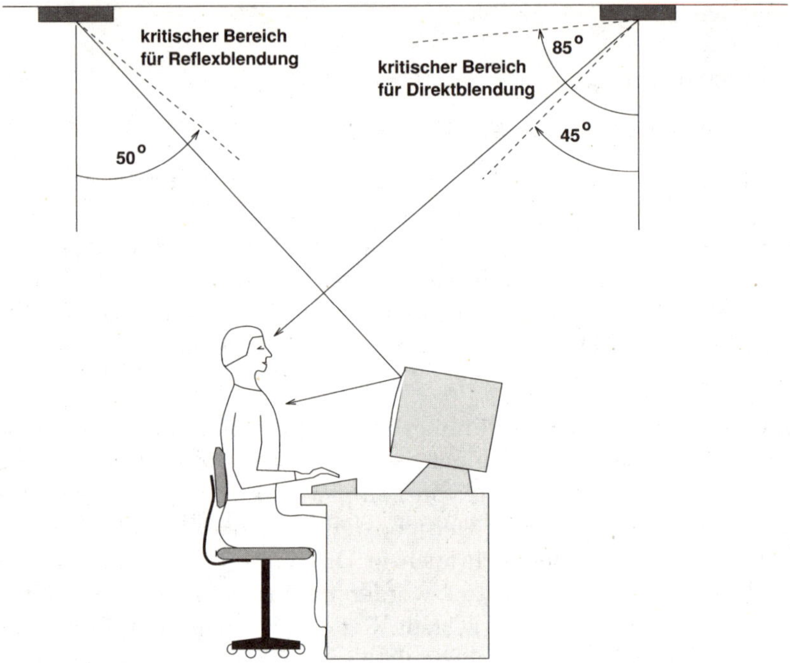

Abbildung 15.1: Kritischer Ausstrahlwinkel von Leuchten zur Begrenzung der Direkt- und Reflexblendung

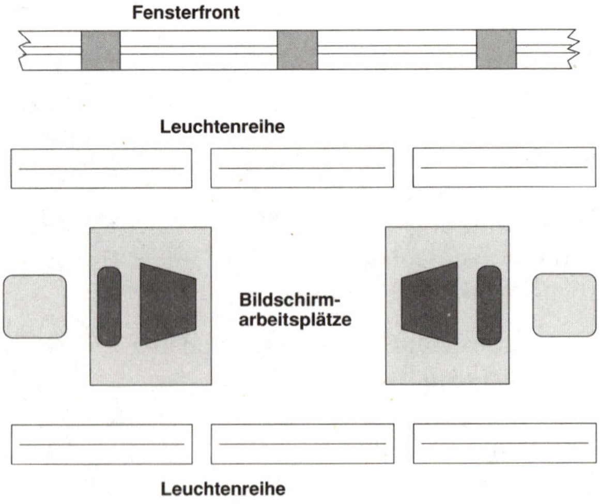

Abbildung 15.2: Beispiel einer Anordnung von Bildschirmarbeitsplätzen zwischen Leuchtenreihen mit paralleler Blickrichtung zu Fenstern und Leuchten

15.2 Bildschirm

Der kritischste Bestandteil eines Bildschirmarbeitsplatzes ist der Bildschirm selbst. Hier werden die meisten Kompromisse geschlossen, wodurch zum Teil beträchtliche hardware-ergonomische Probleme zutage treten. Die folgenden Eigenschaften von Bildschirmgeräten sind anzustreben. Viele davon werden jedoch von den heute üblicherweise eingesetzten Bildschirmgeräten nicht erreicht (siehe auch DIN 66234 Teil 2, ISO 9241 Part 3 und [Helander 87]):

- nicht mit der Tastatur verbunden
(die zunehmende Verbreitung von Laptops steht dem entgegen)
- in der Neigung verstellbar
- reflexionsfreie Darstellungsoberfläche
- Verblendung des schwarzen, nicht genutzten Bildschirmrandes
- Farbe des Bildschirmgehäuses nicht schwarz oder weiß; im Helligkeitskontrast von 1:3 bis 1:10 zur Arbeitsumgebung; Oberfläche mattiert; mit Tastatur abgestimmt
- Bildwiederholfrequenz bei Negativdarstellung $\geq$ 50 Hz;
bei Positivdarstellung $\geq$ 70 Hz [Kap. 4.1.4]
- hohe Leuchtdichte, ohne sichtbaren Schärfeverlust verstellbar zwischen 80 und 100 cd/m^2 [Kap. 4.1.3]
- Auflösungsvermögen $\geq$ 35 Pixel/cm [Kap. 4.1.3]
- hohe Konturschärfe auf dem gesamten Bildschirm
- Helligkeitskontrast zwischen Zeichen und Hintergrund 6:1 bis 10:1 (mittl. Leuchtdichten)
- Zeichenfarbe bei Negativdarstellung: grün bis gelb;
Hintergrundfarbe bei Positivdarstellung: weißlich
[Kap. 4.1.5]

Die Verwendung von Positivdarstellung (helle Darstellungen auf dunklem Grund) ist aus Gründen des Kontrastes zum Arbeitsumfeld außer in dunklen Arbeitsräumen wünschenswert. Positivdarstellung ist jedoch bei unzureichenden Bildwiederholfrequenzen der Bildschirme ($\leq$ 60 Hz) nicht empfehlenswert.

Die Größe des Bildschirms sollte abhängig von den Darstellungserfordernissen der Anwendung gewählt werden. Bildschirmdiagonalen (Herstellerangaben) zwischen 16″ (40 cm) und 19″ (48 cm) haben sich für Universalsysteme bewährt.

Die eigentlichen Bilddiagonalen (Nutzbereich) betragen meist nur ca. 90% der vom Hersteller angegebenen Bildschirmdiagonalen.

Die Darstellungsqualität von Schwarz-Weiß-Bildschirmen, vor allem gekennzeichnet durch Schärfe und Bildwiederholfrequenz, übersteigt die Darstellungsqualität von Farbbildschirmen meist erheblich. Falls die Anwendung keine Farbe benötigt, sind Schwarz-Weiß-Bildschirme daher vorzuziehen.

15.3 Tastatur

Die Anordnung und Gestaltung der Tastatur sollte folgende Bedingungen erfüllen (siehe auch Abschnitt 4.4.1 sowie ISO 9995, ISO 9241 Part 4, DIN 66234 Teil 6 Beiblatt 1 und [Greenstein/Arnaut 87, Grandjean 87]):

- getrennt vom Bildschirm
- Lage im optimalen Greifraum
- die mittlere Reihe der alphabetischen Tasten etwa 750 mm über dem Fußboden oder in Höhe des waagrecht ausgestreckten Unterarms
- die mittlere Reihe der alphabetischen Tasten etwa 30 mm über der Handauflagefläche
- Neigungswinkel der Tastatur etwa 15°
- Tastengrößen 12–15 mm quadratisch
- leicht konkave Oberfläche der Tasten
- Abstand der Tastenzentren 18–20 mm
- Farbe der Tastatur nicht schwarz oder weiß; im Helligkeitskontrast von 1:3 bis 1:10 zur Arbeitsumgebung; Oberfläche mattiert; mit Bildschirm abgestimmt
- angemessene taktile Rückkopplung beim Anschlag
- automatische Wiederholung
  (ca. 15 Zeichen/sec nach wenigstens 0.5 sec Verzögerung)
- nötige Anschlagkraft der Tasten 0.4–1.2 N [Kap. 4.4.1]
- Tastendrucktiefe 3–5 mm mit Auslösehysteresis

Die ***Tastenanordnung*** ist gemäß der ***„QWERTY"***-Konvention (deutsche Tastatur: ***„QWERTZ"***) zu wählen. Dies ist allerdings keine ergonomisch gute Anordnung, da sie ursprünglich zur Minimierung von Typenverklemmungen bei mechanischen Schreibmaschinen entworfen wurde und nicht nach der Häufigkeit und Abfolge der benötigten Zeichen. Trotzdem sollte sie aus Gründen der Verbreitung weiter verwendet werden. In den vergangenen Jahrzehnten wurden eine Vielzahl alternativer Tastaturlayouts entwickelt, die verschiedene Kriterien zu optimieren versuchten. Keine der auf ergonomische Erfordernisse verbesserten Tastaturen (z.B. Dvorak-Tastatur [Greenstein/Arnaut 87]) hat in nennenswertem Umfang Verbreitung gefunden.

Ein zusätzlicher ***Ziffernblock*** ist insbesondere bei kaufmännischen und wissenschaftlichen Anwendungen nützlich. Bei der Anordnung der Tasten im Ziffernblock gibt es einen Designkonflikt. Aus Konformität zu herkömmlichen Rechenmaschinen und Taschenrechnern wird deren Anordnung bei den meisten Bildschirmtastaturen bevorzugt. Diese Anordnung ist allerdings unverträglich mit der Anordnung bei Tastentelefonen, so daß sich hier eine routinierte parallele Benutzung beider Arbeitsmittel nur schlecht entwickelt [Abb. 15.3].

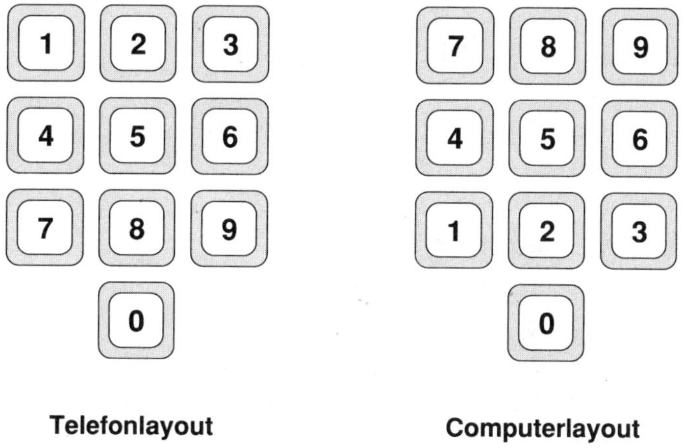

Abbildung 15.3: Unverträgliche Ziffernblocks

Die Verfügbarkeit einer Reihe von ***Funktionstasten*** ist aufgrund der hohen Funktionalität heutiger Anwendungssysteme als sinnvoll, wenn auch nicht als unbedingt notwendig zu erachten. Hier besteht allerdings mangels ausreichender Standardisierung ein hohes Gefahrenmoment der Inkompatibilität. Dies gilt insbesondere für Textverarbeitungsfunktionen, wie z.B. ***Cursortasten*** zum Bewegen des Textcursors (Schreibmarke). Cursortasten sind auch bei vorhandenem Zeigeinstrument (z.B. Maus) vorzusehen, da sie insbesondere bei kleinen relativen Bewegungen im Text viel effizienter zu bedienen sind als das Zeigeinstrument.

Die extensive Verwendung von meist unmotiviert beschrifteten oder numerierten Funktionstasten kann für erfahrene Benutzer effizient und akzeptabel sein. Für Gelegenheitsbenutzer oder unerfahrene Benutzer wirkt sich dies jedoch erschwerend aus.

15.4 Zeigeinstrumente

Zeige- oder Eingabeinstrumente dienen dazu, ***Darstellungen auf dem Bildschirm zu erzeugen, auszuwählen oder zu positionieren***. In den vergangenen 30 Jahren haben sich sehr unterschiedliche Zeigeinstrumente entwickelt. Die wichtigsten sind:

- Cursortasten
- Maus
- Rollkugel
- Graphiktablett
- Joystick
- Lichtgriffel
- drucksensitive Bildschirme

Jedes Zeigeinstrument hat seine Vor- und Nachteile [Tab. 15.1]. Bei der Einsatzfähigkeit eines Zeigeinstruments spielt insbesondere die Anwendung sowie die Benutzerklasse eine zentrale Rolle. Einige physiologische Randbedingungen wurden bereits beschrieben [Kap. 4.4.2]. Geeignete Zeigeinstrumente sind eine Voraussetzung für deiktische Interaktionsformen [Kap. 6]. Zeigeinstrumente müssen insbesondere für die Realisierung direkt manipulativer Systeme sorgfältig ausgewählt werden [Kap. 8].

In den letzten Jahren haben sich einige Zeigeinstrumente stärker verbreitet, andere verschwinden. Insbesondere die ***Maus*** scheint sich für ein breites Spektrum von Anwendungen zu bewähren, wobei auch hier noch erhebliche konstruktive Unterschiede zu unterschiedlicher Eignung und Akzeptanz führen. Eine endgültige Bewertung ist zur Zeit nicht möglich, und auch in Zukunft werden sich Zeigeinstrumente weiterentwickeln. Ohne Zweifel dürfte jedoch der Nutzen fortgeschrittener Zeigeinstrumente gegenüber oder ergänzend zu Cursortasten für nahezu alle Anwendungen sein.

	CurT	**Maus**	**RolK**	**GraT**	**JoyS**	**LicG**	**DruB**
Auge-Hand-Koordination	0	0	0	0	0	+	+
Verdeckung Bildschirm	+	+	+	+	+	-	-
flexible Anordnung	-	0	+	0	+	-	-
minimales Training	0	0	0	0	0	0	+
schnelles Zeigen	-	0	0	0	-	+	+
Zeigen und Bestätigen	-	+	0	0	0	-	-
Zeichnen	-	-	-	+	-	-	-
langsames Verfolgen	-	+	+	+	-	-	-
schnelles Verfolgen	-	0	0	0	+	-	-
Genauigkeit	0	+	0	+	-	-	-
Parallaxenfreiheit	+	+	+	+	+	-	-

+ ... Vorteil   0 ... neutral   - ... Nachteil

CurT: Cursortasten
Maus: Maus
RolK: Rollkugel
GraT: Graphiktablett
JoyS: Joystick
LicG: Lichtgriffel
DruB: drucksensitiver Bildschirm

Tabelle 15.1: Vor- und Nachteile von Zeigeinstrumenten (nach [Greenstein 88])

Anhang A

Beispiele für Analyse und Modellierung

A.1 Beispiel einer ETIT-Analyse

Am Beispiel einer einfachen Aufgabe soll die ETIT-Analyse [Kap. 3.1.4] dargestellt werden.

Die ***externe Aufgabe*** bestehe darin, einfache Blockdiagramme zu erzeugen. Ein Blockdiagramm besteht aus beschrifteten, rechteckigen Blöcken, die über Linien verbunden sind, wie in folgendem Beispiel:

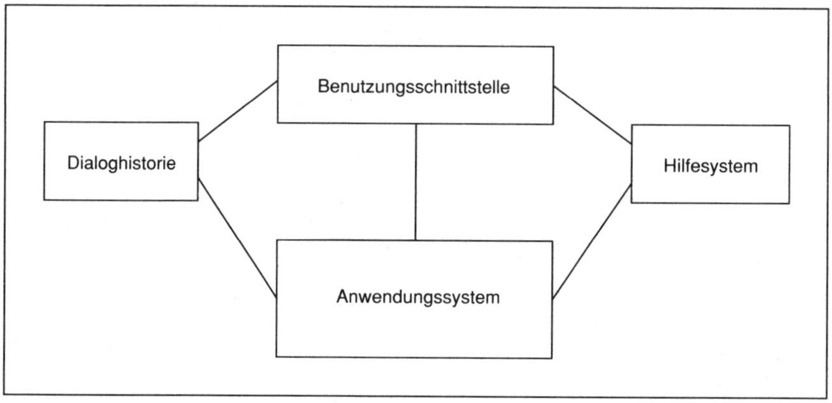

Die ***externen Objekten und Operatoren*** sind die folgenden:

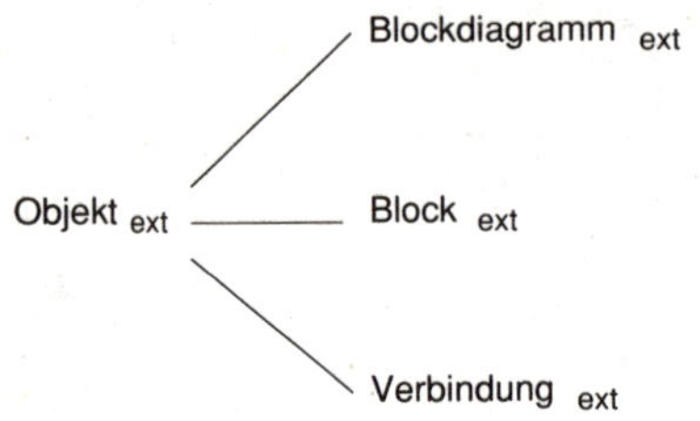

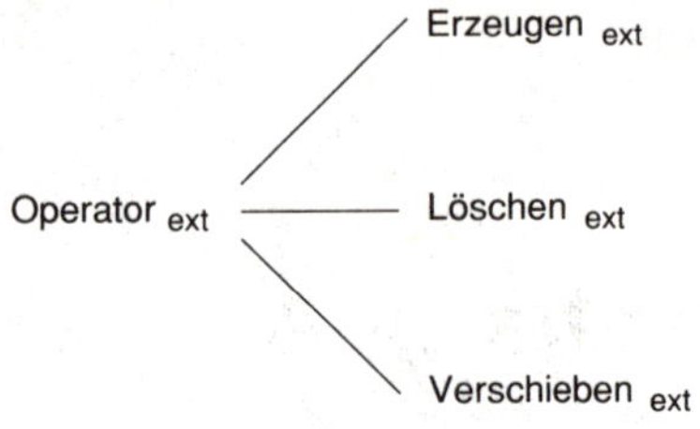

Aus diesen externen Objekten und Operatoren ergeben sich 7 sinnvolle, ***externe Aufgaben***, die durch die ***externe Aufgabenmatrix*** dargestellt werden:

Operator $_{ext}$ \ Objekt $_{ext}$	Blockdiagramm	Block	Verbindung
Erzeugen	X	X	X
Löschen	X	X	X
Verschieben		X	

Ein vorhandenes, einfaches Graphiksystem soll dazu verwendet werden, die externen Aufgaben zu bearbeiten. Die vom realisierten Graphiksystem bereitgestellten ***internen Objekte und Operatoren*** seien die folgenden:

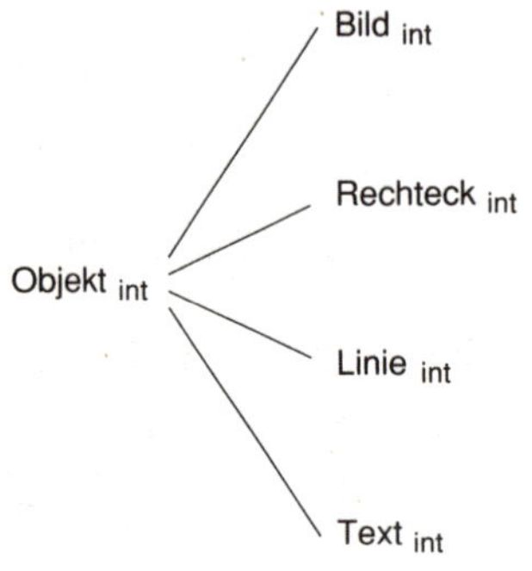

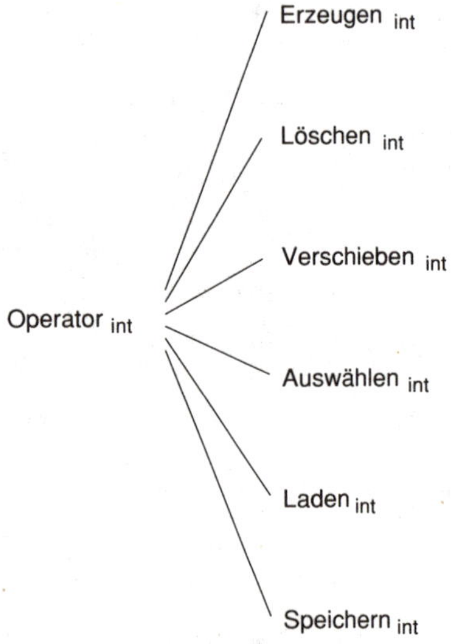

Aus diesen internen Objekten und Operatoren ergeben sich 16 zulässige ***internen Aufgaben***, die durch die ***interne Aufgabenmatrix*** dargestellt werden:

Operator int \ Objekt int	Bild	Rechteck	Linie	Text
Erzeugen	X	X	X	X
Löschen	X	X	X	X
Verschieben		X	X	X
Auswählen		X	X	X
Laden	X			
Speichern	X			

Die externen Aufgaben werden mit dem Graphiksystem bearbeitet. Dabei entstehen die internen Aufgaben. Die ***ETIT-Map*** zeigt die Abbildung der externen in die internen Aufgaben. Die Aufgaben im Inneren der Matrix sind interne Aufgaben (Operationen). Optionale interne Aufgaben sind in eckigen Klammern dargestellt.

Operator ext \ Objekt ext	Blockdiagramm	Block	Verbindung
Erzeugen	Erzeugen Bild *[div. int. Aufgaben]* Speichern Bild	Erzeugen Rechteck Erzeugen Text	Erzeugen Linie
Löschen	[Laden Bild] Löschen Bild	[Auswählen Rechteck] Löschen Rechteck Auswählen Text Löschen Text	[Auswählen Linie] Löschen Linie
Verschieben		[Auswählen Rechteck] Verschieben Rechteck Auswählen Text Verschieben Text [Auswählen Linie Löschen Linie Erzeugen Linie] ^{n}	

Die Komplexität der Abbildung zeigt sich oft schon in der Anzahl der nötigen internen Aufgaben für eine externe Aufgabe. Die Vereinfachung der Abbildung von externen nach internen Aufgaben kann u.a. durch neue interne Objekte und Operatoren oder auch durch das Bereitstellen benutzerdefinierter Makros erfolgen [Kap. 13.3]. Die Verbesserung muß sich in einer einfacheren ETIT-Map zeigen.

Neben der vollständigen Beschreibung der Abbildung der Aufgaben (ETIT-Map) läßt sich die Abbildung der Objekte und Operatoren in Form von ***Transformationsregeln (Mapping Rules)*** feststellen. In diesem Beispiel zeigt diese Abbildung der Objekte (siehe Zeilen der ETIT-Map) im Fall des externen Begriffs `Block` eine Irregularität:

Extern		**Intern**
Blockdiagramm	⟶	Bild
Block	⟶	Rechteck + Text
Verbindung	⟶	Linie

Für die Operatoren entsprechen die Transformationsregeln genau den Einträgen der ETIT-Map. Dies zeigt, daß die externen Aufgaben durch eine irreguläre ***Transformationsstruktur*** sehr aufwendig in Form vieler Spezialfälle in interne Aufgaben abgebildet werden müssen. Dies schlägt sich sowohl beim ***Lernaufwand*** als auch beim ***Arbeitsaufwand*** nieder. In günstigeren Fällen kann man die Abbildung durch weniger Regeln beschreiben, als Einträge in der ETIT-Map vorhanden sind.

Durch einige Verbesserungen in der Objekt- und Operatorstruktur des Beispielsystems ließe sich ein für die gestellte externe Aufgabe weitaus besser nutzbares System ableiten. Wichtig wäre beispielsweise das Einführen eines internen Objekts `Block`, das sowohl aus einem Rechteck als auch aus einem Text besteht, und das als Einheit bezüglich Lösch- und Verschiebeoperationen betrachtet werden kann. Weitere Verbesserungen ließen sich durch die automatische Fixierung von `Verbindungen` an `Blöcken` erreichen. Diese beiden Verbesserungen würden eine recht einfache und direkte Abbildungsmöglichkeit von externen nach internen Aufgaben ergeben. Eine ETIT-Analyse würde dies zeigen.

A.2 Beispiel einer GOMS-Modellierung

Im folgenden soll eine GOMS-Modellierung [Kap. 3.2.1] des Beispiels A.1 dargestellt werden. Der verwendete Formalismus ist angelehnt an NGOMSL (Natural GOMS Language) [Kieras 88], das eine nahezu natürlichsprachliche Beschreibung erlaubt, ohne eine gewünschte Präzision zu verhindern. Neben dieser Form gibt es GOMS-Sprachmodelle mit einer anderen Syntax. An der grundsätzlichen Methodik ändert sich dadurch jedoch nichts.

Zu Beginn beschreibt eine Rahmenmethode, welche ***externen Aufgaben*** (***Unit Tasks***) durchzuführen sind. Sie ergeben sich aus dem organisatorischen Umfeld. In diesem Beispiel soll eine handschriftliche Skizze eines Blockdiagramms mittels eines Graphiksystems in eine Druckvorlage umgesetzt werden.

```
Method to Accomplish Goal of <Erstellen Blockdiagramm>.
  Step 1: Accomplish Goal of <Erzeugen Blockdiagramm>.
  Step 2: Get next Unit Task from <Blockdiagramm-Skizze>.
  Step 3: If no more Unit Tasks
             Then
               Step 3-1: Accomplish Goal
                           of Performing <Sichern Blockdiagramm>.
               Step 3-2: Report Goal Accomplished.
  Step 4: Accomplish Goal of Performing the Unit Task.
  Step 5: Goto Step 2.
```

Durch sogenannte ***Selection Rules*** (Auswahlregeln) werden für die einzelnen externen Aufgaben (***Unit Tasks***) spezielle ***Methoden*** ausgewählt. In diesen Methoden wird die Abbildung auf ***interne Aufgaben*** geleistet:

```
Selection Rule Set for Goal of Performing the Unit Task.
  If the Task is <Erzeugen Blockdiagramm>
     Then Accomplish Goal of <Erzeugen Bild>.
  If the Task is <Sichern Blockdiagramm>
     Then Accomplish Goal of <Speichern Bild>.
  If the Task is <Erzeugen Block>
     Then Accomplish Goal of <Erzeugen Block>.
  If the Task is <Erzeugen Verbindung>
     Then Accomplish Goal of <Erzeugen Linie>.
  If the Task is <Loeschen Blockdiagramm>
     Then Accomplish Goal of <Loeschen Bild>.
  If the Task is <Loeschen Block>
     Then Accomplish Goal of <Loeschen Block>.
  If the Task is <Loeschen Verbindung>
     Then Accomplish Goal of <Loeschen Linie>.
  If the Task is <Verschieben Block>
     Then Accomplish Goal of <Verschieben Block>.
```

Nun werden die einzelnen ***Methoden*** beschrieben, die die internen Aufgaben repräsentieren. Die Beschreibung reicht in Form einzelner Aktionen bis auf die ***sensomotorische Ebene*** [Kap. 2.1] (`Click`, `Press`, `Release`, `Move`, `Type-In`, `Do-Keystroke`).

```
Method to Accomplish Goal of <Erzeugen Bild>.
  Step 1: Move Cursor to <"Bild Erzeugen" in Hauptmenue>.
  Step 2: Click Mouse Button.
  Step 3: Move Cursor to <Eingabefeld>.
  Step 4: Type-In <Name der Bilddatei>.
  Step 5: Do-Keystroke RETURN.
  Step 6: Report Goal Accomplished.

Method to Accomplish Goal of <Speichern Bild>.
  Step 1: Move Cursor to <"Bild Speichern" in Hauptmenue>.
  Step 2: Click Mouse Button.
  Step 3: Report Goal Accomplished.

Method to Accomplish Goal of <Erzeugen Block>.
  Step 1: Accomplish Goal of <Erzeugen Rechteck>.
  Step 2: Accomplish Goal of <Erzeugen Text>.
  Step 3: Report Goal Accomplished.

Method to Accomplish Goal of <Erzeugen Linie>.
  Step 1: Move Cursor to <"Linie Erzeugen" in Hauptmenue>.
  Step 2: Click Mouse Button.
  Step 3: Move Cursor to <Rechteck 1>.
  Step 4: Press Mouse Button.
  Step 5: Move Cursor to <Rechteck 2>.
  Step 6: Release Mouse Button.
  Step 7: Report Goal Accomplished.
```

Durch spezielle ***Operatoren*** (`Retain` ≅ Merke, `Recall` ≅ Erinnere, `Forget` ≅ Vergesse) können ***Gedächtnisleistungen*** modelliert werden.

```
Method to Accomplish Goal of <Erzeugen Rechteck>.
  Step 1: Move Cursor to <"Rechteck Erzeugen" in Hauptmenue>.
  Step 2: Click Mouse Button.
  Step 3: Move Cursor to <Linke obere Ecke von Rechteck>.
  Step 4: Press Mouse Button.
  Step 5: Move Cursor to <Rechte untere Ecke von Rechteck>.
  Step 6: Release Mouse Button.
  Step 7: Retain that <Rechteck> needs <Text> as name.
  Step 8: Report Goal Accomplished.
```

Weitere Sprachelemente erlauben die Formulierung ***mentaler Vorgänge***, wie beispielsweise das Verifizieren (`Verify` ≅ Überprüfe) von Wirkungen.

```
Method to Accomplish Goal of <Erzeugen Text>.
  Step  1: Move Cursor to <"Text Erzeugen" in Hauptmenue>.
  Step  2: Click Mouse Button.
  Step  3: Recall that <Rechteck> needs <Text> as name.
  Step  4: Move Cursor to <Textposition>.
  Step  5: Click Mouse Button.
  Step  6: Type-In <Text>.
  Step  7: Do-Keystroke RETURN.
  Step  8: Verify that <Text> is inside <Rechteck>.
  Step  9: Forget that <Rechteck> needs <Text> as name.
  Step 10: Report Goal Accomplished.

Method to Accomplish Goal of <Loeschen Bild>.
  Step 1: Move Cursor to <"Bild Loeschen" in Hauptmenue>.
  Step 2: Click Mouse Button.
  Step 3: Report Goal Accomplished.
```

In der folgenden Methode werden vor dem Löschen des Rechtecks und des Texts eines Blocks alle Verbindungen zu anderen Blöcken beseitigt.

```
Method to Accomplish Goal of <Loeschen Block>.
  Step 1: Repeat until all <Linie> of <Block> processed:
            Step 1-1: Accomplish Goal of <Loeschen Linie>.
            Step 1-2: Accomplish Goal of <Erzeugen Linie>.
  Step 2: Accomplish Goal of <Loeschen Rechteck>.
  Step 3: Accomplish Goal of <Loeschen Text>.
  Step 4: Report Goal Accomplished.

Method to Accomplish Goal of <Loeschen Rechteck>.
  Step 1: Move Cursor to <"Rechteck Loeschen" in Hauptmenue>.
  Step 2: Click Mouse Button.
  Step 3: Move Cursor to <Rechteck>.
  Step 4: Click Mouse Button.
  Step 5: Verify that <Rechteck> is deleted.
  Step 6: Retain that <Text> needs deletion.
  Step 7: Report Goal Accomplished.

Method to Accomplish Goal of <Loeschen Text>.
  Step 1: Move Cursor to <"Text Loeschen" in Hauptmenue>.
  Step 2: Click Mouse Button.
  Step 3: Recall that <Text> needs deletion.
  Step 4: Move Cursor to <Text>.
  Step 5: Click Mouse Button.
  Step 6: Verify that <Text> is deleted.
  Step 7: Forget that <Text> needs deletion.
  Step 8: Report Goal Accomplished.
```

```
Method to Accomplish Goal of <Loeschen Linie>.
  Step 1: Move Cursor to <"Linie Loeschen" in Hauptmenue>.
  Step 2: Click Mouse Button.
  Step 3: Move Cursor to <Linie>.
  Step 4: Click Mouse Button.
  Step 5: Verify that <Linie> is deleted.
  Step 6: Report Goal Accomplished.
```

In der nächsten Methode werden nach Verschieben eines Blocks in einer Schleife erst alle alten Verbindungen des Blocks zu anderen Blöcken beseitigt und dann an der neuen Position des Blocks wieder aufgebaut.

```
Method to Accomplish Goal of <Verschieben Block>.
  Step 1: Accomplish Goal of <Verschieben Rechteck>.
  Step 2: Accomplish Goal of <Verschieben Text>.
  Step 3: Repeat until all <Linie> of <Block> processed:
            Step 3-1: Accomplish Goal of <Loeschen Linie>.
            Step 3-2: Accomplish Goal of <Erzeugen Linie>.
  Step 4: Report Goal Accomplished.

Method to Accomplish Goal of <Verschieben Rechteck>.
  Step 1: Move Cursor to <"Rechteck Verschieben" in Hauptmenue>.
  Step 2: Click Mouse Button.
  Step 3: Move Cursor to <Rechteck>.
  Step 4: Press Mouse Button.
  Step 5: Move <Rechteck> to <Neue Position von Rechteck>.
  Step 6: Release Mouse Button.
  Step 7: Report Goal Accomplished.

Method to Accomplish Goal of <Verschieben Text>.
  Step 1: Move Cursor to <"Text Verschieben" in Hauptmenue>.
  Step 2: Click Mouse Button.
  Step 3: Move Cursor to <Text>.
  Step 4: Press Mouse Button.
  Step 5: Move <Text> to <Neue Position von Text>.
  Step 6: Release Mouse Button.
  Step 7: Verify that <Text> is inside <Rechteck>.
  Step 8: Report Goal Accomplished.
```

A.3 Beispiel einer CLG-Modellierung

In diesem Beispiel soll eine CLG-Modellierung [Kap. 3.2.2] des Beispiels A.1 durchgeführt werden.

Den Beginn der Modellierung bildet die ***Aufgabenebene*** der CLG mit der Beschreibung der ***externen Objekte und Aufgaben***. Die für den Benutzer relevanten Bezeichnungen der Objekte und Aufgaben werden im NAME-Attribut definiert. Die Aufgabenebene entspricht der ***intentionalen Ebene*** [Kap. 2.1].

```
BLOCKDIAGRAMM  = (AN ENTITY
                      NAME = "Blockdiagramm"
                      (* Ein Blockdiagramm ist die Darstellung
                         von Bloecken und Relationen
                         zwischen Bloecken.))

BLOCK          = (AN ENTITY
                      NAME = "Block"
                      (* Ein Block ist die Darstellung
                         eines Objekts oder einer Funktion.))

VERBINDUNG     = (AN ENTITY
                      NAME = "Verbindung"
                      (* Eine Verbindung ist die Darstellung
                         einer zweistelligen Relation zwischen
                         zwei Bloecken.))

ERZEUGEN-BLOCKDIAGRAMM
               = (A TASK
                     NAME = "Blockdiagramm Erzeugen"
                     (* Erzeugen eines neuen Blockdiagramms.))

ERZEUGEN-BLOCK = (A TASK
                     NAME = "Block Erzeugen"
                     (* Erzeugen eines neuen Blocks.))

ERZEUGEN-VERBINDUNG
               = (A TASK
                     NAME = "Verbindung Erzeugen"
                     (* Erzeugen einer Relation zwischen zwei
                        vorhandenen Bloecken.))

LOESCHEN-BLOCKDIAGRAMM
               = (A TASK
                     NAME = "Blockdiagramm Loeschen"
                     (* Loeschen eines Blockdiagramms.))
```

```
LOESCHEN-BLOCK = (A TASK
                    NAME = "Block Loeschen"
                    (* Loeschen eines Blocks.))

LOESCHEN-VERBINDUNG = (A TASK
                         NAME = "Verbindung Loeschen"
                         (* Loeschen einer Relation
                            zwischen zwei Bloecken.))

VERSCHIEBEN-BLOCK
               = (A TASK
                    NAME = "Block Verschieben"
                    (* Verschieben eines Blocks.))
```

Die ***konzeptuelle Ebene*** der CLG beschreibt die Modellierung eines realen Systems zur Durchführung der definierten externen Aufgaben. Dabei werden die ***internen Objekte und Operatoren*** beschrieben. Die konzeptuelle Ebene der CLG entspricht der ***semantischen Ebene*** [Kap. 2.1].

Den Beginn der konzeptuellen CLG-Modellierung bilden die ***konzeptuellen Objekte***. Diese entsprechen den ***internen Objekten*** der ***semantischen Ebene***.

```
GRAPHIKSYSTEM = (A SYSTEM
                   NAME = "XY-Graphiksystem"
                   ENTITIES = (SET: BILD RECHTECK LINIE TEXT)
                   OPERATIONS = (SET: ERZEUGEN LOESCHEN
                                      VERSCHIEBEN LADEN
                                      SPEICHERN)
                   (* Das XY-Graphiksystem wird dazu benutzt,
                      um Blockdiagramme zu zeichnen.))

BILD          = (AN ENTITY
                    REPRESENTS (A BLOCKDIAGRAMM)
                    NAME = "Bild"
                    BILDNAME = (A STRING)
                    (* Ein Bild ist eine Menge von Bloecken
                       und Verbindungen, die ein Blockdiagramm
                       darstellen))

RECHTECK      = (AN ENTITY
                    REPRESENTS (A BLOCK)
                    NAME = "Rechteck"
                    LINKE-OBERE-ECKE = (A POSITION)
                    RECHTE-UNTERE-ECKE = (A POSITION)
                    (* Ein Rechteck ist der Rahmen eines Blocks.
                       Ein Rechteck ist durch seine linke obere
                       Ecke und seine rechte untere Ecke
                       eindeutig bestimmt.))
```

```
TEXT          = (AN ENTITY
                     REPRESENTS (A BLOCK)
                     NAME = "Blockbeschriftung"
                     INHALT = (A STRING)
                     ANFANG = (A POSITION)
                     (* Eine Blockbeschriftung stellt den Namen
                        eines Blocks dar. Sein Anfang ist die
                        Position des linken Textrandes.))

LINIE         = (AN ENTITY
                     REPRESENTS (A VERBINDUNG)
                     NAME = "Verbindung"
                     ANFANG = (A POSITION)
                     ENDE = (A POSITION)
                     (* Eine Verbindung stellt eine Relation
                        zwischen zwei Bloecken dar.))
```

Nach den konzeptuellen Objekten werden die ***konzeptuellen Methoden*** beschrieben. Diese entsprechen den ***internen Operatoren*** der ***semantischen Ebene*** [Kap. 2.1].

```
ERZEUGEN    = (A SYSTEM-OPERATION
                 OBJEKT = (A PARAMETER
                             VALUE = (AN ENTITY))
                 (* Das Objekt wird erzeugt.))

LOESCHEN    = (A SYSTEM-OPERATION
                 OBJEKT = (A PARAMETER
                             VALUE = (AN ENTITY))
                 (* Das Objekt wird geloescht.))

VERSCHIEBEN = (A SYSTEM-OPERATION
                 OBJEKT = (A PARAMETER
                             VALUE = (SET: RECHTECK TEXT))
                 (* Das Rechteck oder
                    der Text wird verschoben.))

LADEN       = (A SYSTEM-OPERATION
                 OBJEKT = (A PARAMETER
                             VALUE = (A BILD))
                 (* Das Bild wird geladen.))

SPEICHERN   = (A SYSTEM-OPERATION
                 OBJEKT = (A PARAMETER
                             VALUE = (A BILD))
                 (* Das Bild wird abgespeichert.))
```

Mit den externen Aufgaben werden ***semantische Prozeduren*** assoziiert, die die konzeptuellen Methoden verwenden. Diese entsprechen den ***Prozeduren*** der ***pragmatischen Ebene*** [Kap. 2.1].

```
SEM-M1 = (A SEMANTIC-METHOD
            FOR ERZEUGEN-BLOCKDIAGRAMM
            DO (SEQ: (START GRAPHIKSYSTEM)
                     (REPEAT DOING
                       (SEQ:
                         (CHOICE:
                           (ERZEUGEN BILD)
                           (LADEN BILD))
                         (REPEAT UNTIL (* Ende)
                           DOING
                             (CHOICE: (ERZEUGEN RECHTECK)
                                      (ERZEUGEN TEXT)
                                      (ERZEUGEN LINIE)
                                      (VERSCHIEBEN RECHTECK)
                                      (VERSCHIEBEN TEXT)
                                      (LOESCHEN RECHTECK)
                                      (LOESCHEN TEXT)
                                      (LOESCHEN LINIE)))
                         (CHOICE: (SPEICHERN BILD)
                                  (LOESCHEN BILD))))
                     (STOP GRAPHIKSYSTEM)))

SEM-M2 = (A SEMANTIC-METHOD
            FOR ERZEUGEN-BLOCK
            DO (SEQ: (ERZEUGEN RECHTECK)
                     (ERZEUGEN TEXT)))

SEM-M3 = (A SEMANTIC-METHOD
            FOR ERZEUGEN-VERBINDUNG
            DO (ERZEUGEN LINIE))

SEM-M4 = (A SEMANTIC-METHOD
            FOR LOESCHEN-BLOCKDIAGRAMM
            DO (LOESCHEN BILD))

SEM-M5 = (A SEMANTIC-METHOD
            FOR LOESCHEN-BLOCK
            DO (SEQ: (REPEAT
                       BINDING L TO (EACH LINIE AT RECHTECK)
                       DOING (LOESCHEN L))
                     (LOESCHEN RECHTECK)
                     (LOESCHEN TEXT)))

SEM-M6 = (A SEMANTIC-METHOD
            FOR LOESCHEN-VERBINDUNG
            DO (LOESCHEN LINIE))
```

```
SEM-M7 = (A SEMANTIC-METHOD
          FOR VERSCHIEBEN-BLOCK
          DO (SEQ: (REPEAT
                     BINDING L TO (EACH LINIE AT RECHTECK)
                     DOING (SEQ: (LOESCHEN L)
                                 (ERZEUGEN L)))
                   (VERSCHIEBEN RECHTECK)
                   (VERSCHIEBEN TEXT)))
```

Die ***konzeptuelle Ebene (semantische Ebene)*** wird in die ***syntaktische Ebene*** überführt. Dazu werden ***syntaktische Objekte,*** z.B. Systemkontext und Bildschirmbereiche, definiert.

```
GRAPHIKSYSTEM-CONTEXT =
      (A COMMAND-CONTEXT
         (STATE-VARIABLES = (SET: AKTUELLE-BILDDATEI))
         (DISPLAY-AREAS = (SET: MENUE-FENSTER
                                GRAPHIK-FENSTER
                                HINWEIS-FENSTER))
         (COMMANDS = (SET: ERZEUGEN-BILD LOESCHEN-BILD
                           LADEN-BILD SPEICHERN-BILD
                           ERZEUGEN-RECHTECK LOESCHEN-RECHTECK
                           ERZEUGEN-TEXT LOESCHEN-TEXT
                           VERSCHIEBEN-RECHTECK VERSCHIEBEN-TEXT
                           ERZEUGEN-LINIE LOESCHEN-LINIE))
         (ENTRY-COMMANDS = (SET: START-GRAPHIKSYSTEM)))

AKTUELLE-BILDDATEI = (A STATE-VARIABLE
                        CONTEXT = GRAPHIKSYSTEM-CONTEXT
                        VALUE = (A STRING)
                        NAME = "Aktuelles Bild")

GRAPHIKSYSTEM-FENSTER = (A SCREEN-AREA
                           CONTEXT = GRAPHIKSYSTEM-CONTEXT)

MENUE-FENSTER    = (A GRAPHIKSYSTEM-FENSTER
                      NAME = "Funktionen")

GRAPHIK-FENSTER = (A GRAPHIKSYSTEM-FENSTER
                     NAME = "Bild")

HINWEIS-FENSTER = (A GRAPHIKSYSTEM-FENSTER
                     NAME = "Hinweise")
```

Nach der Beschreibung der syntaktischen Objekte werden die ***syntaktischen Kommandos*** beschrieben. Die Kommandos sind auf einen bestimmten Kontext beschränkt. Der `OS-KONTEXT` repräsentiert hier den Kontext, in dem das Graphiksystem existiert, also typischerweise das Betriebssystem des Computers. In den syntaktischen Kommandos werden Operatoren beschrieben, die als Benutzeroperationen (z.B. `TYPE-IN`, `POINT`, `LOOK`) oder Systemoperationen (z.B. `CREATE`, `DELETE`, `REPORT`, `SHOW`, `CLEAR`) definiert sind. Diese Operatoren sind beispielsweise folgendermaßen beschrieben:

```
TYPE-IN = (A USER-OPERATION
             RESULT = (A STRING)
             (* Der Benutzer tippt einen Text ein.))

POINT-TO = (A USER-OPERATION
              RESULT = (A POSITION)
              (* Der Benutzer zeigt auf
                 eine Position am Bildschirm.))

CLEAR = (A SYSTEM-OPERATION
           OBJEKT = (A PARAMETER
                       VALUE = (A SCREEN-AREA))
           (* Das System loescht einen Fensterinhalt.))
```

Operatoren wie `BIND` und gehören zur Grundsprache der CLG. `BIND` bindet Werte an globale Variable, die über die Grenzen eines Kommandos hinaus zugreifbar sind.

```
START-GRAPHIKSYSTEM = (A COMMAND
                         CONTEXT = OS-CONTEXT
                         NAME = "Starten XY-Graphiksystem"
                         DOES (ENTER GRAPHIKSYSTEM-CONTEXT))

GRAPHIKSYSTEM-COMMAND = (A COMMAND
                           CONTEXT = GRAPHIKSYSTEM-CONTEXT)

ERZEUGEN-BILD = (A GRAPHIKSYSTEM-COMMAND
                   NAME = "Erzeugen Bild"
                   DOES (SEQ: (BIND BILDNAME TO
                                    (TYPE-IN (A STRING)))
                              (CREATE BILD (THE BILDNAME))
                              (REPORT "Bild erzeugt"))
                   SIDE-EFFECT: (BIND AKTUELLE-BILDDATEI
                                      TO (THE BILDNAME))
                   (* Die Bilddatei wird erzeugt und
                      eine Meldung wird ausgegeben.))
```

```
LOESCHEN-BILD = (A GRAPHIKSYSTEM-COMMAND
                   NAME = "Loeschen Bild"
                   DOES (SEQ: (DELETE BILD
                                   (THE AKTUELLE-BILDDATEI))
                              (CLEAR (THE GRAPHIK-FENSTER))
                              (REPORT "Bild geloescht"))
                   SIDE-EFFECT: (UNBIND AKTUELLE-BILDDATEI)
                   (* Die aktuelle Bilddatei wird geloescht,
                      der Inhalt des Graphikfensters wird
                      geloescht, eine Meldung wird ausgegeben.))

LADEN-BILD = (A GRAPHIKSYSTEM-COMMAND
                NAME = "Laden Bild"
                DOES (SEQ: (BIND BILDNAME TO
                                 (TYPE-IN (A STRING)))
                           (LOAD BILD (THE BILDNAME))
                           (SHOW BILD (THE BILDNAME)
                                 IN (THE GRAPHIK-FENSTER))
                           (REPORT "Bild geladen"))
                SIDE-EFFECT: (BIND AKTUELLE-BILDDATEI
                                   TO (THE BILDNAME))
                (* Die Bilddatei wird geladen,
                   das Bild wird im Graphikfenster
                   dargestellt und eine Meldung
                   wird ausgegeben.))

SPEICHERN-BILD = (A GRAPHIKSYSTEM-COMMAND
                    NAME = "Speichern Bild"
                    DOES (SEQ: (SAVE BILD
                                    (THE AKTUELLE-BILDDATEI))
                               (REPORT "Bild gespeichert"))
                    (* Die aktuelle Bilddatei wird gespeichert
                       und eine Meldung wird ausgegeben.))

ERZEUGEN-RECHTECK = (A GRAPHIKSYSTEM-COMMAND
                       NAME = "Erzeugen Rechteck"
                       LINKE-OBERE-ECKE =
                                   (AN ARGUMENT
                                       FORM = (A POSITION))
                       RECHTE-UNTERE-ECKE =
                                     (AN ARGUMENT
                                         FORM = (A POSITION))
                       DOES
                        (CREATE RECHTECK
                          (POINT-TO (THE LINKE-OBERE-ECKE))
                          (POINT-TO (THE RECHTE-UNTERE-ECKE))))
```

```
LOESCHEN-RECHTECK = (A GRAPHIKSYSTEM-COMMAND
                       NAME = "Loeschen Rechteck"
                       OBJEKT = (AN ARGUMENT
                                    FORM = (A RECHTECK))
                       DOES (DELETE RECHTECK (THE OBJEKT)))

ERZEUGEN-TEXT = (A GRAPHIKSYSTEM-COMMAND
                   NAME = "Erzeugen Text"
                   ANFANG = (AN ARGUMENT
                                FORM = (A POSITION))
                   DOES (CREATE TEXT (TYPE-IN (A STRING))
                                (POINT-TO (THE ANFANG))))

LOESCHEN-TEXT = (A GRAPHIKSYSTEM-COMMAND
                   NAME = "Loeschen Text"
                   OBJEKT = (AN ARGUMENT
                                FORM = (A TEXT))
                   DOES (DELETE TEXT (THE OBJEKT)))

ERZEUGEN-LINIE = (A GRAPHIKSYSTEM-COMMAND
                    NAME = "Erzeugen Linie"
                    PUNKT-1 = (AN ARGUMENT
                                  FORM = (A POSITION))
                    PUNKT-2 = (AN ARGUMENT
                                  FORM = (A POSITION))
                    DOES (CREATE LINIE
                                 (POINT-TO (THE PUNKT-1))
                                 (POINT-TO (THE PUNKT-2))))

LOESCHEN-LINIE = (A GRAPHIKSYSTEM-COMMAND
                    NAME = "Loeschen Linie"
                    OBJEKT = (AN ARGUMENT
                                 FORM = (A LINIE))
                    DOES (DELETE LINIE (THE OBJEKT)))

VERSCHIEBEN-RECHTECK = (A GRAPHIKSYSTEM-COMMAND
                          NAME = "Verschieben Rechteck"
                          OBJEKT = (AN ARGUMENT
                                       FORM = (A RECHTECK))
                          NEUE-POSITION =
                               (AN ARGUMENT FORM = (A POSITION))
                          DOES (MOVE RECHTECK
                                  (THE OBJEKT)
                                  (POINT-TO (THE NEUE-POSITION))))
```

```
VERSCHIEBEN-TEXT = (A GRAPHIKSYSTEM-COMMAND
                      NAME = "Verschieben Text"
                      OBJEKT = (AN ARGUMENT
                                 FORM = (A TEXT))
                      NEUE-POSITION = (AN ARGUMENT
                                        FORM = (A POSITION))
                      DOES (MOVE TEXT (THE OBJEKT)
                                (POINT-TO (THE NEUE-POSITION))))

ENDE-GRAPHIKSYSTEM = (A GRAPHIKSYSTEM-COMMAND
                        NAME = "Beenden XY-Graphiksystem"
                        DOES (EXIT GRAPHIKSYSTEM-CONTEXT))
```

Aus den definierten syntaktischen Aktionen können die ***syntaktischen Methoden*** gebildet werden. Sie bilden die externen Aufgaben auf interne, syntaktische Aktivitäten ab.

```
SYN-M1 = (A SYNTACTIC-METHOD
            FOR ERZEUGEN-BLOCKDIAGRAMM
            DO (SEQ: (START-GRAPHIKSYSTEM)
                     (REPEAT
                       DOING (CHOICE: (ERZEUGEN-BILD)
                                      (LADEN-BILD))
                             (REPEAT UNTIL (* Ende)
                               DOING (* Irgend eine Aufgabe))
                             (CHOICE: (SPEICHERN-BILD)
                                      (LOESCHEN-BILD)))
                     (ENDE-GRAPHIKSYSTEM))))

SYN-M2 = (A SYNTACTIC-METHOD
            FOR ERZEUGEN-BLOCK
            DO
             (SEQ: (BIND RP1 TO
                     (LOOK AT GRAPHIK-FENSTER FOR (A POSITION)))
                   (BIND RP2 TO
                     (LOOK AT GRAPHIK-FENSTER FOR (A POSITION)))
                   (BIND R TO (ERZEUGEN-RECHTECK RP1 RP2))
                   (BIND TP TO (LOOK AT R FOR (A POSITION)))
                   (ERZEUGEN-TEXT TP)))

SYN-M3 = (A SYNTACTIC-METHOD
            FOR ERZEUGEN-VERBINDUNG
            DO
             (SEQ: (BIND R1 TO
                     (LOOK AT GRAPHIK-FENSTER FOR (A RECHTECK)))
                   (BIND R2 TO
                     (LOOK AT GRAPHIK-FENSTER FOR (A RECHTECK)))
                   (BIND R1P TO (LOOK AT R1 FOR (THE POSITION)))
                   (BIND R2P TO (LOOK AT R2 FOR (THE POSITION)))
                   (ERZEUGEN-LINIE R1P R2P))
```

```
SYN-M4 = (A SYNTACTIC-METHOD
            FOR LOESCHEN-BLOCKDIAGRAMM
            DO (LOESCHEN-BILD))

SYN-M5 = (A SYNTACTIC-METHOD
            FOR LOESCHEN-BLOCK
            DO (SEQ: (BIND R TO
                        (LOOK AT GRAPHIK-FENSTER
                              FOR (A RECHTECK)))
                     (BIND T TO (LOOK AT RECHTECK FOR (A TEXT)))
                     (REPEAT
                       BINDING L TO (LOOK AT R FOR (A LINIE))
                       DOING (LOESCHEN-LINIE L))
                     (LOESCHEN-RECHTECK R)
                     (LOESCHEN-TEXT T)))

SYN-M6 = (A SYNTACTIC-METHOD
            FOR LOESCHEN-VERBINDUNG
            DO (SEQ: (BIND L TO
                        (LOOK AT GRAPHIK-FENSTER FOR (A LINIE)))
                     (LOESCHEN-LINIE L)))

SYN-M7 = (A SYNTACTIC-METHOD
            FOR VERSCHIEBEN-BLOCK
            DO (SEQ: (BIND R TO
                       (LOOK AT GRAPHIK-FENSTER FOR (A RECHTECK)))
                     (BIND ARP TO (LOOK AT R FOR (THE POSITION)))
                     (BIND T TO (LOOK AT R FOR (A TEXT)))
                     (BIND NRP TO
                       (LOOK AT GRAPHIK-FENSTER FOR (A POSITION)))
                     (VERSCHIEBEN-RECHTECK R NRP)
                     (BIND TP TO (LOOK AT R FOR (A POSITION)))
                     (VERSCHIEBEN-TEXT T TP)
                     (REPEAT
                      BINDING L TO (LOOK AT ARP FOR (A LINE))
                      DOING
                       (SEQ: (BIND LR TO
                                (LOOK AT L FOR (A RECHTECK)))
                             (BIND LRP TO
                                (LOOK AT LR FOR (THE POSITION)))
                             (LOESCHEN-LINIE L)
                             (ERZEUGEN-LINIE NRP LRP)))))
```

Die ***Interaktionsebene*** der CLG beschreibt die Aktivitäten bis auf die physikalische Ebene von Benutzer (***sensomotorische Ebene***) und System. Der CLG-Formalismus wurde ursprünglich speziell für Kommandoschnittstellen geschaffen. Für eine direkt manipulative Benutzungsschnittstelle, wie in diesem Beispiel, besteht die Möglichkeit, einen eigenen, geeigneten Formalismus zu verwenden. Dies wäre als Verfeinerung des CLG-Formalismus leicht möglich.

A.4 Beispiel einer TAG-Modellierung

Im folgenden soll eine TAG-Modellierung [Kap. 3.2.3] des Beispiels A.1 dargestellt werden. Ein fester Formalismus für TAGs existiert nicht. Dies erlaubt eine problemorientierte Ausprägung des TAG-Formalismus auf der Basis der grundlegenden TAG-Strukturierung zu definieren (vgl. auch [Ziegler 88]).

Eine TAG-Modellierung beginnt mit dem Aufzählen der ***Konzepte*** (`Features`) und ihrer Wertemengen.

```
Features:                Werte:

Unit                     Bild, Rechteck, Linie, Text

Effect                   erzeugt, geloescht, geladen,
                         gespeichert, verschoben
```

Als nächstes erfolgt eine Aufzählung der einzelnen ***internen Aufgaben*** (`Simple Tasks`) und ihrer Wirkung (`Effect`).

```
Simple Tasks:

Erzeuge Objekt      ::   Unit = any
                         Effect = erzeugt

Loesche Objekt      ::   Unit = any
                         Effect = geloescht

Lade Objekt         ::   Unit = Bild
                         Effect = geladen

Speichere Objekt    ::   Unit = Bild
                         Effect = gespeichert

Verschiebe Objekt   ::   Unit = Rechteck, Text
                         Effect = verschoben
```

Nun werden ***Regeln*** (`Task Rules`) definiert, die beschreiben, wie die einzelnen Aufgaben bearbeitet werden.

```
Task Rules:

T(Unit = Bild; Effect = erzeugt) :=
                 menu("Bild Erzeugen")
                 + text(<Name der Bilddatei>)
                 + key(RETURN)

T(Unit = Linie; Effect = erzeugt) :=
                 menu("Linie Erzeugen")
                 + move-to(<Rechteck 1>)
                 + press-mouse-button
                 + move-to(<Rechteck 2>)
                 + release-mouse-button

T(Unit = Rechteck; Effect = erzeugt) :=
                 menu("Rechteck Erzeugen")
                 + move-to(<Linke obere Ecke von Rechteck>)
                 + press-mouse-button
                 + move-to(<Rechte untere Ecke von Rechteck>)
                 + release-mouse-button

T(Unit = Text; Effect = erzeugt) :=
                 menu("Text Erzeugen")
                 + move-to(<Position von Text>)
                 + click-mouse-button
                 + type(<Text>)

T(Unit = Text, Linie, Rechteck; Effect = geloescht) :=
                 menu("<Unit> Loeschen")
                 + select(<Unit>)

T(Unit = Text, Rechteck; Effect = verschoben) :=
                 menu("<Unit> Verschieben")
                 + select(<Unit>)
                 + move-to(<Neue Position von Unit>)

T(Unit = Bild; Effect = geloescht) :=
                 menu("Bild Loeschen")

T(Unit = Bild; Effect = geladen) :=
                 menu("Bild Laden")
                 + text(<Name der Bilddatei>)
                 + key(RETURN)

T(Unit = Bild; Effect = gespeichert) :=
                 menu("Bild Speichern")
                 + text(<Name der Bilddatei>)
                 + key(RETURN)
```

Regeln können in ***Unterregeln*** (`Subtask Rules`) und ***primitive Regeln*** verfeinert werden. Die Unterregeln haben eine ähnliche mentale Repräsentation wie primitive Aktivitäten. Sie sind soweit automatisiert, daß der Benutzer nicht mehr in den beschriebenen Einzelschritten denkt. Diese Unterregeln entstehen durch die ***Automatisierung*** (Routine) aus normalen Regeln, d.h. `Task Rules` können durch Routine zu `Subtask Rules` werden. Die TAG-Modellierung ist somit eine dynamische Beschreibung, die eigentlich individuell für jeden Benutzer für einen bestimmten Stand seiner Fertigkeiten erstellt werden müßte.

```
Subtask Rules:

select(Unit = Text, Rechteck, Linie) :=
                  move-to(<Unit>)
                  + click-mouse-button

menu(<Menueelement>) :=
                  move-to(<Menueelement>)
                  + click-mouse-button
```

Eine Menge von ***primitiven Aktivitäten*** dient als niedrigste Beschreibungsebene. Diese Primitive sind automatisierte Aktivitäten, die für jeden Benutzer als Routinefähigkeiten vorausgesetzt werden. Bei ihrer Ausführung findet keine bewußte Denkarbeit statt.

```
Primitives:

type(<Text>):          Eingabe eines Textes in ein Textfeld
key(<Taste>):          Drücken einer Taste
move-to(<Position>):   Bewegen der Maus zu einer Position
click-mouse-button:    Drücken und Loslassen der Maustaste
press-mouse-button:    Drücken der Maustaste
release-mouse-button:  Loslassen der Maustaste
```

A.5 Beispiel einer CCT-Modellierung

Im folgenden soll eine CCT-Modellierung [Kap. 3.2.4] in Anlehnung an das Beispiel der GOMS-Modellierung [Bsp. A.2] darstellt werden. Die CCT-Modellierung ist ein relativ direktes Abbild der GOMS-Modellierung, wobei der Formalismus von ***Produktionssystemen*** [Newell 73, Barr et al. 81] zur Beschreibung verwendet wird. Dieser Formalismus ist mittels eines Regelinterpreters ausführbar. Auf diese Weise können Simulationen des Benutzerverhaltens durchgeführt und gemessen werden. In folgendem Beispiel wurde an einigen Stellen auf die exakte Formalisierung zugunsten einer Verkürzung und leichteren Lesbarkeit verzichtet. Dies betrifft vor allem sensomotorische Aktionen wie Positionierungen mittels eines Zeigeinstruments und deren Überprüfung sowie diverse Gedächtnisleistungen des Benutzers. In [Kieras/Polson 85] ist der gesamte Formalismus genauer beschrieben.

Die einzelnen Regeln sind als parallele Optionen anzusehen, die immer ausführbar sind, wenn ihre Vorbedingungen erfüllt sind. Sollen genaue Reihenfolgebeziehungen sichergestellt werden, müssen dazu Zwischenziele definiert werden. Dies ist bei den prozedural orientierten GOMS-Modellierungen nicht nötig, muß bei CCT-Modellierung durch die Verwendung von Produktionssystemen jedoch zusätzlich geleistet werden. Der Vorteil ist die Unabhängigkeit und Parallelität von Regeln, die menschliches Problemlösungsverhalten recht gut modellieren.

Zu Beginn wird das Vorhandensein eines mentalen Ziels, in diesem Beispiel das Erzeugen eines Blockdiagramms, vorausgesetzt. Dadurch kann die folgende Regel als Initialregel angewendet werden.

```
(Starten-Erstellen-Blockdiagramm
 (If (And (Test-Goal Erstellen-Blockdiagramm)
          (Not (Test-Goal Erzeugen-Blockdiagramm))
          (Not (Test-Goal Get-Next-Unit-Task))
          (Not (Test-Goal Perform-Next-Unit-Task)))
  Then ((Add-Goal Erzeugen-Blockdiagramm))))
```

Die folgende Regel erzeugt die nächste Teilaufgabe, die sich aus dem zu erstellenden Blockdiagramm ergibt, das dem Benutzer zum Beispiel in Form einer handschriftlichen Skizze auf Papier vorliegt.

```
(Get-Next-Unit-Task
 (If (Test-Goal Get-Next-Unit-Task)
  Then ((Add-Goal <naechste Aufgabe aus Blockdiagramm-Skizze>)
        (Delete-Goal Get-Next-Unit-Task)
        (Add-Goal Perform-Next-Unit-Task))))
```

In den folgenden Regeln findet die Abbildung der ***externen Aufgaben*** in die ***internen Aufgaben*** statt. Die erste Teilaufgabe besteht aus dem Erzeugen eines noch leeren Blockdiagramms. Dies geschieht einmalig, während die anderen Teilaufgaben innerhalb eines Blockdiagramms beliebig oft durchgeführt werden können. Die erste Regel hat deshalb auch eine etwas andere Form.

```
(Erzeugen-Blockdiagramm
 (If (And (Test-Goal Erzeugen-Blockdiagramm)
          (Not (Test-Goal Erzeugen-Bild)))
  Then ((Delete-Goal Erzeugen-Blockdiagramm)
        (Add-Goal Erzeugen-Bild))))

(Sichern-Blockdiagramm
 (If (And (Test-Goal Perform-Next-Unit-Task)
          (Test-Goal Sichern-Blockdiagramm)
          (Not (Test-Goal Speichern-Bild)))
  Then ((Delete-Goal Perform-Next-Unit-Task)
        (Delete-Goal Sichern-Blockdiagramm)
        (Add-Goal Speichern-Bild))))

(Erzeugen-Block
 (If (And (Test-Goal Perform-Next-Unit-Task)
          (Test-Goal Erzeugen-Block)
          (Not (Test-Goal Erzeugen-Rechteck&Text)))
  Then ((Add-Goal Erzeugen-Rechteck&Text)
        (Delete-Goal Erzeugen-Block))))

(Erzeugen-Verbindung
 (If (And (Test-Goal Perform-Next-Unit-Task)
          (Test-Goal Erzeugen-Verbindung)
          (Not (Test-Goal Erzeugen-Linie)))
  Then ((Delete-Goal Perform-Next-Unit-Task)
        (Delete-Goal Erzeugen-Verbindung)
        (Add-Goal Erzeugen-Linie))))

(Loeschen-Blockdiagramm
 (If (And (Test-Goal Perform-Next-Unit-Task)
          (Test-Goal Loeschen-Blockdiagramm)
          (Not (Test-Goal Loeschen-Bild)))
  Then ((Delete-Goal Perform-Next-Unit-Task)
        (Delete-Goal Loeschen-Blockdiagramm)
        (Add-Goal Loeschen-Bild))))

(Loeschen-Block
 (If (And (Test-Goal Perform-Next-Unit-Task)
          (Test-Goal Loeschen-Block)
          (Not (Test-Goal Loeschen-Rechteck&Text)))
  Then ((Delete-Goal Perform-Next-Unit-Task)
        (Delete-Goal Loeschen-Block)
        (Add-Goal Loeschen-Rechteck&Text))))
```

```
(Loeschen-Verbindung
 (If (And (Test-Goal Perform-Next-Unit-Task)
          (Test-Goal Loeschen-Verbindung)
          (Not (Test-Goal Loeschen-Linie)))
  Then ((Delete-Goal Perform-Next-Unit-Task)
        (Delete-Goal Loeschen-Verbindung)
        (Add-Goal Loeschen-Linie))))

(Verschieben-Block
 (If (And (Test-Goal Perform-Next-Unit-Task)
          (Test-Goal Verschieben-Block)
          (Not (Test-Goal Verschieben-Rechteck&Text)))
  Then ((Delete-Goal Perform-Next-Unit-Task)
        (Delete-Goal Verschieben-Block)
        (Add-Goal Verschieben-Rechteck&Text))))
```

Die folgenden Regeln beschreiben die einzelnen Methoden zur Durchführung der ***internen Aufgaben***. Hierbei werden primitive Aktionen verwendet, die bis auf die ***sensomotorische Ebene*** reichen (z.B. `Move-Cursor`, `Click-Mouse-Button`, `Press-Mouse-Button`, `Release-Mouse-Button`, `Type-In`, `Do-Keystroke`). Die einzelnen Regeln beschreiben auch, wann eine Teilaufgabe abgeschlossen ist und eine neue Teilaufgabe bearbeitet werden kann.

```
(Erzeugen-Bild
 (If (Test-Goal Erzeugen-Bild)
  Then ((Move-Cursor to <"Bild Erzeugen" in Hauptmenue>)
        (Click-Mouse-Button)
        (Move-Cursor to <Eingabefeld>)
        (Type-In <Name der Bilddatei>)
        (Do-Keystroke RETURN)
        (Delete-Goal Erzeugen-Bild)
        (Add-Goal Get-Next-Unit-Task))))

(Speichern-Bild
 (If (Test-Goal Speichern-Bild)
  Then ((Move-Cursor to <"Bild Speichern" in Hauptmenue>)
        (Click-Mouse-Button)
        (Delete-Goal Speichern-Bild)
        (Add-Goal Get-Next-Unit-Task))))

(Erzeugen-Rechteck&Text
 (If (Test-Goal Erzeugen-Rechteck&Text)
  Then ((Add-Goal Erzeugen-Rechteck)
        (Add-Goal Erzeugen-Text)
        (Delete-Goal Erzeugen-Rechteck&Text))))
```

```
(Erzeugen-Einzellinie
 (If (Test-Goal Erzeugen-Einzellinie)
  Then ((Add-Goal Erzeugen-Linie)
        (Delete-Goal Erzeugen-Einzellinie)
        (Add-Goal Get-Next-Unit-Task))))

(Erzeugen-Linie
 (If (Test-Goal Erzeugen-Linie)
  Then ((Move-Cursor to <"Linie Erzeugen" in Hauptmenue>)
        (Click-Mouse-Button)
        (Move-Cursor to <Rechteck 1>)
        (Press-Mouse-Button)
        (Move-Cursor to <Rechteck 2>)
        (Release-Mouse-Button)
        (Delete-Goal Erzeugen-Linie))))
```

Durch spezielle Regeln (`Add-Note`, `Test-Note`, `Delete-Note`) können ***Gedächtnisleistungen*** modelliert werden.

```
(Erzeugen-Rechteck
 (If (Test-Goal Erzeugen-Rechteck)
  Then ((Move-Cursor to <"Rechteck Erzeugen" in Hauptmenue>)
        (Click-Mouse-Button)
        (Move-Cursor to <Linke obere Ecke von Rechteck>)
        (Press-Mouse-Button)
        (Move-Cursor to <Rechte untere Ecke von Rechteck>)
        (Release-Mouse-Button)
        (Delete-Goal Erzeugen-Rechteck)
        (Add-Note <Rechteck> needs <Text> as Name))))

(Erzeugen-Text
 (If (And (Test-Goal Erzeugen-Text)
          (Test-Note <Rechteck> needs <Text> as Name))
  Then ((Move-Cursor to <"Text Erzeugen" in Hauptmenue>)
        (Click-Mouse-Button)
        (Move-Cursor to <Rechteck>)
        (Click-Mouse-Button)
        (Type-In <Text>)
        (Do-Keystroke RETURN)
        (Delete-Note <Rechteck> needs <Text> as Name)
        (Delete-Goal Erzeugen-Text)
        (Add-Goal Get-Next-Unit-Task))))

(Loeschen-Bild
 (If (Test-Goal Loeschen-Bild)
  Then ((Move-Cursor to <"Bild Loeschen" in Hauptmenue>)
        (Click-Mouse-Button)
        (Delete-Goal Loeschen-Bild)
        (Add-Goal Get-Next-Unit-Task))))
```

In der folgenden Regel werden vor dem Löschen eines Blocks (Rechteck mit Text) in einer Schleife erst alle Verbindungen des Blocks (Linien am Rechteck) zu anderen Blöcken beseitigt.

```
(Loeschen-Rechteck&Text
 (If (Test-Goal Loeschen-Rechteck&Text)
  Then ((Forall (<Linie an Rechteck>)
            (Add-Goal Loeschen-Linie))
        (Add-Goal Loeschen-Rechteck)
        (Add-Goal Loeschen-Text)
        (Delete-Goal Loeschen-Rechteck&Text))))

(Loeschen-Rechteck
 (If (Test-Goal Loeschen-Rechteck)
  Then ((Move-Cursor to <"Rechteck Loeschen" in Hauptmenue>)
        (Click-Mouse-Button)
        (Move-Cursor to <Rechteck>)
        (Click-Mouse-Button)
        (Delete-Goal Loeschen-Rechteck))))

(Loeschen-Text
 (If (Test-Goal Loeschen-Text)
  Then ((Move-Cursor to <"Text Loeschen" in Hauptmenue>)
        (Click-Mouse-Button)
        (Move-Cursor to <Text>)
        (Click-Mouse-Button)
        (Delete-Goal Loeschen-Text)
        (Add-Goal Get-Next-Unit-Task))))

(Loeschen-Einzellinie
 (If (Test-Goal Loeschen-Einzellinie)
  Then ((Add-Goal Loeschen-Linie)
        (Delete-Goal Loeschen-Einzellinie)
        (Add-Goal Get-Next-Unit-Task))))

(Loeschen-Linie
 (If (Test-Goal Loeschen-Linie)
  Then ((Move-Cursor to <"Linie Loeschen" in Hauptmenue>)
        (Click-Mouse-Button)
        (Move-Cursor to <Linie>)
        (Click-Mouse-Button)
        (Delete-Goal Loeschen-Linie))))
```

In der nächsten Regel werden nach Verschieben eines Blocks (Rechteck mit Text) in einer Schleife erst alle alten Verbindungen des Blocks (Linien am Rechteck) zu anderen Blöcken beseitigt und dann an der neuen Position des Blocks wieder aufgebaut.

```
(Verschieben-Rechteck&Text
 (If (Test-Goal Verschieben-Rechteck&Text)
  Then ((Add-Goal Verschieben-Rechteck)
        (Add-Goal Verschieben-Text)
        (Forall (<Linie an Rechteck>)
           (Add-Goal Loeschen-Linie)
           (Add-Goal Erzeugen-Linie))
        (Delete-Goal Verschieben-Rechteck&Text))))

(Verschieben-Rechteck
 (If (Test-Goal Verschieben-Rechteck)
  Then ((Move-Cursor to <"Rechteck Verschieben" in Hauptmenue>)
        (Click-Mouse-Button)
        (Move-Cursor to <Rechteck>)
        (Press-Mouse-Button)
        (Move-Cursor to <Neue Position von Rechteck>)
        (Release-Mouse-Button)
        (Delete-Goal Verschieben-Rechteck))))

(Verschieben-Text
 (If (Test-Goal Verschieben-Text)
  Then ((Move-Cursor to <"Text Verschieben" in Hauptmenue>)
        (Click-Mouse-Button)
        (Move-Cursor to <Text>)
        (Press-Mouse-Button)
        (Move-Cursor to <Neue Position von Text>)
        (Release-Mouse-Button)
        (Delete-Goal Verschieben-Text)
        (Add-Goal Get-Next-Unit-Task))))
```

Anhang B

Übersicht über Normen

DIN-Norm 66 233

Bildschirmarbeitsplätze

Teil 1 Begriffe

Teil 2 Übersicht von Begriffen aus anderen Normen

DIN-Norm 66 234

Bildschirmarbeitsplätze

Teil 1 Geometrische Gestaltung der Schriftzeichen

Teil 2 Wahrnehmbarkeit von Zeichen auf Bildschirmen

Teil 3 Gruppierung und Formatierung von Daten

Teil 5 Codierung von Information

Teil 6 Gestaltung des Arbeitsplatzes

Teil 7 Ergonomische Gestaltung des Arbeitsraumes
Beleuchtung und Anordnung

Teil 8 Grundsätze ergonomischer Dialoggestaltung

Teil 9 Meßverfahren

Teil 10 Mindesangaben für Bildschirmgeräte

DIN-Norm 66 050

Gebrauchstauglichkeit; Begriff

DIN-Norm 2139

Büro und Datentechnik;
Alphanumerische Tastaturen, Tastenanordnungen für Dateneingabe

DIN-Norm 4549

Büromöbel;
Schreibtische, Büromaschinentische und Bildschirmarbeitstische;
Maße

DIN-Norm 4551

Büromöbel;
Bürodrehstuhl mit verstellbarer Rückenlehne mit oder ohne Armstützen; Höhenverstellbar

DIN-Norm 4552

Büromöbel;
Drehstuhl mit in der Höhe nicht verstellbarer Rückenlehne mit oder ohne Armstützen; Höhenverstellbar

DIN-Norm 4556

Büromöbel;
Fußstützen für den Büroarbeitsplatz;
Anforderungen, Maße

DIN-Norm 5034

Tageslicht in Innenräumen

Teil 1 Allgemeine Anforderungen

DIN-Norm 5035

Innenraumbeleuchtung mit künstlichem Licht

Teil 1 Begriffe und allgemeine Anforderungen

Teil 2 Richtwerte für Arbeitsstätten

ISO-Standard 9241

Die einzelnen Teile des ISO-Standards 9241 befinden sich in unterschiedlichen Stadien. Einige davon sind als internationaler Standard verabschiedet, andere wurden als Entwürfe zur Begutachtung freigegeben oder sind noch in Vorbereitung.

Der Standard wird voraussichtlich als europäischer Standard unter der Bezeichnung EN 29241 eingeführt werden.

Ergonomic requirements for office work with visual display terminals (VDTs)
(Ergonomische Anforderungen an Büroarbeit mit Bildschirmgeräten)

Part 1 General introduction
(Allgemeine Einführung)

Part 2 Guidance on task requirements
(Leitsätze zur Aufgabengestaltung)

Part 3 Visual display requirements
(Visuelle Anforderungen an Bildschirme)

Part 4 Keyboard requirements
(Anforderungen an die Tastatur)

Part 5 Workstation layout and postural requirements
(Gestaltung des Arbeitsplatzes und Anforderungen an die Körperhaltung)

Part 6 Environmental requirements
(Anforderungen an die Arbeitsumgebung)

Part 7 Display requirements with reflections
(Anforderungen an reflektierende Bildschirme)

Part 8 Requirements for displayed colours
(Anforderungen an die Farbendarstellung)

Part 9 Requirements for non-keyboard input devices
(Anforderungen an tastaturfreie Eingabemittel)

Part 10 Dialog principles
(Gestaltungsgrundsätze des Dialogs)

Part 11 Usability statements
(Gebrauchstauglichkeits-Erklärung)

Part 12 Presentation of information
(Informationsdarstellung)

Part 13 User guidance
(Benutzerführung)

Part 14 Menu dialogues
(Menü-Dialoge)

Part 15 Command dialogues
(Kommando-Dialoge)

Part 16 Direct manipulation dialogues
(Direkte Manipulation)

Part 17 Form filling dialogues
(Dialoge mit Bildschirmformularen)

ISO-Standard 9995

Information Technology - Keyboard layouts for test and office systems

Glossar

Die im folgenden beschriebenen Begriffe werden im Zusammenhang mit Software-Ergonomie häufig verwendet. Sie werden hier auch in diesem Kontext beschrieben. Die Begriffe können in anderen Fachgebieten durchaus andere Bedeutungen haben. Für einige Begriffe gibt es auch innerhalb der Software-Ergonomie uneinheitliche Definitionen. Diese sind hier so beschrieben, wie sie innerhalb dieses Buches verwendet wurden.

Für in dieser *Schriftform* gedruckte Begriffe im Glossar finden sich selbst wieder Glossareinträge.

Adaptierbarkeit: Individualisierung einer *Benutzungsschnittstelle* durch einen *Benutzer.*

Adaptivität: Durch ein Computersystem automatisch durchgeführte Individualisierung einer *Benutzungsschnittstelle.*

Aktion: Einzelner Arbeitsschritt auf einer beliebigen *Ebene* der Problemstellung bzw. Kommunikation.

Aktivitäten: Folgen von *Aktionen* zur Erledigung einer *Aufgabe.*

Aktivitätenmanagement: Unterstützungskomponente zur Verwaltung von Arbeitskontexten.

Alphabet: Menge (Repertoire) von *Symbolen* zum Aufbau von Wörtern und Sätzen (Ausdrücken) einer *Sprache.*

Antwortzeit: Zeitraum zwischen der Benutzereingabe und der daraus resultierenden Systemausgabe. Da Benutzereingabe und Systemausgabe in Wirklichkeit Zeiträume sind, hat man es bei der Antwortzeit mit einem nur unscharf definierbaren Begriff zu tun.

Anwendung: [*Anwendungssystem*]

Anwendungssystem: Computerbasiertes Softwaresystem, das als *Werkzeug* zur Bearbeitung von *Aufgaben* dient.

Applikation: [*Anwendungssystem*]

auditiv: hörbar

Aufgaben: Problemstellungen, bei denen durch zielorientiertes Verhalten eines Akteurs (Benutzer oder Computer) ein vorhandener Systemzustand (Arbeitsobjekte, andere Akteure) in einen bestimmten, neuen Systemzustand übergeführt werden soll.

Aufgaben, externe: *Aufgaben*, die im Rahmen der Arbeitsorganisation anfallen. Diese Aufgaben umfassen die eigentliche Problemstellung. Sie sind unabhängig von den *Werkzeugen*, mit denen die Aufgaben bearbeitet werden.

Aufgaben, interne: *Aufgaben*, die durch die Bearbeitung *externer Aufgaben* mittels *Werkzeugen* (z.B. Computersystemen) anfallen. Die internen Aufgaben ergeben sich aus den mit dem Werkzeug auszuführenden *Aktivitäten* zur Bearbeitung der externen Aufgaben.

Aufgabenanalyse: Analyse von Arbeitssituationen unter Berücksichtigung von *Aufgaben*, organisatorischen und technischen Randbedingungen und zur Verfügung stehenden *Werkzeugen* zum Zweck der anwendungsgerechten Gestaltung von Computersystemen.

Ausgaben: Über die *Computerperipherie* an *Benutzer* ausgegebene Informationen eines Computersystems.

Ausgabezeit: Zeitraum zwischen dem Beginn und dem Abschluß einer Systemausgabe. Die Ausgabezeit des Systems wird wie die Eingabezeit des *Benutzers* oft vereinfachend als Zeitpunkt und nicht als Zeitraum angenommen.

Beanspruchung: Subjektiv als unangenehm empfundene physische oder psychische *Belastung*, die bis zu einem gewissen Niveau motivations- und leistungsförderliche Auswirkungen (Streß) und ab einer bestimmten Dauer oder noch höherem Niveau schädliche Auswirkungen hat (Distreß).

Bedienbarkeit: [*Gebrauchstauglichkeit*]

Bedienoberfläche: [*Benutzungsoberfläche*]

Belastung: Objektiv vorhandener physischer oder psychischer Leistungsdruck.

Benutzer: Bediener eines interaktiven *Anwendungssystems*.

Benutzer, erfahrener: *Benutzer* mit ausreichender Computererfahrung mit einem bestimmten *Anwendungssystem*.

Benutzer, naiver: *Benutzer* ohne Computererfahrung.

Benutzer, unerfahrener: *Benutzer* mit geringer, aber durch Praxis zunehmender Computererfahrung mit einem bestimmten *Anwendungssystem*.

Benutzeranalyse: Analyse von Benutzercharakteristiken zum Zweck der benutzergerechten Gestaltung von Computersystemen.

Benutzerklasse: Gruppierung von Benutzern mit ähnlichen Anforderungen, Kenntnissen, Erfahrungen oder Fertigkeiten.

Benutzermodell: (1) *Mentales Modell* eines *Benutzers.*

(2) Modell des Systems von den Eigenschaften, Fähigkeiten und Kenntnissen eines *Benutzers.*

Benutzerprofil: Menge von benutzerspezifisch definierten und jederzeit wieder änderbaren Systemeigenschaften zum Zweck der Individualisierung von *Benutzungsschnittstellen.*

Benutzerschnittstelle: [*Benutzungsschnittstelle*]

Benutzungsoberfläche: Der vom *Benutzer* wahrnehmbare und bedienbare Teil einer *Benutzungsschnittstelle.*

Benutzungsschnittstelle: (1) Menge der von einem *Benutzer* bedienbaren Interaktionsmöglichkeiten eines *Anwendungssystems* und aller Unterstützungskomponenten (z.B. *Hilfesystem*).

(2) Der hard- und software-technische Teil eines Computersystems, der zur Kommunikation mit einem *Benutzer* dient.

Bildschirmarbeitsplatz: Büroarbeitsplatz mit Bildschirm und anderer *Computerperipherie.*

Chunk: Informationseinheit (Sinneinheit, Wissenseinheit) im Zusammenhang mit dem menschlichen Gedächtnis.

Computerarbeitsplatz: [*Bildschirmarbeitsplatz*]

Computer-Ergonomie: Derzeit noch nicht allgemein gebräuchlicher Begriff zur Zusammenfassung von *Hardware-Ergonomie* und *Software-Ergonomie.*

Computerperipherie: Geräte zur Informationseingabe und Informationsausgabe an Computersystemen (vor allem Bildschirm, Tastatur, *Zeigeinstrumente,* Drucker, Lautsprecher).

Cursor: [*Schreibmarke*]

Default: [*Voreinstellung*]

deiktisch: auf einer *Zeigehandlung* beruhend

Denkzeit: Zeitraum zwischen der Systemausgabe und der Benutzereingabe. Hier hat man es wegen Eingabe- und Ausgabezeiträumen mit einen unscharfen Begriff zu tun. Der *Benutzer* überlegt sich während diesem Zeitraum den nächsten Arbeitsschritt.

Desktop-System: Nachbildung eines Schreibtischs mit Dokumenten, Ordnern, Papierkorb u.ä. auf einem Bildschirm; die Objekte können mittels eines *Zeigeinstruments* direkt manipuliert werden [*Manipulation, direkte*].

Dialog: Synthese von *Interaktionsformen* mit verschiedenen Unterstützungskomponenten für Hilfe, *Aktivitätenmanagement*, Individualisierung und zur Verwaltung der *Dialoghistorie*.

Dialoghistorie: Durchgeführte Benutzeraktionen über einen Zeitraum auf einer beliebigen *Ebene* der Mensch-Computer-Kommunikation.

Dialogparadigma: Menge von Gestaltungsprinzipien zur Realisierung von *Benutzungsschnittstellen* einer bestimmten Art. Beispiele für solche Paradigmen sind *Direkte Manipulation, Hypermediasysteme*, Menü- und Maskensysteme. Die Paradigmen entziehen sich einer genauen Definition und sind mehr ein Eindruck des Benutzers als genau definierte *Interaktionsformen*.

Direktheit: Subjektives Maß der Übereinstimmung von Zielen und Interaktionsmöglichkeiten.

Distanz: Subjektives Maß der Unverträglichkeit von Zielen und Interaktionsmöglichkeiten.

Ebene, intensionale: Ebene der Mensch-Computer-Kommunikation mit Aspekten wie *Aufgabe*, Auftrag, Tätigkeit und Bewertung von Arbeitsergebnissen.

Ebene, pragmatische: Ebene der Mensch-Computer-Kommunikation mit Aspekten wie Verfahren, Prozeduren und Zielen zur Erledigung von *Aufgaben* sowie die Interpretation von Arbeitsergebnissen.

Ebene, semantische: Ebene der Mensch-Computer-Kommunikation mit Aspekten wie *Objekte* und deren Zustände, *Operatoren* und *Operationen* zur Erreichung von Arbeitszielen.

Ebene, syntaktische: Ebene der Mensch-Computer-Kommunikation mit Aspekten wie *Sprache* und deren *Syntax* zur Artikulation von *Operationen* gegenüber einem Computersystem und die Erkennung von Strukturen in den *Ausgaben* eines Computersystems.

Ebene, lexikalische: Ebene der Mensch-Computer-Kommunikation mit Aspekten wie *Zeigehandlungen* und Eingabe von Zeichen an einem Computersystem sowie die Wahrnehmung von *Ausgaben* eines Computersystems.

Ebene, sensomotorische: Ebene der Mensch-Computer-Kommunikation mit Aspekten wie Bewegung von *Zeigeinstrumenten* und Tastendrücken bei einem Computersystem sowie die sensorische Erkennung von *Ausgaben* eines Computersystems.

Einbezogenheit: Gefühl eines *Benutzers*, inwieweit er die Anwendungswelt an einem Computersystem ohne spürbares und störendes Zwischenmedium bearbeiten kann.

Eingaben: Über die *Computerperipherie* an das Computersystem eingegebene Informationen und Aufträge eines *Benutzers*.

Eingabezeit: Zeitraum zwischen dem Beginn und dem Abschluß einer Benutzereingabe. Die Eingabezeit wird oft vereinfachend als Zeitpunkt und nicht als Zeitraum angenommen.

Ergonomie: Teilgebiet der Arbeitswissenschaft, mit dem Ziel menschen- und aufgabengerechter Arbeitsgestaltung.

Experte: Benutzer mit umfangreicher, über das Notwendige hinausgehender Computererfahrung mit einem bestimmten *Anwendungssystem*.

Fish-Eye-Sichten: Visualisierungen, die eine große Informationsmenge auf kleinem Raum darstellen, indem die Darstellungsgröße ausgehend vom Zentrum der Darstellung abnimmt (vgl. Fish-Eye-Objektive in der Fotografie).

Formular: Strukturierte Anordnung von Formularfeldern zur Darstellung und Eingabe von Daten, mit Anlehnung an das allgemein bekannte Konzept des Formulars in Papierform; Bildschirmformulare werden häufig auch Masken genannt.

Funktion: (1) Allgemeiner Begriff für Ausführungsvorschriften auf beliebigen *Ebenen* der Mensch-Computer-Kommunikation.

(2) Bezeichnung von parametrisierten Programmsequenzen der Implementierung.

Funktionstasten: Spezielle Tasten auf Tastaturen zur Belegung mit Sonderfunktionen; die Beschriftung erfolgt meist nichtssagend mit Buchstaben- und Zahlenkombinationen (häufig z.B. PF1, F1, R1, L1).

Gebrauchstauglichkeit: „Die Gebrauchstauglichkeit eines Gutes ist dessen Eignung für seinen bestimmungsgemäßen Verwendungszweck, die auf objektiv und nicht objektiv feststellbaren Gebrauchseigenschaften beruht und deren Beurteilung sich aus individuellen Bedürfnissen ableitet."
(Zitat: DIN 66050)

Gedächtnis, sensorisches: Gedächtnis des Menschen, das als Puffer zwischen den sensorischen Organen (z.B. Auge, Ohr) und dem *Kurzzeitgedächtnis* wirkt. Man unterscheidet ikonische und echoische Speicher.

Gelegenheitsbenutzer: *Benutzer* mit geringer und mangels Praxis nicht zunehmender Computererfahrung mit einem bestimmten *Anwendungssystem*.

Gestaltgesetze: Gesetzmäßigkeiten der menschlichen Wahrnehmung, die von Wertheimer erstmals systematisch und anschaulich dargestellt wurden.

Grammatik: *Alphabet* und darauf aufbauende Regeln zum Aufbau von Sätzen einer *Sprache*.

Hardware-Ergonomie: Teildisziplin der *Ergonomie* mit dem Ziel der benutzer- und aufgabengerechten Gestaltung von *Computerperipherie* und *Bildschirmarbeitsplätzen*.

Hilfesystem: Unterstützungskomponente zur Erklärung der Konzepte und der Funktionalität des Anwendungsssytems und der Bedienoberfläche.

Historykomponente: Unterstützungskomponente zur Verwaltung, Erklärung und Nutzung der *Dialoghistorie*.

Human Factors: [*Ergonomie*]

Hypermediasysteme: Verfahren zur computerbasierten Organisation von Informationen in einem vernetzten Informationsraum. Die Darstellungsformen in den Informationsknoten des Netzes können aus Text, Graphik, Standbildern, Bewegtbildern und akustischen Elementen bestehen.

Hypertextsysteme: *Hypermediasysteme* mit ausschließlich textuellen Informationsknoten.

Icon: [*Piktogramm*]

Interaktion: Dialogschritt mit einem *Anwendungssystem*.

Interaktionsform: Stereotype Abfolge von Ein- und Ausgabevorgängen einer *Benutzungsschnittstelle*. Häufig verwendete Interaktionsformen werden meist benannt und durch Softwarebausteine realisiert (z.B. *Menüs*, *Formulare*, *Piktogramme*).

Interaktionsmethode: [*Interaktionsform*]

Interaktionstechnik: [*Interaktionsform*]

interaktiv: dialogfähig, dialogorientiert

kognitiv: auf das Denkvermögen beruhend

Komplexität: Ausmaß der problembedingten Vernetztheit, Strukturvielfalt, Verhaltensvielfalt und Größe eines Systems.

Kompliziertheit: Ausmaß der unnötigen Vernetztheit, Strukturvielfalt, Verhaltensvielfalt und Größe eines Systems.

Konsistenz, innere: Einheitlichkeit der *Dialoge* innerhalb eines *Anwendungssystems*.

Konsistenz, äußere: Einheitlichkeit der *Dialoge* zwischen verschiedenen *Anwendungssystemen.*

Konsistenz, metaphorische: Konsistenz der *Dialoge* mit der realen (physikalischen) Arbeitswelt.

Kontext: Bereitstellen und gegebenenfalls Einfrieren eines gemeinsamen Informationsraumes zwischen kommunizierenden Partnern durch die definierte Einschränkung der betrachteten Informationsmenge.

Kurzzeitgedächtnis: Arbeitsgedächtnis des Menschen mit kurzer *Persistenz* (einige Sekunden) und stark beschränkter Kapazität (etwa 7 Chunks).

Langzeitgedächtnis: Hintergrundgedächtnis des Menschen mit langer *Persistenz* (praktisch unbegrenzt) und großer Kapazität (praktisch unbegrenzt).

Leuchtdichte: Von einer Lichtquelle pro Flächeneinheit ausgestrahlter Lichtstrom, gemessen in Candela pro Quadratmeter (cd/m^2).

Manipulation, direkte: Manipulation von subjektiv in natürlicher Form visualisierten Informationsstrukturen durch Interaktionen, die mit subjektiv geringem Transformationsaufwand (hohe *Direktheit*) ausgeführt werden.

Maske: [*Formular*]

Menü: Dargestelltes Angebot von *Operatoren* oder *Objekten*, aus dem ein *Benutzer* mittels einer *Zeigehandlung* selektieren kann.

Metaphorik: Verbildlichung

Modell, mentales: Vorstellung eines *Benutzers* vom Anwendungsbereich oder von der Struktur und Funktionalität eines *Anwendungssystems.*

Modellierung, kognitive: Analyse, Beschreibung und Validierung von Arbeitsabläufen sowie der nicht direkt beobachtbaren mentalen Strukturierungs- und Handlungsmodelle der *Benutzer.*

Modus: Arbeitssituation mit definierter Einschränkung der Wirkung bzw. der Funktionalität von *Werkzeugen*, die vor dem Durchführen von *Aktivitäten* eingerichtet wird.

Objekt: Gegenstand auf der *semantischen Ebene* (Arbeitsobjekt).

Operation: Arbeitsschritt auf der *semantischen Ebene*, d.h. Anwendung eines *Operators* auf ein *Objekt.*

Operator: *Funktion* auf der *semantischen Ebene.*

Operator, generischer: Allgemeiner, auf unterschiedliche *Objekte* anwendbarer *Operator* (z.B. Erzeugen, Löschen, Bewegen, Kopieren).

Organisationsanalyse: Analyse von Arbeitsumfeld, Organisationsstruktur, Arbeitsabläufen und Arbeitsinhalten organisatorischer Einheiten, vor allem einzelner Arbeitsplätze zum Zweck der aufgabengerechten Gestaltung von Arbeitsplätzen und Computersystemen.

Persistenz: Zeitdauer, wie lange Informationen in den verschiedenen menschlichen Gedächtnissen ohne Verlust gespeichert werden können.

Piktogramm: Visualisierung eines oder mehrerer *Objekte* oder *Operatoren*, die meist mittels eines *Zeigeinstruments* selektierbar oder aktivierbar ist.

Planungszeit: Zeitraum vom Ende der Benutzereingabe bis zur Systemausgabe. In diesem Zeitabschnitt plant der *Benutzer* das weitere Vorgehen in Abhängigkeit vom erwarteten Erfolg oder Nichterfolg der laufenden *Aktion*.

Pop-Up-Menü: *Menüs*, die durch eine bestimmte Interaktion (meist Mausklick) temporär auf dem Bildschirm sichtbar werden und nach Selektion wieder verschwinden.

Pull-Down-Menü: *Pop-Up-Menüs*, die durch eine bestimmte *Interaktion* (meist Mausklick) auf einem Menüeintrag aus einer horizontalen Menüleiste auf dem Bildschirm unterhalb dieser Menüleiste sichtbar werden.

Redo-Funktion: *Operator* zum Rückgängigmachen (Stornieren) der letzten ausgeführten *Undo-Funktion*.

Schreibmarke: Aktuelle Bearbeitungsposition in einem Text, visualisiert durch ein Symbol (z.B. Rechteck).

Semantik: Bedeutung bezüglich der Anwendungswelt.

Software-Ergonomie: Interdisziplinäre Wissenschaft mit dem Ziel der benutzer- und aufgabengerechten Gestaltung von Arbeit mit interaktiven Computersystemen.

Sprache: Menge von akzeptierten Sätzen.

Sprache, formale: Künstliche, durch eine formale *Grammatik* beschriebene *Sprache*.

Sprache, natürliche: Durch menschliche Kulturen und Gesellschaften geschaffene, meist unscharf definierte *Sprache*.

Symbol: Formaler, oft graphischer Repräsentant beliebiger Dinge.

Syntax: Regeln zum Aufbau einer formalen oder natürlichen *Sprache*; im Zusammenhang mit Mensch-Computer-Kommunikation steht der Begriff Syntax für Regeln zur Kommunikation mittels visueller, akustischer und *taktiler Eingaben* und *Ausgaben*.

System, metaphorisches: Nachbildung der manuellen Arbeitsumgebung eines Anwendungsbereichs durch die Darstellung der gewohnten Arbeitsobjekte meist als *Piktogramme* auf dem Bildschirm [*Metaphorik, Desktop-System*].

taktil: tastbar (Kommunikationsform, die beispielsweise für blinde *Benutzer* geeignet ist)

Tear-Off-Menü: *Pull-Down-Menü*, das durch „Abreißen" aus der Hauptmenüzeile permanent auf dem Bildschirm plaziert wird.

Teletype: Fernschreiber

Ein teletype-orientierter *Dialog* ist ein fernschreiber-orientierter Dialog, der eine zeilenorientierte, textbasierte Kommunikation vorgibt.

Undo-Funktion: *Operator* zum Rückgängigmachen (Stornieren) der letzten ausgeführten *Operation.*

Visualisierung: Sichtbare Darstellung einer Informationsstruktur oder eines *Werkzeugs.*

Voreinstellung: Festlegung eines Werts, der immer dann gewählt wird, wenn der *Benutzer* keinen anderen Wert angibt.

Werkzeug: Einzelne *Operatoren* oder Menge von zusammengehörigen Operatoren zur Bearbeitung von *Aufgaben.*

Werkzeug, computerbasiertes: Hard- und Softwaresysteme oder *Werkzeuge*, die mittels Computersystemen bedient werden.

Zeigehandlung: *Eingaben* eines *Benutzers* mittels eines *Zeigeinstruments*. Der *Benutzer* wählt *Ausgaben* auf dem Bildschirm aus, die das Computersystem dann als *Eingaben* entgegen nimmt.

Zeigeinstrument: *Computerperipherie* zur Selektion von Darstellungen, Eingabe von Positionen und Formen oder zum dynamischen Verfolgen von Bildschirmobjekten. Häufig eingesetzte Zeigeinstrumente sind Maus, Rollkugel, Graphiktablett und Joystick. Bei drucksensitiven Bildschirmen kann auch der Finger als Zeigeinstrument dienen.

Literaturverzeichnis

[Akscyn/McCracken 84] R.M. Akscyn, D.L. McCracken. ZOG and the USS CARL VINSON: Lessons in System Development. In *Proceedings of INTERACT '84, IFIP Conference on Human-Computer Interaction, Volume 2*, London, September 1984. IFIP. *132*

[Barr et al. 81] A. Barr, P.R. Cohen, E.A. Feigenbaum. *The Handbook of Artificial Intelligence, Volume I.* William Kaufmann, Inc., Los Altos, California, 1981. *45, 236*

[Barr et al. 82] A. Barr, P.R. Cohen, E.A. Feigenbaum. *The Handbook of Artificial Intelligence, Volume II.* William Kaufmann, Inc., Los Altos, California, 1982. *192*

[Bauer et al. 87] J. Bauer, H.v.d. Herberg, T. Schwab. Hilfesysteme. In K.P. Fähnrich (Hrsg.), *Software-Ergonomie*, S. 118–128. R. Oldenbourg Verlag, München - Wien, 1987. *162*

[Bauer et al. 91] D. Bauer et al. Definition von Vorgängen mit dem Editor VED. In R. Lutze, A. Kohl (Hrsg.), *Wissensbasierte Systeme im Büro.* Oldenbourg Verlag, München - Wien, 1991. *193, 196*

[Bauer 88] J. Bauer. *Konzepte und Prototypen interaktiver Hilfesysteme.* Dissertation, Fakultät Mathematik und Informatik der Universität Stuttgart, März 1988. *161, 162*

[Bauer/Schwab 88] J. Bauer, T. Schwab. Anforderungen an Hilfesysteme. In H. Balzert et al. (Hrsg.), *Einführung in die Software-Ergonomie*, Kap. 10. Verlag Walter de Gruyter & Co., Berlin - New York, 1988. *162*

[Blattner et al. 89] M.M. Blattner, D.A. Sumikawa, R.M. Greenberg. Earcons and Icons: Their Structure and Common Design Principles. *Human-Computer Interaction*, Band 4(1), S. 11–44, 1989. *71*

[Bobrow/Winograd 77] D.G. Bobrow, T. Winograd. An Overview of KRL, a Knowledge Representation Language. *Cognitive Science*, Band 1(1), S. 3–46, 1977. *133*

[Böcker et al. 89] H.-D. Böcker, J. Herczeg, M. Herczeg. ELAB - An Electronics Laboratory. In *Proceedings of the 4th International Conference on AI and Education*, Amsterdam, Netherlands, May 1989. *128*

[Böcker et al. 93] H.-D. Böcker, W. Glatthaar, T. Strothotte. *Mensch-Computer-Kommunikation*. Springer Verlag, 1993. *IX*

[Bogaschewsky 92] R. Bogaschewsky. Hypertext-/Hypermedia-Systeme - Ein Überblick. *Informatik Spektrum*, Band 15(3), S. 127–143, Juni 1992. *131*

[Booch 91] G. Booch. *Object Oriented Design with Applications*. Benjamin/Cummings Publishing Company, 1991. *47*

[Brown/Cunningham 89] J.S. Brown, S. Cunningham. *Programming the User Interface*. John Wiley & Sons, 1989. *73*

[Browne et al. 86] D.P. Browne, B.D. Sharratt, M.A. Norman. The Formal Specification of Adaptive User Interfaces Using Command Language Grammar. In *CHI 1986 Conference Proceedings*, S. 256–260, ACM Press, New York, April 1986. ACM. Special Issue of the ACM SIGCHI Bulletin. *183*

[Bush 45] V. Bush. As we may think. *Atlantic Monthly*, Band 176(1), S. 101–108, July 1945. *131*

[Buxton 93] B. Buxton. HCI and the Inadequacies of Direct Manipulation Systems. *ACM SIGCHI Bulletin*, Band 25(1), S. 21–22, January 1993. *119, 121*

[Card et al. 83] S.K. Card, T.P. Moran, A. Newell. *The Psychology of Human-Computer Interaction*. Lawrence Erlbaum Associates, Hillsdale, N.J., 1983. *41*

[Carroll/Reitman-Olson 88] J.M. Carroll, J. Reitman-Olson. Mental Models in Human-Computer Interaction. In M. Helander (Hrsg.), *Handbook of Human-Computer Interaction*, Kap. 2, S. 45–65. Elsevier Science Publishers B.V. (North Holland), Amsterdam, 1988. *17*

[Charniak/McDermott 85] E. Charniak, D. McDermott. *Introduction to Artificial Intelligence*. Addison-Wesley, Reading, MA, 1985. *192*

[Cotton 78] I.W. Cotton. Measurement of Interactive Computing: Methodology and Application. National Bureau of Standards Special Publication 500-548, 1978. *201*

[Cypher 86] A. Cypher. The Structure of Users' Activities. In D.A. Norman, S.W. Draper (Hrsg.), *User Centered System Design: New Perspectives on Human-Computer Interaction*. Lawrence Erlbaum Associates Ltd., 1986. *149*

[Date 81] C.J. Date. *An Introduction to Database Systems*. The Systems Programming Series. Addison-Wesley, Reading, MA, 1981. Third Edition. *88*

[DoD 81] DoD. *Human Engineering Design Criteria for Military Systems, Equipment and Facilities.* Military Standard 1472 C, US Department of Defense, 1981. *75*

[Draper 86] S.W. Draper. Display Managers as the Basis for User-Machine Communication. In D.A. Norman, S.W. Draper (Hrsg.), *User Centered System Design: New Perspectives on Human-Computer Interaction.* Lawrence Erlbaum Associates Ltd., 1986. *29, 119*

[Dunckel et al. 93] H. Dunckel et al. *Kontrastive Aufgabenanalyse im Büro: Der KABA-Leitfaden*, Band 5 von *Mensch - Technik - Organisation.* Teubner Verlag, Verlag der Fachvereine, Stuttgart, Zürich, 1993. *22*

[Dzida 83] W. Dzida. Das IFIP-Modell für Benutzerschnittstellen. *Office Management*, Band 31(Sonderheft), S. 6–8, April 1983. *10, 104, 105*

[Dzida 88] W. Dzida. Modellierung und Bewertung von Benutzerschnittstellen. *Software Kurier*, (1), S. 13–28, 1988. *10, 104, 105*

[Eberleh 88] E. Eberleh. Klassifikation von Dialogformen. In H. Balzert et al. (Hrsg.), *Einführung in die Software-Ergonomie*, Kap. 5. Verlag Walter de Gruyter & Co., Berlin - New York, 1988. *95*

[Edwards 89] A.D.N. Edwards. Soundtrack: An Auditory Interface for Blind Users. *Human-Computer Interaction*, Band 4(1), S. 45–66, 1989. *71*

[Engelbart 61] D.C. Engelbart. Special Considerations of the Individual as User, Generator, and Retriever of Information. *American Documentation*, April 1961. *131*

[Engelbart 63] D.C. Engelbart. *A conceptual framework for the augmentation of man's intellect*, Band 1. Spartan Books, London, 1963. *131*

[Fischer 93] G. Fischer. Beyond Human-Computer Interaction. In H.-D. Böcker, W. Glatthaar, T. Strothotte (Hrsg.), *Mensch-Computer-Kommunikation*, S. 274–287. Springer Verlag, Berlin - Heidelberg, 1993. *22*

[Furnas 86] G.W. Furnas. Generalized Fisheye Views. In M. Mantei, P. Orbeton (Hrsg.), *Human Factors in Computing Systems, CHI'86 Conference Proceedings*, S. 16–23, New York, April 1986. ACM. *140*

[Gaver 89] W.W. Gaver. The SonicFinder: An Interface That Uses Auditory Icons. *Human-Computer Interaction*, Band 4(1), S. 67–94, 1989. *71*

[Gimnich 88] R. Gimnich. Implementing Direct Manipulation Query Languages Using an Adequate Data Model. In M. Tauber (Hrsg.), *Proceedings of the 7th Interdisciplinary Workshop Informatics and Psychology: Visualization in Human-Computer Interaction*, S. 227–240, Schärding, Mai 1988. ÖCG. *88*

[Gordon et al. 84] R.F. Gordon et al. *Concepts and Implications of Interactive Recovery*. Technical Report RC 10562, Office Applications Research, IBM Thomas J. Watson Research Center, Yorktown Heights, N.Y., April 1984. *189*

[Grandjean 87] E. Grandjean. Design of VDT Workstations. In G. Salvendy (Hrsg.), *Handbook of Human Factors*, Kap. 11.1, S. 1359–1397. John Wiley & Sons, New York, 1987. *206, 210*

[Gray et al. 93] W.D. Gray, J.C. Spohrer, T.R.G. Green. End User Programming Language: The CHI'92 Workshop Report. *ACM SIGCHI Bulletin*, Band 25(2), S. 46–49, April 1993. *181*

[Greenstein 88] J.S. Greenstein. Input Devices. In M. Helander (Hrsg.), *Handbook of Human-Computer Interaction*, Kap. 22, S. 495–519. Elsevier Science Publishers B.V. (North Holland), Amsterdam, 1988. *213*

[Greenstein/Arnaut 87] J.S. Greenstein, L.Y. Arnaut. Human Factor Aspects of Manual Computer Input Devices. In G. Salvendy (Hrsg.), *Handbook of Human Factors*, Kap. 11.4, S. 1450–1489. John Wiley & Sons, New York, 1987. *66, 210, 211*

[Halasz et al. 87] F.G. Halasz, T.P. Moran, R.H. Trigg. NoteCards in a Nutshell. In *CHI+GI 1987 Conference Proceedings*, S. 45–52, ACM Press, New York, April 1987. ACM. Special Issue of the ACM SIGCHI Bulletin. *132*

[Halasz 88] F.G. Halasz. Reflections on NoteCards: Seven Issues for the Next Generation of Hypermedia Systems. *Communications of the ACM*, Band 31(7), S. 836–852, July 1988. *132*

[Helander 87] M. Helander. Design of Visual Displays. In G. Salvendy (Hrsg.), *Handbook of Human Factors*, Kap. 5.1, S. 507–548. John Wiley & Sons, New York, 1987. *57, 71, 73, 78, 209*

[Herczeg 83] M. Herczeg. DYNAFORM - Ein interaktives Formularsystem zum Aufbau und zur Bearbeitung von Datenbasen. In H. Balzert (Hrsg.), *Software-Ergonomie*, S. 135–146. Teubner Verlag, Stuttgart, 1983. *188, 192, 193*

[Herczeg 86] M. Herczeg. *Eine objektorientierte Architektur für wissensbasierte Benutzerschnittstellen*. Dissertation, Fakultät Mathematik und Informatik der Universität Stuttgart, Dezember 1986. *111, 161, 188*

[Herczeg 88a] M. Herczeg. ELAB: Direkt manipulative Simulation elektrischer Schaltungen. In R. Gunzenhäuser, H.-D. Böcker (Hrsg.), *Prototypen benutzergerechter Computersysteme*, Kap. 2. Verlag Walter de Gruyter & Co., Berlin - New York, 1988. *96, 126, 128*

[Herczeg 88b] M. Herczeg. VISIVAL: Ein Baukasten für Bildschirm-Instrumente. In R. Gunzenhäuser, H.-D. Böcker (Hrsg.), *Prototypen benutzergerechter Computersysteme*, Kap. 13. Verlag Walter de Gruyter & Co., Berlin - New York, 1988. *82*

[Herczeg 93] M. Herczeg. Interaktive Expertensysteme zur technischen Diagnose. In H.-D. Böcker, W. Glatthaar, T. Strothotte (Hrsg.), *Mensch-Computer-Kommunikation*, S. 230–248. Springer Verlag, Berlin - Heidelberg, 1993. *80, 82, 157*

[Herczeg/Herczeg 88] J. Herczeg, M. Herczeg. A Knowledge Based Electronics Simulator. *Angewandte Informatik*, Band 30(5), S. 219–226, Mai 1988. *98*

[Hollan et al. 84] J.D. Hollan, E.L. Hutchins, L. Weitzmann. STEAMER: An Interactive Inspectable Simulation-Based Training System. *AI-Magazine*, Band 5(2), S. 15–27, 1984. *128*

[Hutchins et al. 86] E.L. Hutchins, J.D. Hollan, D.A. Norman. Direct Manipulation Interfaces. In D.A. Norman, S.W. Draper (Hrsg.), *User Centered System Design: New Perspectives on Human-Computer Interaction*. Lawrence Erlbaum Associates Ltd., 1986. *29, 115, 116, 118, 120*

[Ilg/Ziegler 88] R. Ilg, J. Ziegler. Direkte Manipulation. In H. Balzert et al. (Hrsg.), *Einführung in die Software-Ergonomie*, Kap. 9. Verlag Walter de Gruyter & Co., Berlin - New York, 1988. *116*

[IntelliCorp 88] IntelliCorp. *KEE User's Guide*. IntelliCorp, Mountain View, CA, May 1988. *133*

[Kieras 88] D.E. Kieras. Towards a Practical GOMS Model Methodology for User Interface Design. In M. Helander (Hrsg.), *Handbook of Human-Computer Interaction*, Kap. 7, S. 135–157. Elsevier Science Publishers B.V. (North Holland), Amsterdam, 1988. *219*

[Kieras/Polson 85] D.E. Kieras, P.G. Polson. An approach to the formal analysis of user complexity. *Int. J. Man-Machine Studies*, Band 22, S. 365–394, 1985. *45, 236*

[Klein 85] U. Klein. *Ein intelligenter Dialogmanager*. Arbeitspapier der GMD Nr. 171, Gesellschaft für Mathematik und Datenverarbeitung mbH, Schloß Birlinghoven, St. Augustin, Oktober 1985. *190*

[Knight 87] J.L. Knight. Manual Control and Tracking. In G. Salvendy (Hrsg.), *Handbook of Human Factors*, Kap. 2.7, S. 182–218. John Wiley & Sons, New York, 1987. *67, 68, 69*

[Koller et al. 91] F. Koller, M. Rathke, E. Rosenow-Schreiner. Interaktionstechniken. In R. Lutze, A. Kohl (Hrsg.), *Wissensbasierte Systeme im Büro*. Oldenbourg Verlag, München - Wien, 1991. *193*

[Lemke 88] A. Lemke. PASSIVIST: Ein natürlichsprachliches Hilfesystem für einen Texteditor. In R. Gunzenhäuser, H.-D. Böcker (Hrsg.), *Prototypen benutzergerechter Computersysteme*, Kap. 6. Verlag Walter de Gruyter & Co., Berlin - New York, 1988. *89, 165*

[Leontjew 77] A.N. Leontjew. *Tätigkeit, Bewußtsein, Persönlichkeit*. Klett Verlag, Stuttgart, 1977. *10*

[MacKenzie/Buxton 93] I.S. MacKenzie, B. Buxton. A Tool for the Rapid Evaluation of Input Devices using Fitts' Law Models. *ACM SIGCHI Bulletin*, Band 25(3), S. 58–63, July 1993. *70*

[Mahling et al. 88] A. Mahling, J. Herczeg, M. Herczeg, H.-D. Böcker. Beyond Visualization: Knowing and Understanding. In M. Tauber (Hrsg.), *Proceedings of the 7th Interdisciplinary Workshop Informatics and Psychology: Visualization in Human-Computer Interaction*, S. 16–26, Schärding, Mai 1988. ÖCG. *96*

[Maskery et al. 92] H. Maskery, G. Hopkins, T. Dudley. Context: What does it mean to Application Design. *ACM SIGCHI Bulletin*, Band 24(2), S. 22–30, April 1992. *26*

[Maskery/Meads 92] H. Maskery, J. Meads. Context: In the Eyes of Users and in Computer Systems. *ACM SIGCHI Bulletin*, Band 24(2), S. 12–21, April 1992. *26*

[Miller 56] G.A. Miller. The Magical Number Seven, Plus or Minus Two: Some Limits on our Capacity for Processing Information. *Psychological Review*, Band 63(2), S. 81–97, 1956. *62*

[Mitchell/Shneiderman 89] J. Mitchell, B. Shneiderman. Dynamic Versus Static Menus: An Exploratory Comparison. *ACM SIGCHI Bulletin*, Band 20(4), S. 33–37, April 1989. *182*

[Möbius/Schröder 88] C. Möbius, O. Schröder. Representing Semantic Knowledge with 2-Dimensional Rules in the Domain of Functional Programming. In M. Tauber (Hrsg.), *Proceedings of the 7th Interdisciplinary Workshop Informatics and Psychology: Visualization in Human-Computer Interaction*, S. 47–81, Schärding, Mai 1988. ÖCG. *88*

[Moran 81] T.P. Moran. An Applied Psychology of the User. *ACM Computing Surveys*, Band 13(1), S. 1–31, March 1981. *42*

[Moran 83] T.P. Moran. Getting into a System: External-Internal Task Mapping Analysis. In A. Janda (Hrsg.), *CHI-83, Human Factors in Computing Systems Conference Proceedings*, S. 45–49, Murray Hill, NJ, 1983. ACM SIGCHI/HFS. *39, 40*

[Moritz 83] H. Moritz. Umsetzung wahrnehmungspsychologischer Erkenntnisse für die Informationsgestaltung am Bildschirm (Maskengestaltung). In H. Balzert (Hrsg.), *Software-Ergonomie*, S. 98–113, April 1983. *58*

[Morse/Reynolds 93] A. Morse, G. Reynolds. Overcoming Current Growth Limits in UI Development. *Communications of the ACM*, Band 36(4), S. 73–81, April 1993. *119*

[Myers 85] B.A. Myers. The Importance of Percent-Done Progress Indicators for Computer-Human Interfaces. In *CHI-85, Human Factors in Computing Systems Conference Proceedings*, S. 11–17, San Francisco, Ca, April 1985. ACM SIGCHI/HFS. *203*

[Myers 93] B.A. Myers. Report on the CHI'91 Workshop on Languages for Developing User Interfaces. *ACM SIGCHI Bulletin*, Band 25(2), S. 20–23, April 1993. *181, 183*

[Nelson 81] T. Nelson. *Literary Machines*. Nelson, Swarthmore, Pa., 1981. *132*

[Nelson 88] T. Nelson. Managing immense storage. *BYTE*, Band 13(1), S. 225–238, January 1988. *132*

[Newell 73] A. Newell. *Production Systems: Models of Control Structures*. Technical Report, CMU, Dept.of Computer Science, Pittsburgh, Pa., 1973. *45, 236*

[Newell/Simon 72] A. Newell, H.A. Simon. *Human Problem Solving*. Prentice Hall, Englewood Cliffs, N.J., 1972. *41*

[Nievergelt 83] J. Nievergelt. Die Gestaltung der Mensch-Maschine-Schnittstelle. In I. Kupka (Hrsg.), *Informatik-Fachberichte Band 73*, S. 41–50. 13. GI Jahrestagung Proceedings, Springer Verlag, 1983. *188*

[Norman 81] D.A. Norman. Categorization of Action Slips. *Psychological Review*, Band 88(1), S. 1–15, January 1981. *112*

[Paul 93] H. Paul. Das Explorative Modell als konzeptioneller Ansatz zur Gestaltung interaktiver Systeme. In K.-H. Rödiger (Hrsg.), *Software-Ergonomie '93*, S. 77–86. Teubner Verlag, Stuttgart, 1993. *189, 193*

[Paul/Foks 91] H. Paul, T. Foks. *Exploratives Agieren in Interaktiven Systemen*. Projektbericht IAT PT-02, Institut Arbeit und Technik, Wissenschaftszentrum Nordrhein-Westfalen, Gelsenkirchen, 1991. *193*

[Payne 84] S.J. Payne. Task-Action Grammars. In *Proceedings of INTERACT '84, IFIP Conference on Human-Computer Interaction*, S. 139–144, London, September 1984. IFIP. *44*

[Payne/Green 83] S.J. Payne, T.R.G. Green. The User's Perception of the Interaction Language: A Two Level Model. In A. Janda (Hrsg.), *CHI-83, Human Factors in Computing Systems Conference Proceedings*, S. 202–206, New York, 1983. ACM SIGCHI/HFS. *44*

[Pfaff 85] G.E. Pfaff (Hrsg.). *Proceedings of the Workshop on User Interface Management Systems, Seeheim, FRG, November 1-3, 1983*, Berlin - Heidelberg - New York - Tokyo, 1985. EUROGRAPHICS, Springer Verlag. *10*

[Rasmussen 84] J. Rasmussen. Strategies for State Identification and Diagnosis in Supervisory Control Tasks, and Design of Computer-Based Support Systems. In *Advances in Man-Machine Systems Research*, Band 1, S. 139–193. JAI Press Inc., 1984. 31

[Rasmussen 85a] J. Rasmussen. *A Framework for Cognitive Task Analysis in Systems Design*. Technical Report M-2519, Risø National Laboratory, Roskilde, Denmark, August 1985. 10

[Rasmussen 85b] J. Rasmussen. *Human Error Data: Facts or Fiction*. Technical Report M-2499, Risø National Laboratory, Roskilde, Denmark, March 1985. 112

[Rasmussen/Goodstein 85] J. Rasmussen, L.P. Goodstein. *Decision Support in Supervisory Control*. Technical Report M-2525, Risø National Laboratory, Roskilde, Denmark, August 1985. 31

[Rathke 88] M. Rathke. WISYBIB: Einsatz von Undo/Redo-Mechanismen bei der Verwaltung einer Literaturdatenbank. In R. Gunzenhäuser, H.-D. Böcker (Hrsg.), *Prototypen benutzergerechter Computersysteme*, Kap. 8. Verlag Walter de Gruyter & Co., Berlin - New York, 1988. 196

[Rettig 93] M. Rettig. Cooperative Software. *Communications of the ACM*, Band 36(4), S. 23–28, April 1993. 22

[Riekert 86] W.F. Riekert. Systemkomponenten zum Wissenserwerb. In G. Fischer, R. Gunzenhäuser (Hrsg.), *Methoden und Werkzeuge zur Gestaltung benutzergerechter Computersysteme*, Kap. 9. Verlag Walter de Gruyter & Co., Berlin - New York, 1986. 100

[Roberts/Goldstein 77] R.B. Roberts, I.P. Goldstein. *The FRL-Manual*. Technical Report MIT-AI Memo 409, MIT, 1977. Cambridge, Ma. 133

[Robertson et al. 81] G. Robertson, D.L. McCracken, A. Newell. The ZOG Approach to Man-Machine Communication. *International Journal of Man-Machine Studies*, Band 14, S. 461–488, August 1981. Carnegie-Mellon University, Computer Science Department, Pittsburgh. 132

[Rosenberg/Moran 84] J.K. Rosenberg, T.P. Moran. Generic Commands. In *Proceedings of INTERACT '84, IFIP Conference on Human-Computer Interaction*, S. 360–364, London, September 1984. IFIP. 124

[Schwab 89a] T. Schwab. Dialogmodellierung in interaktiven Systemen. In S. Maaß, H. Oberquelle (Hrsg.), *Software-Ergonomie '89. Aufgabenorientierte Systemgestaltung und Funktionalität*, S. 174–183. Teubner Verlag, Stuttgart, 1989. 166

[Schwab 89b] T. Schwab. *Methoden zur Dialog- und Benutzermodellierung in adaptiven Computersystemen*. Dissertation, Fakultät Informatik der Universität Stuttgart, Oktober 1989. 165

[Schweikhardt 93] W. Schweikhardt. Beiträge der Informatik zur Integration Blinder. In H.-D. Böcker, W. Glatthaar, T. Strothotte (Hrsg.), *Mensch-Computer-Kommunikation*, S. 179–189. Springer Verlag, Berlin - Heidelberg, 1993. *71*

[Seybold 81] J. Seybold. Xerox's Star. *Seybold Report Media*, Band 10(16), 1981. *96, 97, 129*

[Sheridan 87] T.B. Sheridan. Supervisory Control. In G. Salvendy (Hrsg.), *Handbook of Human Factors*, Kap. 9.6, S. 1243–1268. John Wiley & Sons, New York, 1987. *31*

[Sheridan 88] T.B. Sheridan. Task Allocation and Supervisory Control. In M. Helander (Hrsg.), *Handbook of Human-Computer Interaction*, Kap. 9, S. 159–173. Elsevier Science Publishers B.V. (North Holland), Amsterdam, 1988. *31*

[Shneiderman 83] B. Shneiderman. Direct Manipulation: A Step Beyond Programming Languages. *IEEE Computer*, Band 16(8), S. 57–69, August 1983. *29, 95, 115*

[Shneiderman 92] B. Shneiderman. *Designing the User Interface*. Addison-Wesley, Reading, Ma., 1992. 2nd Edition. *73, 77, 79, 114, 115, 129, 197, 199, 200, 204*

[Smith et al. 82] D.C. Smith et al. Designing the Star User Interface. *BYTE*, Band 7(4), April 1982. *96, 112, 124, 129*

[Smith 77] D.C. Smith. *Pygmalion, A Computer Program to Model and Stimulate Creative Thought*. Birkhäuser Verlag, Basel, 1977. *88, 129*

[Smith 88] S.L. Smith. Standards Versus Guidelines for Designing User Interface Software. In M. Helander (Hrsg.), *Handbook of Human-Computer Interaction*, Kap. 40, S. 877–889. Elsevier Science Publishers B.V. (North Holland), Amsterdam, 1988. *4*

[Smith/Weiss 88] J.B. Smith, S.F. Weiss. Special Issue: Hypertext. *Communications of the ACM*, Band 31(7), July 1988. *131*

[Snyder 88] H.L. Snyder. Image Quality. In M. Helander (Hrsg.), *Handbook of Human-Computer Interaction*, Kap. 20, S. 437–474. Elsevier Science Publishers B.V. (North Holland), Amsterdam, 1988. *54*

[Sorkin 87] R.D. Sorkin. Design of Auditory and Tactile Displays. In G. Salvendy (Hrsg.), *Handbook of Human Factors*, Kap. 5.2, S. 549–576. John Wiley & Sons, New York, 1987. *71*

[Streitz 85] N.A. Streitz. Die Rolle von mentalen und konzeptuellen Modellen in der Mensch-Computer-Interaktion: Konsequenzen für die Software-Egonomie? In H.-J. Bullinger (Hrsg.), *Software-Ergonomie '85. Mensch-Computer-Interaktion*, S. 280–292. Teubner Verlag, Stuttgart, 1985. *18, 20*

[Symbolics 88] Symbolics. *Concordia*. Symbolics, Inc., Cambridge, MA, Reference Manual #999065 Edition, July 1988. 143

[Thimbleby 90] H. Thimbleby. *User Interface Design*. ACM Press Frontier Series. Addison-Wesley, Reading, Massachusetts, 1990. 61

[Tombaugh et al. 85] J. Tombaugh et al. The Effects of VDU Text-Presentation Rate on Reading Comprehension and Reading Speed. In L. Borman, B. Curtis (Hrsg.), *CHI-85, Human Factors in Computing Systems Conference Proceedings*, New York, April 1985. ACM SIGCHI/HFS. 201

[Trevellyan/Browne 87] R. Trevellyan, D.P. Browne. A Self-Regulating Adaptive System. In *CHI+GI 1987 Conference Proceedings*, S. 103–107, ACM Press, New York, April 1987. ACM. Special Issue of the ACM SIGCHI Bulletin. 182, 183

[Tufte 83] E.R. Tufte. *The Visual Display of Quantitive Information*. Graphics Press, Cheshire, Connecticut, 1983. 80

[Tullis 88] T.S. Tullis. Screen Design. In M. Helander (Hrsg.), *Handbook of Human-Computer Interaction*, Kap. 18, S. 377–411. Elsevier Science Publishers B.V. (North Holland), Amsterdam, 1988. 72, 77–80

[Ulich 92] E. Ulich. *Arbeitspsychologie*. Verlag der Fachvereine Zürich, Schäfer-Poeschel Verlag Stuttgart, 1992. 10, 16

[Väänänen 93] K. Väänänen. Interfaces to Hypermedia: Communicating the Structure and Interaction Possibilities to the Users. *Computers & Graphics*, Band 17(3), S. 219–228, 1993. 141

[Walker 88] J.H. Walker. Supporting Document Development with Concordia. *IEEE Computer*, Band 21(1), S. 48–59, January 1988. 143

[Wandmacher 93] J. Wandmacher. *Software-Ergonomie*. Verlag Walter de Gruyter & Co., Berlin - New York, 1993. 80

[Weber 93] G. Weber. Nichtvisuelle Interaktionsformen für blinde Rechnerbenutzer. In H.-D. Böcker, W. Glatthaar, T. Strothotte (Hrsg.), *Mensch-Computer-Kommunikation*, S. 190–202. Springer Verlag, Berlin - Heidelberg, 1993. 71

[Wertheimer 23] M. Wertheimer. Untersuchungen zur Lehre von der Gestalt. *Psychologische Forschung*, Band 4, S. 301–350, 1923. 30, 58

[Wickens 87] C.D. Wickens. Information Processing, Decision-Making and Cognition. In G. Salvendy (Hrsg.), *Handbook of Human Factors*, Kap. 2.2, S. 72–107. John Wiley & Sons, New York, 1987. 61

[Williams 84] G. Williams. The Apple Macintosh Computer. *BYTE*, S. 30–54, February 1984. 112

[Willim 92a] B. Willim. Auf den Spuren der VR-Pioniere. *Fernseh- und Kino-Technik*, Band 46(1), S. 31–37, 1992. 129

[Willim 92b] B. Willim. Fernerleben statt Fernsehen - VR als neue Freizeitbeschäftigung. *Fernseh- und Kino-Technik*, Band 46(3), S. 179–186, 1992. 129

[Willim 92c] B. Willim. Künstliche Welten als neue Kommunikationsebene. *Fernseh- und Kino-Technik*, Band 46(2), S. 119–127, 1992. 129

[Winograd 72] T. Winograd. *Understanding Natural Language*. Academic Press, New York, 1972. 91

[Woodhead 90] N. Woodhead. *Hypertext & Hypermedia*. Addison Wesley, Reading, Massachusetts, 1990. 131, 134

[Ziegler 88] J. Ziegler. Aufgabenanalyse und Funktionsentwurf. In H. Balzert et al. (Hrsg.), *Einführung in die Software-Ergonomie*, Kap. 12. Verlag Walter de Gruyter & Co., Berlin - New York, 1988. 233

[Zimmermann 83] R. Zimmermann. Ergonomische Gestaltung von Bildschirmarbeitsplätzen und Dialogabläufen. *DIN-Mitteilungen*, Band 62(12), 1983. 4

[Zloof 75] M.M. Zloof. Query by Example. In *Proceedings of the National Computer Conference AFIPS, May 19-22, Anaheim, California*, S. 432–438, Yorktown Heights, New York, 1975. IBM T.J. Watson Research Center. 88

Index

B

C

N

HOWARD RHEINGOLD
SOZIALE BEZIEHUNGEN IM ZEITALTER DES COMPUTERS
VIRTUELLE GEMEINSCHAFT
ADDISON WESLEY